韦布尔分布及其可靠性统计方法

贾 祥 著

科 学 出 版 社

北 京

内 容 简 介

本书主要介绍了双参数韦布尔分布模型，并从双参数韦布尔分布在可靠性领域的应用角度介绍了相关可靠性统计方法，包括韦布尔分布的确定方法、基于极大似然估计的可靠性统计方法、基于分布曲线拟合的可靠性统计方法、基于 Bayes 的可靠性统计方法、其他可靠性统计方法及改进韦布尔分布的可靠性统计方法.

本书系统、全面地梳理了韦布尔分布的可靠性统计理论，主要面向科研人员和工程技术人员，可供从事可靠性理论研究的学者，在装备制造和产品研发等工业部门从事可靠性工程的行业人员，以及在生物、医药、通信、材料、电力、天气预报等领域从事统计分析的行业人员参考，也可作为可靠性理论、应用概率统计、系统工程及管理科学与工程等专业高年级本科生和研究生的辅助教材.

图书在版编目(CIP)数据

韦布尔分布及其可靠性统计方法/贾祥著. —北京: 科学出版社，2021.3
ISBN 978-7-03-068230-7

Ⅰ. ①韦… Ⅱ. ①贾… Ⅲ.①可靠性–统计分析 Ⅳ. ①O212.1

中国版本图书馆 CIP 数据核字 (2021) 第 038792 号

责任编辑: 李 欣 范培培 / 责任校对: 杨 赛
责任印制: 吴兆东 / 封面设计: 陈 敬

科 学 出 版 社 出版
北京东黄城根北街 16 号
邮政编码:100717
http://www.sciencep.com

北京中石油彩色印刷有限责任公司 印刷
科学出版社发行 各地新华书店经销

*

2021 年 3 月第 一 版 开本: 720×1000 B5
2021 年 3 月第一次印刷 印张: 16 1/4
字数: 328 000
定价: 128.00 元
(如有印装质量问题，我社负责调换)

前　　言

韦布尔分布是可靠性工程中应用最为广泛的寿命分布之一, 很多学者都基于韦布尔分布开展了大量的可靠性建模和评估等研究. 作者长期从事复杂装备的可靠性建模和评估研究, 在工程项目攻关中发现虽然现有的关于韦布尔分布的可靠性研究比较丰富, 但大多分散在各篇论文中, 较新地全面、系统介绍韦布尔分布及其可靠性统计方法的中文书籍不多见. 作者在实际工作中感到, 如果能有这样一本书籍, 就可以更好地推广韦布尔分布的研究方法和应用成果了.

本书全面、系统、有针对性地梳理和介绍了韦布尔分布及其可靠性统计方法. 第 1 章叙述了韦布尔分布的特点、统计性质及其应用领域, 以及在可靠性统计中所收集到的样本数据类型和可靠性统计分析所用的指标. 第 2 章针对双参数韦布尔分布这一类最基础的韦布尔分布, 梳理了如何确定一组样本数据服从双参数韦布尔分布的方法, 并重点介绍了基于分布误用分析的方法. 第 3 章针对双参数韦布尔分布, 介绍了基于极大似然估计的可靠性点估计和置信区间的统计分析方法, 包括点估计的存在性、求解方法和解析式, 以及基于枢轴量、渐近正态性和 bootstrap 方法的置信区间估计方法. 第 4 章针对双参数韦布尔分布, 介绍了基于分布曲线拟合的可靠性点估计和置信区间的统计分析方法, 包括失效概率的估计方法、分布曲线拟合方法、基于分布曲线拟合的点估计方法、基于枢轴量、失效概率置信上限曲线拟合和 bootstrap 方法的置信区间估计方法. 第 5 章针对双参数韦布尔分布, 介绍了基于 Bayes 的可靠性点估计和置信区间的统计分析方法, 包括验前信息类型、相容性检验、验前分布类型和确定等有关验前分布的内容、基于单一验前分布和综合验前分布的验后分布推导方法、可靠性指标的 Bayes 点估计和置信区间求解方法. 第 6 章介绍了双参数韦布尔分布的其他可靠性统计方法, 包括基于修正的点估计方法、以分布函数为枢轴量和样本空间排序法等置信区间估计方法. 第 7 章简单介绍了一些基于双参数韦布尔分布的改进韦布尔分布, 以及相应的可靠性统计方法, 主要包括 q 型韦布尔分布和指数化的韦布尔分布两种. 通过本书的内容, 可以针对实际问题, 给出评估对象的寿命是否服从韦布尔分布的结论, 以及利用韦布尔分布建模后评估对象的可靠性点估计和置信区间的分析结果.

作者长期从事复杂武器装备的可靠性建模和评估研究, 与所在研究团队中的部分成员一起结合工程项目的实际问题, 围绕韦布尔分布的分析理论和科研项目开展了大量的可靠性评估研究工作, 提出了一系列原创性的研究方法, 在国内外可靠性领域高水平期刊和会议中发表了多篇论文, 并将这些方法成功地应用于工程项目中. 本书是在这些研究成果的基础上进一步加工、深化而成的, 是对已有研究成果的全面总结, 也是对现有理论的重要补充. 本书特点是关注可靠性统计方法与工程实际问题的结合, 突出这些统计方法的实用性, 并根据工程实际问题分析这些方法的应用, 具有重要的理论意义和应用价值. 作者在研究过程中考虑到本书内容的完整性, 也参考并引用了部分国内外文献, 在此向这些文献的作者表示感谢.

为了便于本书研究成果的推广应用, 作者编写并整理了本书所有方法的程序, 如有需要可发送邮件到 jiaxiang09@sina.cn, 也欢迎读者通过此邮箱与作者交流讨论书中的研究成果以及最新的研究进展.

本书的出版得到了国家自然科学基金项目 (71801219)、湖南省自然科学基金项目 (2019JJ50730) 以及军队和国防工业部门项目的资助. 在此表示衷心感谢.

鉴于作者水平有限, 书中难免有不足之处, 敬请读者批评指正.

作 者

2020 年 8 月

目　　录

第1章　韦布尔分布及可靠性概述

1.1　韦布尔分布

在概率论和数理统计理论中, 韦布尔分布 (Weibull distribution) 是一种常见的连续型分布. Fréchet[1] 在 1927 年首次提出了这一分布, Rosin 和 Rammler[2] 在 1933 年首次应用该分布来描述颗粒的大小. 但瑞典统计学家 Waloddi Weibull 的工作使得韦布尔分布真正得到了推广, 他在 1939 年应用该分布来研究材料的强度问题[3], 又在 1951 年向美国机械工程师学会提交了一篇论文详细介绍了该分布. 自此, 韦布尔分布得到了广泛认可.

经过多年的研究和发展, 韦布尔分布已广泛应用于众多领域, 包括但不限于以下领域.

1. 可靠性工程 (reliability engineering)

韦布尔分布在可靠性工程中主要用于分析产品失效发生的时间或者故障修复后重新运行的时间等, 这也是本书关注的研究领域.

2. 生存分析 (survival analysis)

韦布尔分布在生存分析理论中主要用于分析疾病出现或治疗康复等事件发生的时间等, 集中在医疗领域.

3. 电力工程 (electrical engineering)

韦布尔分布在电气工程中主要用于分析电力设备或系统中过电压问题发生的时间或概率等.

4. 工业工程 (industrial engineering)

韦布尔分布在工业工程中主要用于建模工业生产及产品运送的时间等.

5. 材料的应力–强度分析 (strength-stress)

韦布尔分布在材料领域中也常被用于分析产品被施加外力后的强度分析.

6. 极值分布理论 (extreme value theory)

极值分布主要用于描述随机变量与其中位数的极值偏差, 共有 Gumbel, Fréchet 和韦布尔三类分布. 由此可知, 韦布尔分布是第三类极值分布.

7. 天气预报 (weather forecasting)

韦布尔分布在天气预报中主要用于建模和分析风速[4], 这是风力研究的核心问题.

8. 通信工程 (communications engineering)

韦布尔分布在通信工程中主要用于建模接收信号的离差以及无线通信的衰减信道等.

双参数韦布尔分布是韦布尔分布模型簇中的基础模型. 视产品的寿命 T 为随机变量, 当 T 服从双参数韦布尔分布时, 则 T 的分布函数 (cumulative distribution function, CDF) 为

$$F(t; m, \eta) = 1 - \exp\left[-\left(\frac{t}{\eta}\right)^m\right] \tag{1.1.1}$$

其中称 $m > 0$ 为形状参数, $\eta > 0$ 为尺度参数. 进一步, 可得产品寿命 T 的概率密度函数 (probability density function, PDF) 为

$$f(t; m, \eta) = \frac{m}{\eta}\left(\frac{t}{\eta}\right)^{m-1}\exp\left[-\left(\frac{t}{\eta}\right)^m\right] \tag{1.1.2}$$

T 的可靠度函数为

$$R(t; m, \eta) = \exp\left[-\left(\frac{t}{\eta}\right)^m\right] \tag{1.1.3}$$

T 的失效率函数为

$$\lambda(t; m, \eta) = \frac{m}{\eta}\left(\frac{t}{\eta}\right)^{m-1} \tag{1.1.4}$$

T 的期望为

$$E(T) = \eta\Gamma\left(1 + \frac{1}{m}\right) \tag{1.1.5}$$

在某些场合中, 令 $\lambda = \eta^{-m}$, 可将韦布尔分布的概率密度函数和可靠度函数分别改写为

$$f(t; m, \lambda) = \lambda m t^{m-1}\exp\left(-\lambda t^m\right) \tag{1.1.6}$$

$$R(t; m, \lambda) = \exp\left(-\lambda t^m\right) \tag{1.1.7}$$

双参数韦布尔分布的其他统计性质如表 1.1 所示.

表 1.1　双参数韦布尔分布的其他统计性质

k 阶矩	$\eta^k\Gamma\left(1 + \dfrac{k}{m}\right)$
方差	$\eta^2\left\{\Gamma\left(1 + \dfrac{2}{m}\right) - \left[\Gamma\left(1 + \dfrac{1}{m}\right)\right]^2\right\}$
中位数	$\eta(\ln 2)^{1/m}$
众数	$\begin{cases} \eta\left(\dfrac{m-1}{m}\right)^{1/m}, & m > 1, \\ 0, & m \leqslant 1 \end{cases}$
p 分位点	$\eta\left[-\ln(1-p)\right]^{1/m}$

双参数韦布尔分布具有以下特点.

1. 可广泛描述产品的寿命

双参数韦布尔分布的优点在于对各种类型试验数据有极强的适应能力[5]. 韦布尔分布来自最弱环节模型, 这个模型如同许多链环串联而成的一根链条. 当链条两端受到拉力时, 假如其中任意一个链环断裂, 那么这根链条就会失效. 由此归纳出, 最弱环节模型刻画的是一个整体的任何部分失效则整体就失效这种模式. 因某一部分失效而导致整体停止运行的器件和设备等的寿命都可以看作服从韦布尔分布, 机械中的疲劳强度、疲劳寿命、磨损寿命、腐蚀寿命大多服从韦布尔分布[5]. 因此, 很多产品的寿命都可以用韦布尔分布进行建模和分析, 进一步有研究指出任意产品的寿命都可以利用 $N \geqslant 2$ 重混合韦布尔分布进行建模[6].

2. 形状参数决定产品的失效机理

产品在其全寿命周期内的失效率变化曲线通常称为浴盆曲线. 浴盆曲线由三段组成, 分别称为早期失效期、偶然失效期和耗损失效期[7]. 如图 1.1 所示, 在早期失效期中, 产品的失效率较高, 但随着时间的增加, 失效率迅速降低; 在偶然失效期中, 产品的失效率较低且相对稳定, 可近似视为常数; 在耗损失效期中, 失效率随着时间的变化急剧增加. 韦布尔分布的失效率函数与形状参数 m 关系密切. 由式 (1.1.4) 可知, 当 $0 < m < 1$ 时, 韦布尔分布的失效率函数对应产品的早期失效期; 当 $m = 1$ 时, 韦布尔分布的失效率函数刻画产品的偶然失效期; 当 $m > 1$ 时, 韦布尔分布的失效率函数可以拟合产品的耗损失效期. 因此, 双参数韦布尔分布对产品浴盆曲线的描述和拟合, 具备极强的适应能力.

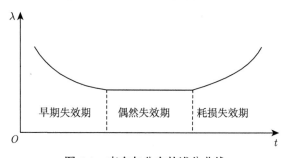

图 1.1 韦布尔分布的浴盆曲线

另外, 当形状参数 m 取特定值时, 可描述产品特定的失效机理. 如有研究指出当 $m \leqslant 1$ 时, 韦布尔分布可用于描述突发故障, 而当 $m \geqslant 3.25$ 时, 韦布尔分布则仅仅描述渐变故障. 当 m 在 1 到 3.25 之间变化时, 韦布尔分布可描述突发故障和渐变故障的不同组合, 且不同故障的比率取决于 m 的值[8]. 特别地, 对于工程中常见的 4 种失效模式[9], 当形状参数 $m = 0.5$ 时可以描述产品的早期失效, 而当 $m = 1$ 时可以描述产品的随机失效, 当 $m = 3$ 时可以描述产品的老化失效, 当 $m = 5$ 时则描述产品的快速老化失效. 取尺度参数 $\eta = 1$ 时, 在 m 的这 4 种取值下, 式 (1.1.2) 中的概率密度函数如图 1.2 所示. 对于特定产品, 现有成果表明[10]: 铝合金结构、钛合金结构和钢结构等产品所服从的韦布尔分布的形状参数 m 分别是 4, 3 和 2.2. 从现有的韦布尔分布应用来看, 形状参数 m 的取值范围一般在 $(1, 6.3]$ 内[11], 但在极少数情况下也有例外. 如对插销产品, $m = 6.6$; 对燃气涡轮产品, $m = 10$; 对核电站, $m = 7.341$. 综合来看, 可认为韦布尔分布形状参数 m 的取值一般为 $1 \sim 10$[10].

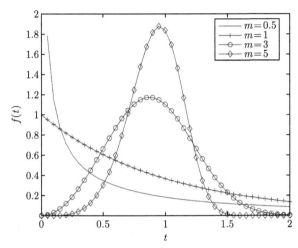

图 1.2 4 种形状参数的典型取值下韦布尔分布的概率密度函数

3. 与其他典型分布联系紧密

当韦布尔分布的分布参数取特定值时或经过变换后, 韦布尔分布就可转化为其他典型分布. 例如:

(1) 当形状参数 $m = 1$ 时, 韦布尔分布就是指数分布, 其分布函数为

$$F(t; \theta) = 1 - \exp\left(-\frac{t}{\theta}\right) \tag{1.1.8}$$

其中 $\theta > 0$ 为平均寿命参数.

(2) 当形状参数 $m = 2$ 时, 韦布尔分布就是瑞利分布, 其分布函数为

$$F(t; \sigma) = 1 - \exp\left(-\frac{t^2}{2\sigma^2}\right) \tag{1.1.9}$$

其中 σ 为尺度参数.

(3) 当形状参数 m 取值在 3 和 4 之间时, 韦布尔分布与正态分布较为吻合[5], 特别是当形状参数 $m = 3.48$ 时, 韦布尔分布与正态分布最为贴近[12], 如图 1.3 所示.

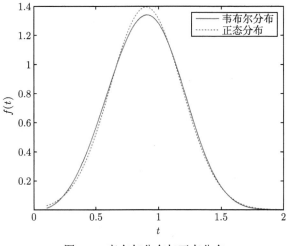

图 1.3 韦布尔分布与正态分布

(4) 当形状参数 m 取值为 2.5 时, 韦布尔分布接近于对数正态分布[12], 如图 1.4 所示.

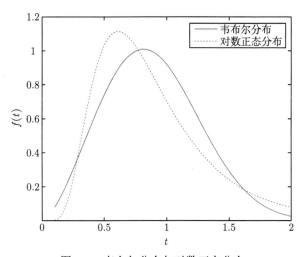

图 1.4 韦布尔分布与对数正态分布

(5) 若令 $\mu = \ln\eta$, $\sigma = 1/m$, 则韦布尔变量 T 的对数 $X = \ln T$ 就服从分布参数为 μ 和 σ 的极值分布[7], 其分布函数为

$$F(x; \mu, \sigma) = 1 - \exp\left[-\exp\left(\frac{x-\mu}{\sigma}\right)\right] \tag{1.1.10}$$

由此可看出, 韦布尔分布与其他常用的分布之间存在密切的联系.

4. 改进形式可更好地满足工程需求

当韦布尔分布的形状参数取特定值时, 双参数韦布尔分布可描述浴盆曲线中的某一段, 但是并不能同时描绘浴盆曲线中的两段或者全部. 为此, 现有研究提出了很多双参数韦布尔分布的改进形式, 可以更全面地拟合浴盆曲线, 更好地描述复杂结构产品的寿命, 从而更贴切地满足实际需求. 本书将在第 7 章总结和探讨这一问题.

通过对韦布尔分布的介绍及双参数韦布尔分布特点的分析, 可以看出韦布尔分布的普遍适用性及其广泛应用.

1.2 寿 命 试 验

可靠性是在规定的时间内和规定的条件下, 产品完成规定的任务的能力[13], 是建立在产品故障或者失效基础上的一门理论. 对于产品的可靠性问题, 最本质、最核心的信息来源是产品的故障数据或者失效数据, 即产品的寿命数据. 针对产品可靠性的评估, 往往是建立在收集到的寿命数据的基础上, 或者将其他可靠性数据转化为寿命数据. 在可靠性理论中, 通常认为产品的寿命 T 是服从某一分布的随机变量. 因此, 对可靠性的评估研究, 需要借助数理统计理论进行探讨.

可靠性寿命试验是收集产品寿命数据的重要手段. 在可靠性寿命试验中, 通常是通过观测一组试验样品在试验过程中是否失效, 并记录其相应的失效时间来进行的. 假若寿命试验一直进行到样品全部失效, 则针对所有投入试验中的样品, 都可以收集到失效数据, 称收集到的这种试验数据为完全样本 (complete data); 假如在全部样品失效前就停止试验, 则在试验中只有部分试验样品失效, 此时称收集到的试验数据为截尾样本 (censored data). 特别地, 当试验结束后所有样品都没有失效, 则称这种试验样本为无失效数据 (zero-failure data). 当前, 伴随着科学技术的发展, 产品的制造工艺得到了质的飞跃, 使得产品的可靠性越来越高, 寿命越来越长. 针对长寿命、高可靠性的产品, 假若在试验中要收集到完全样本, 往往需要很高的经济和时间成本. 因而目前在可靠性工程中, 收集到的试验数据往往是截尾样本.

对于截尾型可靠性寿命试验, 按照试验停止方式的不同, 可以将其分为定数截尾试验 (Type-II censoring) 和定时截尾试验 (Type-I censoring), 其中定数截尾试验是当试验中失效样品达到特定个数后终止寿命试验, 定时截尾试验是在试验达到特定时刻后终止. 按照试验过程的不同, 又可将其分为传统的截尾试验 (conventional censoring) 和逐步的截尾试验 (progressive censoring), 其中传统的截尾试验是将所有试验样品整体视为一组开展试验, 逐步的截尾试验是将所有试验样品分为多组开展试验. 这两种分类方式相互组合, 一共可以形成四种试验方式, 即传统定数截尾试验 (conventional Type-II censoring)、逐步定数截尾试验 (progressive Type-II censoring)、传统定时截尾试验 (conventional Type-I censoring) 和逐步定时截尾试

验 (progressive Type-I censoring).

假定在可靠性寿命试验中一共投入 n 个样品, 记这些样品的寿命为 $T_1, \cdots, T_n$, 且 $T_1 \leqslant \cdots \leqslant T_n$. 下面更详细地说明各种不同的截尾试验.

1. 传统定时截尾试验

预先设定当试验进行到 τ 时刻处停止试验, 若 $T_d < \tau < T_{d+1}$, 则当试验结束后收集到定时截尾样本数据 $t_1, \cdots, t_d, \tau$, 共 n 个数据, 其中 d 为该样本中的失效数, $t_1, \cdots, t_d$ 共 d 个数据为失效数据, $(n-d)$ 个 τ 为截尾数据.

2. 传统定数截尾试验

预先设定当试验中出现 r 个失效样品后停止试验, 其中 $r < n$, 则当试验结束后收集到定数截尾样本数据 $t_1, \cdots, t_r$ 共 n 个数据, 其中 $t_1, \cdots, t_r$ 共 r 个数据为失效数据, 剩余的 $(n-r)$ 个 t_r 为截尾数据.

3. 逐步定时截尾试验

将 n 个样品分为 k 组, 其中 $i = 1, \cdots, k$. 在时间段 $(\tau_{i-1}, \tau_i]$ 内, 试验中出现了 r_i 个失效样品, 同时在 τ_i 时刻停止 c_i 个样品的试验, 记该时间段内收集到的样本数据为 $t_{i,1}, \cdots, t_{i,r_i}, \tau_i$, 共有 $(r_i + c_i)$ 个数据, 其中 $t_{i,1}, \cdots, t_{i,r_i}$ 共 r_i 个数据为失效数据, c_i 个 τ_i 为截尾数据, 且 $\sum_{i=1}^{k}(r_i + c_i) = n$. 从中可以看出, 逐步定时截尾试验相当于执行了 k 次传统定时截尾试验, 因而可以认为其是传统定时截尾试验的拓展形式.

4. 逐步定数截尾试验

将 n 个样品分为 k 组, 其中 $1 < k < n$, 当试验进行到 t_1 时刻处出现了第 1 个失效样品, 同时停止 s_1 个样品的试验, 然后试验继续进行到出现第 2 个失效样品, 再同时停止 s_2 个样品的试验, 一直进行到出现第 k 个失效样品, 则将试验中剩余的 s_k 个样品全部停止试验, 此时收集到逐步定数截尾样本数据 $t_1, \cdots, t_k$ 共 n 个数据, 其中 $\sum_{i=1}^{k} s_i + k = n$, $t_1, \cdots, t_k$ 共 k 个数据为失效数据, t_i 为截尾数据, 且共有 s_i 个, $i = 1, \cdots, k$. 参数 $(s_1, \cdots, s_k)$ 是试验前预先设定的. 类似地, 从以上描述易知, 逐步定数截尾试验是传统定数截尾试验的拓展形式.

5. 不等定时截尾试验

不等定时截尾试验是指, 预先设定 n 个截尾时刻点 $\tau_1 < \cdots < \tau_n$, 投入 n 个样品进行寿命试验, 试验过程中在 n 个不同的时刻点, 依次停止各个样品的试验. 若 $T_i \leqslant \tau_i$, 则收集到失效数据且令 $\delta_i = 1$, 反之则收集到截尾数据并令 $\delta_i = 0$, 其中 $i = 1, \cdots, n$, 最终收集到不等定时截尾样本 $(t_1, \delta_1), \cdots, (t_n, \delta_n)$.

从试验过程及数据来看, 不等定时截尾试验是传统和逐步定时截尾试验的一般形式. 从过程上看, 对于 n 个样品, 逐步定时截尾试验相当于执行了 k 次传统定时截尾试验, 而不等定时截尾试验则执行了 n 次. 从数据上看, 假设都收集到 r 个失效时间, 那么传统定时截尾试验只收集到 1 个截尾时间, 逐步定时截尾试验则只

收集到 k 个不同的截尾时间, 而不等定时截尾试验共收集到 $(n-r)$ 个不同的截尾时间.

6. 多重定数截尾试验

多重定数截尾试验[14] 是指, 对于寿命满足 $T_1 \leqslant \cdots \leqslant T_n$ 的 n 个试验样品, 在试验结束后收集到样本数据 $t_{r_1} \leqslant \cdots \leqslant t_{r_k}$, 且 $1 < r_1 \leqslant \cdots \leqslant r_k < n$. 显然, 当 $r_1 = 1$ 时, 多重定数截尾试验就是传统定数截尾试验.

当 $n = 8$ 时, 传统、逐步和不等定时截尾试验及传统、逐步和多重定数截尾试验过程如图 1.5 所示, 其中对于传统定数截尾试验, 取 $r = 2$; 对于逐步定数截尾试验, 取 $k = 3, (s_1, s_2, s_3) = (2, 1, 2)$; 对于逐步定时截尾试验, 取 $k = 3$.

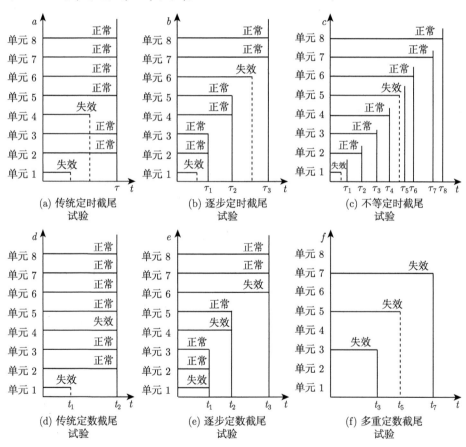

图 1.5   6 种典型的截尾试验示意图

更进一步, 基于定时和定数截尾试验的组合可形成一类新的试验方式, 称为混合截尾试验 (hybrid censoring). 对于寿命满足 $T_1 \leqslant \cdots \leqslant T_n$ 的 n 个试验样品, 基于传统的截尾试验, 记定时截尾试验的终止时刻为 τ, 定数截尾试验所要求的失效

数为 r. 若寿命试验最终在第 r 个失效时间 T_r 和 τ 的最小时间处停止, 则称为传统定时型混合截尾试验[15](Type-I hybrid censoring); 若寿命试验最终在 T_r 和 τ 的最大时间处停止, 则称为传统定数型混合截尾试验[16] (Type-II hybrid censoring). 类似地, 基于逐步的截尾试验, 分别采用上述两种终止试验的方式, 又可分别形成逐步定时型[17](Type-I progressive hybrid censoring) 和定数型混合截尾试验[18](Type-II progressive hybrid censoring). 综上所述, 当前存在的截尾试验方式分类如图 1.6 所示.

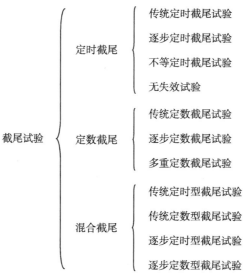

图 1.6 截尾试验方式分类

针对这些已有的截尾试验方式进行改进, 可形成其他试验方式, 如适应性逐步定数截尾试验[19](adaptive Type-II progressive censoring)、适应性逐步定数混合截尾试验[20](adaptive Type-II progressive hybrid censoring)、随机截尾试验[21](random censoring) 等, 在此不再赘述, 有兴趣的读者可参看相关文献.

由于定时截尾试验是基于截尾时刻的, 因此在工程实践中应用得更普遍[22], 但从理论研究的角度来看, 定数截尾试验更简便. 在本书中的寿命试验样本侧重于定时截尾试验, 并统一记为 (t_i, δ_i) 的形式, 其中 $i = 1, \cdots, n$, 代表在寿命试验中一共投入 n 个试验单元, 记每个单元的寿命为 T_i, 并令

$$\delta_i = \begin{cases} 1, & t_i = T_i, \\ 0, & t_i < T_i \end{cases} \tag{1.2.1}$$

即当收集到的样本数据 t_i 是失效时间时, 就令 $\delta_i = 1$. 反之, 若 t_i 是截尾时间, 则 $\delta_i = 0$. 为了方便后续的推导, 假定 $t_1 \leqslant t_2 \leqslant \cdots \leqslant t_{n-1} \leqslant t_n$, 并记 $\boldsymbol{\delta} = (\delta_1, \cdots, \delta_n)$.

1.3 可靠性指标

在开展可靠性统计研究时, 需要选择可靠性指标, 以明确具体的可靠性评估对象. 在现有文献中, 广泛采用的可靠性指标如下.

1. 可靠度

可靠度是可靠性的概率度量, 通常用式 (1.1.3) 中的可靠度函数描述. 显然, 可靠度函数 $R(t; m, \eta)$ 是关于变量 t 的单调减函数.

2. 平均寿命

平均寿命反映了产品从开始运行到失效的时间, 或者两次故障之间的平均间隔时间, 又称平均故障间隔时间 (mean time-between-failure), 通常用式 (1.1.5) 中的期望描述.

3. 剩余寿命

剩余寿命是指产品运行一段时间后从正常状态到失效的时间. 记剩余寿命为 L, 可推得在时刻 τ 处剩余寿命 L 的分布函数为

$$F_\tau(l) = \frac{F(l+\tau) - F(\tau)}{R(\tau)} \tag{1.3.1}$$

L 的概率密度函数为

$$f_\tau(l) = \frac{f(l+\tau)}{R(\tau)} \tag{1.3.2}$$

则在韦布尔分布下可推得 L 的期望为

$$
\begin{aligned}
E(L) &= \int_0^{+\infty} l \frac{f(l+\tau)}{R(\tau)} dl \\
&= \int_\tau^{+\infty} (l-\tau) \frac{f(l)}{R(\tau)} dl \\
&= \int_\tau^{+\infty} \frac{lm}{\eta} \left(\frac{l}{\eta}\right)^{m-1} \exp\left[-\left(\frac{l}{\eta}\right)^m + \left(\frac{\tau}{\eta}\right)^m\right] dl - \tau \\
&= \eta \exp\left[\left(\frac{\tau}{\eta}\right)^m\right] \int_\tau^{+\infty} \left[\left(\frac{l}{\eta}\right)^m\right]^{\frac{1}{m}} \exp\left[-\left(\frac{l}{\eta}\right)^m\right] d\left[\left(\frac{l}{\eta}\right)^m\right] - \tau \\
&= \eta \exp\left[\left(\frac{\tau}{\eta}\right)^m\right] \Gamma\left(\frac{1}{m}+1, \left(\frac{\tau}{\eta}\right)^m\right) - \tau \tag{1.3.3}
\end{aligned}
$$

其中

$$\Gamma(s, x) = \int_x^{+\infty} a^{s-1} \exp(-a) da \tag{1.3.4}$$

是不完全伽马函数. 在实际应用中称式 (1.3.3) 中 L 的期望为平均剩余寿命. 显然, 当 $\tau = 0$ 时, 式 (1.3.3) 中的平均剩余寿命即为式 (1.1.5) 中寿命的期望.

式 (1.3.3) 中的平均剩余寿命既与分布参数 m 和 η 有关, 又与时刻 τ 有关. 现考察平均剩余寿命关于时刻 τ 的单调性, 为此定义

$$f(\tau) = \eta \exp\left[\left(\frac{\tau}{\eta}\right)^m\right] \Gamma\left(\frac{1}{m}+1, \left(\frac{\tau}{\eta}\right)^m\right) - \tau$$

求解 $f(\tau)$ 关于 τ 的一阶导数, 可得

$$\frac{df(\tau)}{d\tau} = m\left(\frac{\tau}{\eta}\right)^{m-1}\left\{\exp\left[\left(\frac{\tau}{\eta}\right)^m\right]\Gamma\left(\frac{1}{m}+1, \left(\frac{\tau}{\eta}\right)^m\right) - \frac{\tau}{\eta}\right\} - 1$$

对于式 (1.3.4) 中的不完全伽马函数, 存在

$$\Gamma(s, x) = x^{s-1}\exp(-x) + (s-1)\Gamma(s-1, x)$$

所以

$$\Gamma\left(\frac{1}{m}+1, \left(\frac{\tau}{\eta}\right)^m\right) = \frac{\tau}{\eta}\exp\left[-\left(\frac{\tau}{\eta}\right)^m\right] + \frac{1}{m}\Gamma\left(\frac{1}{m}, \left(\frac{\tau}{\eta}\right)^m\right)$$

于是

$$\exp\left[\left(\frac{\tau}{\eta}\right)^m\right]\Gamma\left(\frac{1}{m}+1, \left(\frac{\tau}{\eta}\right)^m\right) = \frac{\tau}{\eta} + \frac{1}{m}\exp\left[\left(\frac{\tau}{\eta}\right)^m\right]\Gamma\left(\frac{1}{m}, \left(\frac{\tau}{\eta}\right)^m\right)$$

又由于

$$\Gamma\left(\frac{1}{m}, \left(\frac{\tau}{\eta}\right)^m\right) = \int_{\left(\frac{\tau}{\eta}\right)^m}^{+\infty} x^{\frac{1}{m}-1}\exp(-x)dx$$

$$= \left[\left(\frac{\tau}{\eta}\right)^m + \Delta\tau\right]^{\frac{1}{m}-1}\exp\left[-\left(\frac{\tau}{\eta}\right)^m - \Delta\tau\right]$$

其中 $\Delta\tau > 0$, 进一步可得

$$\frac{df(\tau)}{d\tau} = \left[1 + \Delta\tau \cdot \left(\frac{\tau}{\eta}\right)^{-m}\right]^{\frac{1}{m}-1}\exp(-\Delta\tau) - 1$$

当 $0 < m < 1$ 时,

$$\frac{df(\tau)}{d\tau} > 0$$

即 $f(\tau)$ 是关于 τ 的单调增函数, 说明当 $0 < m < 1$ 时, 平均剩余寿命随着时刻 τ 的增加而增加. 当 $m > 1$ 时,

$$\frac{df(\tau)}{d\tau} < 0$$

即 $f(\tau)$ 是关于 τ 的单调减函数, 说明当 $m > 1$ 时, 平均剩余寿命随着时刻 τ 的增加而减小. 取 $\eta = 1$, 分别在 $m = 0.5$ 和 $m = 3$ 时, 根据式 (1.3.3) 绘制平均剩余寿命, 如图 1.7 所示, 显然随着 τ 的增加, 平均剩余寿命在 $m = 0.5$ 时增加, 在 $m = 3$ 时减小.

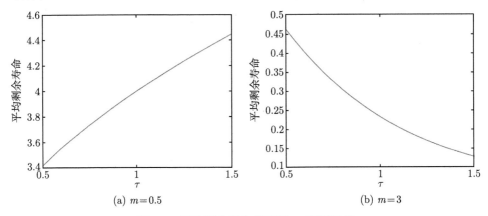

(a) $m = 0.5$ (b) $m = 3$

图 1.7   平均剩余寿命在不同 m 下的取值

在开展具体的可靠性指标评估时, 工程实践既要求给出指标的点估计, 又要求给出指标的置信区间, 其中评估对象 θ 在置信水平 $(1 - \alpha)$ 下的置信区间 $[\theta_l, \theta_u]$ 满足

$$P(\theta_l \leqslant \theta \leqslant \theta_u) = 1 - \alpha$$

本书在开展可靠性评估方法研究中, 会同时给出每个可靠性指标的点估计和置信区间, 其中对于韦布尔分布参数 m 和 η, 以及平均寿命和平均剩余寿命, 需要给出双侧置信区间, 而对于可靠度, 通常只给出置信下限即可[22].

特别地, 对于寿命和剩余寿命的双侧置信区间, 由于已知寿命 T 和剩余寿命 L 的分布函数, 所以可以很容易地构造双侧置信区间. 对于寿命 T, 记其 α 分位点为 T_α, 易知 $F(T_\alpha) = \alpha$. 根据式 (1.1.1) 中韦布尔分布的分布函数, 可求得

$$T_\alpha = \eta \left[-\ln(1 - \alpha) \right]^{\frac{1}{m}}$$

于是可得韦布尔分布下寿命 T 在置信水平 $(1 - \alpha)$ 下的置信区间为

$$\left[\eta \left[-\ln\left(1 - \frac{\alpha}{2}\right) \right]^{\frac{1}{m}}, \eta \left[-\ln\left(\frac{\alpha}{2}\right) \right]^{\frac{1}{m}} \right] \tag{1.3.5}$$

类似地, 对于时刻 τ 处的剩余寿命 L, 记其 α 分位点为 L_α, 则可由式 (1.3.1) 求得

$$L_\alpha = \eta \left[\left(\frac{\tau}{\eta}\right)^m - \ln(1 - \alpha) \right]^{\frac{1}{m}} - \tau$$

进一步可得在韦布尔分布下时刻 τ 处的剩余寿命 L 在置信水平 $(1-\alpha)$ 下的置信区间为

$$\left\{ \eta\left[\left(\frac{\tau}{\eta}\right)^m - \ln\left(1-\frac{\alpha}{2}\right)\right]^{\frac{1}{m}} - \tau, \eta\left[\left(\frac{\tau}{\eta}\right)^m - \ln\left(\frac{\alpha}{2}\right)\right]^{\frac{1}{m}} - \tau \right\} \qquad (1.3.6)$$

易知, 当 $\tau = 0$ 时, 式 (1.3.6) 中剩余寿命 L 的置信区间即为式 (1.3.5) 中寿命 T 的置信区间.

式 (1.3.6) 中 L 的置信区间既与分布参数 m 和 η 有关, 也与时刻 τ 有关. 现考察 L 的置信区间关于时刻 τ 的单调性, 为此定义

$$g(\tau) = \eta\left[\left(\frac{\tau}{\eta}\right)^m - \ln(1-\alpha)\right]^{\frac{1}{m}} - \tau$$

求解 $g(\tau)$ 关于 τ 的一阶导数, 可得

$$\frac{dg(\tau)}{d\tau} = \left(\frac{\tau}{\eta}\right)^{m-1}\left[\left(\frac{\tau}{\eta}\right)^m - \ln(1-\alpha)\right]^{\frac{1}{m}-1} - 1$$

由于 $0 < 1-\alpha < 1$, 则有

$$\ln(1-\alpha) < 0$$

可知

$$\left(\frac{\tau}{\eta}\right)^m - \ln(1-\alpha) > \left(\frac{\tau}{\eta}\right)^m$$

当 $0 < m < 1$ 时,

$$\left[\left(\frac{\tau}{\eta}\right)^m - \ln(1-\alpha)\right]^{\frac{1}{m}-1} > \left[\left(\frac{\tau}{\eta}\right)^m\right]^{\frac{1}{m}-1} = \left(\frac{\tau}{\eta}\right)^{1-m}$$

此时

$$\frac{dg(\tau)}{d\tau} > 0$$

即 $g(\tau)$ 是关于 τ 的单调增函数, 说明当 $0 < m < 1$ 时, L 的置信区间随着时刻 τ 的增加而增加. 当 $m > 1$ 时,

$$\left[\left(\frac{\tau}{\eta}\right)^m - \ln(1-\alpha)\right]^{\frac{1}{m}-1} < \left[\left(\frac{\tau}{\eta}\right)^m\right]^{\frac{1}{m}-1} = \left(\frac{\tau}{\eta}\right)^{1-m}$$

此时

$$\frac{dg(\tau)}{d\tau} < 0$$

即 $g(\tau)$ 是关于 τ 的单调减函数, 说明当 $m>1$ 时, L 的置信区间随着时刻 τ 的增加而减小. 取 $\eta=1$, 分别在 $m=0.5$ 和 $m=3$ 时, 根据式 (1.3.6) 绘制 L 在置信水平 0.9 下的置信区间上侧, 如图 1.8 所示, 显然随着 τ 的增加, L 的置信区间上侧在 $m=0.5$ 时增加, 在 $m=3$ 时减小.

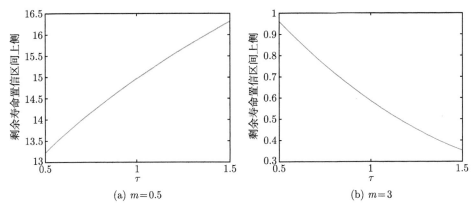

(a) $m=0.5$　　　　　　　　　　　　(b) $m=3$

图 1.8　剩余寿命在不同 m 取值下的置信区间上侧

　　在实际应用中, 对于寿命 T 和剩余寿命 L 的置信区间, 可以在求得分布参数 m 和 η 的点估计后, 代入式 (1.3.5) 和式 (1.3.6) 中即可分别获得.

参 考 文 献

[1] Fréchet M. Sur la loi de probabilité de l'écart maximum[J]. Annales de la Société Polonaise de Mathématique, 1927, 6: 93-116.

[2] Rosin P, Rammler E. The laws governing the fineness of powdered coal[J]. Journal of the Institute of Fuel, 1933, 7: 29-36.

[3] Weibull W. A statistical theory of the strength of materials[J]. Ingeniors Vetenskaps Akademiens Handlingar, 1939, 151: 1-45.

[4] Carneiro T C, Melo S P, Carvalho P C M, Braga A P de S. Particle Swarm Optimization method for estimation of Weibull parameters: A case study for the Brazilian northeast region[J]. Renewable Energy, 2016, 86: 751-759.

[5] 凌丹. 威布尔分布模型及其在机械可靠性中的应用研究 [D]. 成都: 电子科技大学, 2010.

[6] Bučar T, Nagode M, Fajdiga M. Reliability approximation using finite Weibull mixture distributions[J]. Reliability Engineering & System Safety, 2004, 84(3): 241-251.

[7] 茆诗松, 汤银才, 王玲玲. 可靠性统计 [M]. 北京: 高等教育出版社, 2008.

[8] 宁江凡. 液体火箭发动机无失效条件下的可靠性评估方法研究 [D]. 长沙: 国防科学技术大学, 2005.

[9] Olteanu D, Freeman L. The evaluation of median-rank regression and maximum likeli-

hood estimation techniques for a two-parameter Weibull distribution[J]. Quality Engineering, 2010, 22(4): 256-272.

[10] 韩明. Weibull 分布可靠性参数的置信限 [J]. 机械强度, 2009, 31(1): 59-62.

[11] Jiang R, Murthy D N P. A study of Weibull shape parameter: Properties and significance[J]. Reliability Engineering & System Safety, 2011, 96(12): 1619-1626.

[12] Jukić D, Marković D. On nonlinear weighted errors-in-variables parameter estimation problem in the three-parameter Weibull model[J]. Applied Mathematics and Computation, 2010, 215(10): 3599-3609.

[13] 郭波, 武小悦, 等. 系统可靠性分析 [M]. 长沙: 国防科技大学出版社, 2002.

[14] Fernández A J. Highest posterior density estimation from multiply censored Pareto data[J]. Statistical Papers, 2008, 49(2): 333-341.

[15] Balakrishnan N, Xie Q. Exact inference for a simple step-stress model with Type-I hybrid censored data from the exponential distribution[J]. Journal of Statistical Planning & Inference, 2007, 137: 3268-3290.

[16] Balakrishnan N, Xie Q. Exact inference for a simple step-stress model with Type-II hybrid censored data from the exponential distribution[J]. Journal of Statistical Planning & Inference, 2007, 137: 2543-2563.

[17] Wu M, Shi Y, Sun Y. Inference for accelerated competing failure models from Weibull distribution under Type-I progressive hybrid censoring[J]. Journal of Computational and Applied Mathematics, 2014, 263: 423-431.

[18] Bayat Mokhtari E, Habibi Rad A, Yousefzadeh F. Inference for Weibull distribution based on progressively Type-II hybrid censored data[J]. Journal of Statistical Planning and Inference, 2011, 141(8): 2824-2838.

[19] AL Sobhi M M, Soliman A A. Estimation for the exponentiated Weibull model with adaptive Type-II progressive censored schemes[J]. Applied Mathematical Modelling, 2016, 40(2): 1180-1192.

[20] Nassar M, Abo-Kasem O E. Estimation of the inverse Weibull parameters under adaptive type-II progressive hybrid censoring scheme[J]. Journal of Computational and Applied Mathematics, 2017, 315: 228-239.

[21] Danish M Y, Aslam M. Bayesian inference for the randomly censored Weibull distribution[J]. Journal of Statistical Computation and Simulation, 2014, 84(1): 215-230.

[22] Zhang C W, Zhang T, Xu D, Xie M. Analyzing highly censored reliability data without exact failure times: An efficient tool for practitioners[J]. Quality Engineering, 2013, 25(4): 392-400.

第 2 章　双参数韦布尔分布的确定方法

在开展具体的可靠性研究时, 往往要先确定产品的寿命分布是否服从韦布尔分布, 继而才可以进行评估方法的研究和评估结果的分析. 本章先以双参数韦布尔分布为例, 总结现有的确定产品寿命分布的方法, 再详细分析一个原创性的研究成果.

2.1　现有的分布确定方法

本节总结现有的确定产品寿命分布的方法[1].

2.1.1　假设检验法

假设检验法将确定产品的寿命分布 $F(t)$ 是否服从式 (1.1.1) 中的韦布尔分布 $F(t; m, \eta)$, 转化为假设检验问题

$$H_0 : F(t) = F(t; m, \eta)$$

$$H_1 : F(t) \neq F(t; m, \eta)$$

经典的假设检验理论, 通常利用显著性检验方法进行研究, 其关键是找出检验统计量, 再根据样本算得检验统计量的观测值, 从而与临界值进行比较, 或者根据样本算得 p 值 (p-value), 与显著性水平进行比较, 做出拒绝原假设 H_0 或不能拒绝 H_0 的结论. 针对韦布尔分布, 记样本数据为 $t_1, \cdots, t_n$, 现有的检验方法具体如下.

1. 基于概率图的检验方法

在该方法中, 典型的检验统计量为

$$Z = n \left\{ 1 - \frac{\left[\sum\limits_{i=1}^{n} (\ln t_i - \ln \bar{t})(c_i - \bar{c}_n) \right]^2}{\sum\limits_{i=1}^{n} (\ln t_i - \ln \bar{t})^2 \sum\limits_{i=1}^{n} (c_i - \bar{c}_n)^2} \right\}$$

其中

$$c_i = \ln \left[-\ln (1 - p_i) \right], \quad p_i = \frac{i}{n+1}$$

$$\ln \bar{t} = \frac{1}{n} \sum_{i=1}^{n} \ln t_i$$

且当 Z 接近于 1 时, 可拒绝原假设 H_0.

2. Shapiro-Wilk **检验方法**

在该方法中, 该检验统计量为

$$Z = \frac{(n-1)\sum\limits_{i=1}^{n}\left(0.679w_{n+i} - 0.257w_i\right)\ln t_i}{\sum\limits_{i=1}^{n}\left(2i - n - 1\right)\ln t_i} - \ln 2$$

其中当 $i = 1, \cdots, n-1$ 时,

$$w_i = \ln \frac{n+1}{n-i+1}, \quad w_{n+i} = w_i\left(1 + \ln w_i\right) - 1$$

而

$$w_n = n - \sum_{i=1}^{n-1} w_i, \quad w_{2n} = 0.4228n - \sum_{i=1}^{n-1} w_{n+i}$$

且当 Z 偏离于 1 时, 可拒绝 H_0.

3. **基于经验函数的检验方法**

常见的有 Kolmogorov-Smirnov 检验方法, 在此不再详述.

4. **基于正则化空间的检验方法**

在该方法中, 典型的检验统计量为

$$Z = \frac{1}{\sum\limits_{i=2}^{n} E_i} \sum_{i=\left\lfloor\frac{n}{2}\right\rfloor+2}^{n} E_i$$

其中

$$E_i = \frac{\ln t_i - \ln t_{i-1}}{E\left[m\left(\ln t_i - \ln \eta\right)\right] - E\left[m\left(\ln t_{i-1} - \ln \eta\right)\right]}$$

且在 H_0 为真时, 检验统计量 Z 近似服从于贝塔分布 $\mathrm{Beta}\left(\left\lfloor\frac{n-1}{2}\right\rfloor, \left\lfloor\frac{n}{2}\right\rfloor\right)$.

其他检验方法及这些检验方法的具体分析可参考综述文章[1], 但需要说明的是这些检验方法都只适用于完全样本. 特别地, 当样本为定时截尾样本时, Pakyari 等[2] 提出了一种假设检验方法, 该方法的思路是根据定时截尾样本确定失效数, 在这一条件下, 将其中的失效数据视为完全样本, 构建检验统计量的条件分布, 再利用完全样本的假设检验方法进行分析.

2.1.2　分布拟合法

这种方法的主要思路是设定某个分布来拟合数据, 再依据某个准则对所拟合的分布进行比较和选择, 常用的准则是 AIC(Akaike information criterion) 准则, 其定义是

$$AIC = -2\ln L + 2k \tag{2.1.1}$$

其中 $\ln L$ 是所拟合分布下的似然函数的对数值, k 是所选分布的分布参数个数. 关于似然函数, 请详见本书第 3 章. 当 AIC 的数值越小, 分布的拟合效果更好. 式 (2.1.1) 中的定义在应用中衍生出了很多变体, 如:

1. 变体 1[3]

$$AIC_1 = AIC + \frac{2k\,(k+1)}{n-k-1}$$

其中 AIC 见式 (2.1.1), n 是样本量.

2. 变体 2[4]

$$AIC_2 = n\ln\frac{SSE}{n-m-1} + 2\,(m+1)$$

其中 SSE 是分布拟合曲线的误差, m 是韦布尔分布的形状参数.

2.1.3　工程经验

工程实践中一般假定电子产品的寿命服从指数分布, 机电产品的寿命服从韦布尔分布, 特别地对于工程中重要的、典型的产品, 现有研究已列举了相应的寿命分布, 如动量轮的寿命服从韦布尔分布[5]、轴承的寿命服从韦布尔分布[6] 等.

2.1.4　改进的韦布尔分布

工程实践中另一类选择寿命分布的方法, 是假定产品寿命服从改进的韦布尔分布. 改进的韦布尔分布对双参数韦布尔分布增加新的参数或改变部分数学表达式, 使得这些分布既包括了双参数韦布尔分布, 又适用于更多的情况, 从而拓展了双参数韦布尔分布, 增加了寿命分布的适用性, 避免了可能的选定错误的寿命分布. 改进的韦布尔分布有很多不同的类型[7], 如指数化的韦布尔 (exponentiated Weibull) 分布[8], 其分布函数为

$$F\,(t) = [1 - \exp\,(-t^\alpha)]^\theta$$

其中 $t > 0$, $\alpha > 0$, $\theta > 0$, 以及 q 型韦布尔 (q-Weibull) 分布[9], 其分布函数为

$$F\,(t) = 1 - \left[1 - (1-q)\left(\frac{t}{\eta}\right)^\beta\right]^{\frac{2-q}{1-q}}$$

其中 $q < 2, \beta > 0, \eta > 0$. 关于改进的韦布尔分布, 其具体性质和相关的可靠性评估方法见本书第 7 章.

2.1.5 其他方法

现有研究还提出了其他的各类方法, 包括似然比 (likelihood ratio)[10]、神经网络[11]、韦布尔概率图 (Weibull probability plot)[12]、尺度不变性 (scale invariant, SI)[13] 和 Bayes 方法[14] 等. 在此不再详述, 有兴趣的读者可以参看相关文献.

2.2 基于分布误用分析的方法

本节针对分布选择问题, 介绍一个基于分布误用分析的原创性方法[15]. 分布误用 (mis-specification) 理论通过分析不同分布的似然函数的比值开展分布选择研究. 根据这一理论, 针对一组完全样本数据 $t_1, \cdots, t_n$, 可通过分析韦布尔分布和对数正态分布在误用情况下对平均寿命这一可靠性指标的影响, 确定这组数据服从韦布尔分布和对数正态分布中的哪种分布.

2.2.1 将对数正态分布误选为韦布尔分布

首先设样本数据 $t_1, \cdots, t_n$ 服从对数正态分布, 其中对数正态分布的概率密度函数是

$$f_l(t; \mu, \sigma) = \frac{1}{\sqrt{2\pi}\sigma t} \exp\left[-\frac{(\ln t - \mu)^2}{2\sigma^2}\right]$$

其中 μ 是位置参数, σ 是尺度参数. 在对数正态分布下, 产品的平均寿命为

$$h(\mu, \sigma) = \exp\left(\mu + \frac{\sigma^2}{2}\right) \tag{2.2.1}$$

当样本数据 $t_1, \cdots, t_n$ 服从对数正态分布时, 相应的似然函数的对数为

$$\ln L_l = \sum_{i=1}^n \ln f_l(t_i) = -n \ln \sqrt{2\pi} - n \ln \sigma - \sum_{i=1}^n \ln t_i - \sum_{i=1}^n \frac{(\ln t_i - \mu)^2}{2\sigma^2}$$

令似然函数的对数最大, 可求得对数正态分布参数的极大似然估计为

$$\hat{\mu} = \frac{1}{n} \sum_{i=1}^n \ln t_i, \quad \hat{\sigma}^2 = \frac{1}{n} \sum_{i=1}^n (\ln t_i - \hat{\mu})^2 \tag{2.2.2}$$

此时极大似然估计 $\hat{\mu}$ 和 $\hat{\sigma}$ 的 Fisher 信息矩阵为

$$E_l\left(-\frac{\partial^2 \ln L_l}{\partial \theta^2}\right) = E_l\begin{bmatrix} -\dfrac{\partial^2 \ln L_l}{\partial \mu^2} & -\dfrac{\partial^2 \ln L_l}{\partial \mu \partial \sigma} \\ -\dfrac{\partial^2 \ln L_l}{\partial \mu \partial \sigma} & -\dfrac{\partial^2 \ln L_l}{\partial \sigma^2} \end{bmatrix} = \begin{bmatrix} \dfrac{n}{\sigma^2} & 0 \\ 0 & \dfrac{2n}{\sigma^2} \end{bmatrix}$$

进一步求得式 (2.2.1) 中平均寿命的极大似然估计 $\hat{h}$ 为

$$\hat{h} = \exp\left(\hat{\mu} + \frac{\hat{\sigma}^2}{2}\right) \tag{2.2.3}$$

根据极大似然估计的渐近正态性, 可知 $\hat{h}$ 近似服从正态分布 $N(h, V_{h|l})$, 其中基于增量法推得

$$V_{h|l} = \left(\frac{\partial h}{\partial \mu}, \frac{\partial h}{\partial \sigma}\right)\left(E_l^{-1}\left(-\frac{\partial^2 \ln L_l}{\partial \theta^2}\right)\right)\left(\frac{\partial h}{\partial \mu}, \frac{\partial h}{\partial \sigma}\right)^{\mathrm{T}}$$

$$= [h, \sigma h]\begin{bmatrix} \dfrac{\sigma^2}{n} & 0 \\ 0 & \dfrac{\sigma^2}{2n} \end{bmatrix}[h, \sigma h]^{\mathrm{T}}$$

$$= \frac{\sigma^2 \exp(2\mu + \sigma^2)}{n}\left(1 + \frac{\sigma^2}{2}\right)$$

此时可知当正确选用对数正态分布分析这组数据时, 对于式 (2.2.3) 中平均寿命这一指标的估计, 由于 $\hat{h} \sim N(h, V_{h|l})$, 则可知 $E(\hat{h}) = h$, 即极大似然估计 $\hat{h}$ 的期望为真值, 偏差为 0. 而极大似然估计 $\hat{h}$ 的均方误差即为其方差 $V_{h|l}$.

假定在应用中错误选择了韦布尔分布开展分析, 则此时会利用韦布尔分布分析样本数据 $t_1, \cdots, t_n$. 基于式 (1.1.6) 中的概率密度函数, 可得韦布尔分布下的似然函数的对数为

$$\ln L_w = \sum_{i=1}^{n} \ln f_w(t_i) = n \ln m + n \ln \lambda + (m-1)\sum_{i=1}^{n} \ln t_i - \lambda \sum_{i=1}^{n} t_i^m$$

可求得韦布尔分布参数 m 和 λ 的极大似然估计为

$$\frac{1}{\hat{m}} + \frac{1}{n}\sum_{i=1}^{n} \ln t_i - \frac{1}{\displaystyle\sum_{i=1}^{n} t_i^{\hat{m}}}\sum_{i=1}^{n} t_i^{\hat{m}} \ln t_i = 0, \quad \hat{\lambda} = \frac{n}{\displaystyle\sum_{i=1}^{n} t_i^{\hat{m}}} \tag{2.2.4}$$

由于错误地使用韦布尔分布, 则会利用韦布尔分布的平均期望去估计平均寿命, 可得

$$h_q = g\left(\hat{m}, \hat{\lambda}\right) = \hat{\lambda}^{-\frac{1}{\hat{m}}}\Gamma\left(1 + \frac{1}{\hat{m}}\right) \tag{2.2.5}$$

称为伪极大似然估计 (quasi-MLE). 根据 White 算法[16], 可知式 (2.2.5) 中的伪极大似然估计近似服从正态分布

$$h_q \sim N\left(g(m^*, \lambda^*), V_{w|l}\right) \tag{2.2.6}$$

其中 $g(\cdot)$ 见式 (2.2.5),

$$(m^*, \lambda^*) = \arg\max_{\mu,\sigma} E_l(\ln L_w)$$

$$V_{w|l} = \left(\frac{\partial g}{\partial m}, \frac{\partial g}{\partial \lambda}\right)\left(E_l^{-1}\left(\frac{\partial^2 \ln L_w}{\partial \theta^2}\right)\right)\left(E_l\left(\frac{\partial \ln L_w}{\partial m}\frac{\partial \ln L_w}{\partial \lambda}\right)\right)$$

$$\cdot \left(E_l^{-1}\left(\frac{\partial^2 \ln L_w}{\partial \theta^2}\right)\right)\left(\frac{\partial g}{\partial m}, \frac{\partial g}{\partial \lambda}\right)^{\mathrm{T}}\Bigg|_{m^*, \lambda^*}$$

下面给出式 (2.2.6) 中正态分布相关参数的具体表达式.

由于

$$E_l(\ln L_w) = E_l\left[n\ln m + n\ln \lambda + (m-1)\sum_{i=1}^n \ln t_i - \lambda \sum_{i=1}^n t_i^m\right]$$

$$= n\ln m + n\ln \lambda + n(m-1)E_l(\ln t) - n\lambda E_l(t^m)$$

$$= n\ln m + n\ln \lambda + n(m-1)\mu - n\lambda \exp\left(m\mu + \frac{m^2\sigma^2}{2}\right)$$

求其关于 m 和 λ 的偏导数并设为 0, 可得

$$\frac{\partial E_l(\ln L_w)}{\partial m} = \frac{n}{m} + n\mu - n\lambda \exp\left(m\mu + \frac{m^2\sigma^2}{2}\right)(\mu + m\sigma^2) = 0$$

$$\frac{\partial E_l(\ln L_w)}{\partial \lambda} = \frac{n}{\lambda} - n\exp\left(m\mu + \frac{m^2\sigma^2}{2}\right) = 0$$

求得

$$m^* = \frac{1}{\sigma}, \quad \lambda^* = \exp\left(-\frac{\mu}{\sigma} - \frac{1}{2}\right) \tag{2.2.7}$$

记

$$E_l\left(\frac{\partial^2 \ln L_w}{\partial \theta^2}\right) = E_l\begin{bmatrix} \dfrac{\partial^2 \ln L_w}{\partial m^2} & \dfrac{\partial^2 \ln L_w}{\partial m \partial \lambda} \\[3mm] \dfrac{\partial^2 \ln L_w}{\partial m \partial \lambda} & \dfrac{\partial^2 \ln L_w}{\partial \lambda^2} \end{bmatrix}$$

$$E_l\left(\frac{\partial \ln L_w}{\partial m}\frac{\partial \ln L_w}{\partial \lambda}\right) = E_l\begin{bmatrix} \left(\dfrac{\partial \ln L_w}{\partial m}\right)^2 & \dfrac{\partial \ln L_w}{\partial m}\dfrac{\partial \ln L_w}{\partial \lambda} \\[3mm] \dfrac{\partial \ln L_w}{\partial m}\dfrac{\partial \ln L_w}{\partial \lambda} & \left(\dfrac{\partial \ln L_w}{\partial \lambda}\right)^2 \end{bmatrix}$$

由于

$$\frac{\partial \ln L_w}{\partial m} = \frac{n}{m} + \sum_{i=1}^n \ln t_i - \lambda \sum_{i=1}^n t_i^m \ln t_i$$

$$\frac{\partial \ln L_w}{\partial \lambda} = \frac{n}{\lambda} - \sum_{i=1}^n t_i^m$$

$$\frac{\partial^2 \ln L_w}{\partial m^2} = -\frac{n}{m^2} - \lambda \sum_{i=1}^{n} t_i^m \ln^2 t_i$$

$$\frac{\partial^2 \ln L_w}{\partial m \partial \lambda} = -\sum_{i=1}^{n} t_i^m \ln t_i$$

$$\frac{\partial^2 \ln L_w}{\partial \lambda^2} = -\frac{n}{\lambda^2}$$

可算得

$$E_l\left[\left(\frac{\partial \ln L_w}{\partial m}\right)^2\right] = \frac{n^2}{m^2} + \frac{2n^2}{m}E_l(\ln t) + nE_l\left(\ln^2 t\right) - \frac{2n^2\lambda}{m}E_l\left(t^m \ln t\right)$$
$$+ n(n-1)E_l^2\left(\ln t\right) - 2n\lambda E_l\left(t^m \ln^2 t\right) + n\lambda^2 E_l\left(t^{2m} \ln^2 t\right)$$
$$- 2n\lambda(n-1)E_l(\ln t)E_l\left(t^m \ln t\right) + n\lambda^2(n-1)E_l^2\left(t^m \ln t\right)$$

$$E_l\left(\frac{\partial \ln L_w}{\partial m}\frac{\partial \ln L_w}{\partial \lambda}\right) = \frac{n^2}{m\lambda} - \frac{n^2}{m}E_l\left(t^m\right) - n(n-1)E_l\left(t^m\right)E_l(\ln t)$$
$$+ \frac{n^2}{\lambda}E_l(\ln t) - n(n+1)E_l\left(t^m \ln t\right) + n\lambda E_l\left(t^{2m} \ln t\right)$$
$$+ n\lambda(n-1)E_l\left(t^m \ln t\right)E_l\left(t^m\right)$$

$$E_l\left[\left(\frac{\partial \ln L_w}{\partial \lambda}\right)^2\right] = \frac{n^2}{\lambda^2} - \frac{2n^2}{\lambda}E_l\left(t^m\right) + nE_l\left(t^{2m}\right) + n(n-1)E_l^2\left(t^m\right)$$

算得其中的相关期望为

$$E_l(\ln t)|_{m^*, \lambda^*} = \mu$$

$$E_l\left(\ln^2 t\right)|_{m^*, \lambda^*} = \mu^2 + \sigma^2$$

$$E_l\left(t^m \ln t\right)|_{m^*, \lambda^*} = (\mu + \sigma)\exp\left(\frac{\mu}{\sigma} + \frac{1}{2}\right)$$

$$E_l\left(t^m\right)|_{m^*, \lambda^*} = \exp\left(\frac{\mu}{\sigma} + \frac{1}{2}\right)$$

$$E_l\left(t^m \ln^2 t\right)|_{m^*, \lambda^*} = \left(\mu^2 + 2\mu\sigma + 2\sigma^2\right)\exp\left(\frac{\mu}{\sigma} + \frac{1}{2}\right)$$

$$E_l\left(t^{2m}\right)|_{m^*, \lambda^*} = \exp\left(\frac{2\mu}{\sigma} + 2\right)$$

$$E_l\left(t^{2m} \ln t\right)|_{m^*, \lambda^*} = (\mu + 2\sigma)\exp\left(\frac{2\mu}{\sigma} + 2\right)$$

$$E_l\left(t^{2m} \ln^2 t\right)|_{m^*, \lambda^*} = \left(\mu^2 + 4\mu\sigma + 5\sigma^2\right)\exp\left(\frac{2\mu}{\sigma} + 2\right)$$

故有

$$E_l \left(\frac{\partial^2 \ln L_w}{\partial \theta^2} \right) \bigg|_{m^*,\lambda^*} = -n \begin{bmatrix} \mu^2 + 2\mu\sigma + 3\sigma^2 & (\mu+\sigma)\exp\left(\frac{\mu}{\sigma}+\frac{1}{2}\right) \\ (\mu+\sigma)\exp\left(\frac{\mu}{\sigma}+\frac{1}{2}\right) & \exp\left(\frac{2\mu}{\sigma}+1\right) \end{bmatrix}$$

$$E_l \left(\frac{\partial \ln L_w}{\partial m} \frac{\partial \ln L_w}{\partial \lambda} \right) \bigg|_{m^*,\lambda^*} = n(\mathrm{e}-1) \begin{bmatrix} (\mu+2\sigma)^2+\frac{\mathrm{e}}{\mathrm{e}-1}\sigma^2 & (\mu+2\sigma)\exp\left(\frac{\mu}{\sigma}+\frac{1}{2}\right) \\ (\mu+2\sigma)\exp\left(\frac{\mu}{\sigma}+\frac{1}{2}\right) & \exp\left(\frac{2\mu}{\sigma}+1\right) \end{bmatrix}$$

其中 $\mathrm{e}=\exp(1)$, 并最终求得

$$g(m^*,\lambda^*) = \Gamma(1+\sigma)\exp\left(\mu+\frac{\sigma}{2}\right)$$

$$V_{w|l} = \frac{(2\mathrm{e}-1)\sigma^2}{4n}\Gamma^2(1+\sigma)\left\{\left[\frac{1}{2}+\varphi^{(1)}(1+\sigma)-\frac{1}{2\mathrm{e}-1}\right]^2 + \frac{4\mathrm{e}^2-4\mathrm{e}}{(2\mathrm{e}-1)^2}\right\}\exp(2\mu+\sigma) \tag{2.2.8}$$

其中

$$\varphi^{(k)}(x) = \frac{d^k}{dx^k}\ln\Gamma(x) \tag{2.2.9}$$

$$\Gamma(x) = \int_0^{+\infty} y^{x-1}\exp(-y)dy \tag{2.2.10}$$

是伽马函数. 根据式 (2.2.6) 中伪极大似然估计 h_q 的分布, 可知当误选韦布尔分布分析对数正态分布的数据时, 对平均寿命这一指标的估计所产生的偏差为

$$\begin{aligned} b_{w|l} &= E(h_q) - h \\ &= g(m^*,\lambda^*) - h \\ &= \left[\Gamma(1+\sigma)-\exp\left(\frac{\sigma^2-\sigma}{2}\right)\right]\exp\left(\mu+\frac{\sigma}{2}\right) \end{aligned} \tag{2.2.11}$$

均方误差为

$$\begin{aligned} M_{w|l} &= E\left[(h_q-h)^2\right] \\ &= V_{w|l} + [E(h_q)-h]^2 \\ &= V_{w|l} + \left[\Gamma(1+\sigma)-\exp\left(\frac{\sigma^2-\sigma}{2}\right)\right]^2\exp(2\mu+\sigma) \end{aligned} \tag{2.2.12}$$

其中 $V_{w|l}$ 见式 (2.2.8).

进一步可比较对于一组服从对数正态分布的数据, 误选韦布尔分布进行分析时对平均寿命的估计所产生的偏差与真值的比值是

$$\mathrm{rb}_{w|l} = \frac{b_{w|l}}{h} = \Gamma(1+\sigma)\exp\left(\frac{\sigma-\sigma^2}{2}\right) - 1 \tag{2.2.13}$$

而对平均寿命的估计产生的均方误差与正确选用对数正态分布进行分析时对平均寿命的估计所产生的均方误差的比值是

$$\mathrm{rm}_{w|l} = \frac{M_{w|l}}{V_{h|l}} = \frac{V_{w|l}}{V_{h|l}} + \frac{n\left[\Gamma(1+\sigma)\exp\left(\dfrac{\sigma-\sigma^2}{2}\right) - 1\right]^2}{\sigma^2\left(1+\dfrac{\sigma^2}{2}\right)} \tag{2.2.14}$$

其中

$$\frac{V_{w|l}}{V_{h|l}} = \frac{(2\mathrm{e}-1)\Gamma^2(1+\sigma)}{(4+2\sigma^2)\exp(\sigma^2-\sigma)}\left\{\left[\frac{1}{2} + \varphi^{(1)}(1+\sigma) - \frac{1}{2\mathrm{e}-1}\right]^2 + \frac{4\mathrm{e}^2-4\mathrm{e}}{(2\mathrm{e}-1)^2}\right\}$$

$\varphi^{(1)}(x)$ 见式 (2.2.9).

2.2.2　将韦布尔分布误选为对数正态分布

随后, 设数据 $t_1,\cdots,t_n$ 服从韦布尔分布, 基于式 (1.1.6) 中的概率密度函数, 可知产品的平均寿命为

$$g(m,\lambda) = \lambda^{-\frac{1}{m}}\Gamma\left(1+\frac{1}{m}\right) \tag{2.2.15}$$

当正确选用韦布尔分布进行分析时, 可得式 (2.2.4) 中 m 和 λ 的极大似然估计分别为 $\hat{m}$ 和 $\hat{\lambda}$, 且可求得平均寿命的极大似然估计为式 (2.2.5) 中的 $\hat{g}$. 根据极大似然估计的渐近正态性, 可知 $\hat{g}$ 渐近服从正态分布 $N(g, V_{g|w})$, 其中

$$V_{g|w} = \left[\frac{\partial g}{\partial m}, \frac{\partial g}{\partial \lambda}\right] E_w^{-1}\left(-\frac{\partial^2 \ln L_w}{\partial \theta^2}\right)\left[\frac{\partial g}{\partial m}, \frac{\partial g}{\partial \lambda}\right]^{\mathrm{T}}$$

下面推导 $\hat{g}$ 的方差 $V_{g|w}$. 由于 $\hat{m}$ 和 $\hat{\lambda}$ 的 Fisher 信息矩阵为

$$E_w\left(-\frac{\partial^2 \ln L_w}{\partial \theta^2}\right)$$

$$= E_w\begin{bmatrix} -\dfrac{\partial^2 \ln L_w}{\partial m^2} & -\dfrac{\partial^2 \ln L_w}{\partial m \partial \lambda} \\[3mm] -\dfrac{\partial^2 \ln L_w}{\partial m \partial \lambda} & -\dfrac{\partial^2 \ln L_w}{\partial \lambda^2} \end{bmatrix}$$

$$= \frac{n}{m^2\lambda^2}\begin{bmatrix} \lambda^2\left(\varphi^{(2)}(1) + \left(1+\varphi^{(1)}(1)-\ln\lambda\right)^2\right) & \lambda m\left(1+\varphi^{(1)}(1)-\ln\lambda\right) \\[3mm] \lambda m\left(1+\varphi^{(1)}(1)-\ln\lambda\right) & m^2 \end{bmatrix}$$

$\varphi^{(1)}(x)$ 和 $\varphi^{(2)}(x)$ 见式 (2.2.9),

$$\left[\frac{\partial g}{\partial m}, \frac{\partial g}{\partial \lambda}\right] = \frac{g}{\lambda m^2}\left[\lambda \ln \lambda - \lambda \varphi^{(1)}\left(1+\frac{1}{m}\right), -m\right]$$

再进一步化简可得

$$
\begin{aligned}
V_{g|w} &= \frac{g}{\lambda m^2}\left[\lambda \ln \lambda - \lambda \varphi^{(1)}\left(1+\frac{1}{m}\right), -m\right] \\
&\times \frac{1}{n\varphi^{(2)}(1)}\begin{bmatrix} m^2 & -\lambda m\left(1+\varphi^{(1)}(1)-\ln\lambda\right) \\ -\lambda m\left(1+\varphi^{(1)}(1)-\ln\lambda\right) & \lambda^2\left[\varphi^{(2)}(1)+\left(1+\varphi^{(1)}(1)-\ln\lambda\right)^2\right] \end{bmatrix} \\
&\times \frac{g}{\lambda m^2}\left[\lambda \ln \lambda - \lambda \varphi^{(1)}\left(1+\frac{1}{m}\right), -m\right]^{\mathrm{T}} \\
&= \frac{\Gamma^2\left(1+\dfrac{1}{m}\right)}{nm^2\varphi^{(2)}(1)}\lambda^{-\frac{2}{m}}\left\{\left[1+\varphi^{(1)}(1)-\varphi^{(1)}\left(1+\frac{1}{m}\right)\right]^2+\varphi^{(2)}(1)\right\}
\end{aligned}
$$

此时由于正确地选用了韦布尔分布进行分析, 对于式 (2.2.15) 中平均寿命这一指标的估计, 由于

$$\hat{g} \sim N\left(g, V_{g|w}\right)$$

则可知 $E(\hat{g}) = g$, 即极大似然估计 $\hat{g}$ 的期望为真值, 偏差为 0, 而极大似然估计 $\hat{g}$ 的均方误差即为其方差 $V_{g|w}$.

但假如误选对数正态分布, 此时会利用对数正态分布分析样本数据, 得到式 (2.2.2) 中分布参数的极大似然估计 $\hat{\mu}$ 和 $\hat{\sigma}$, 以及式 (2.2.3) 中平均寿命的伪极大似然估计 $\hat{h}$. 类似地, 可知该伪极大似然估计近似服从正态分布

$$g_q \sim N\left(h\left(\mu^*, \sigma^*\right), V_{l|w}\right) \tag{2.2.16}$$

其中

$$(\mu^*, \sigma^*) = \arg\max_{m,\lambda} E_w\left(\ln L_l\right)$$

$$h\left(\mu^*, \sigma^*\right) = \exp\left[\frac{\varphi^{(1)}(1)-\ln\lambda}{m}+\frac{\varphi^{(2)}(1)}{2m^2}\right]$$

$$
\begin{aligned}
V_{l|w} &= \frac{\varphi^{(2)}(1)}{nm^2}\lambda^{-\frac{2}{m}}\left\{\frac{\varphi^{(2)}(1)}{2m^2}\left[1+\frac{\varphi^{(4)}(1)}{2\left[\varphi^{(2)}(1)\right]^2}\right]+\frac{\varphi^{(3)}(1)}{m\varphi^{(2)}(1)}+1\right\} \\
&\quad \cdot \exp\left[\frac{2\varphi^{(1)}(1)}{m}+\frac{\varphi^{(2)}(1)}{m^2}\right]
\end{aligned}
$$

$\varphi^{(k)}(x)$ 见式 (2.2.9). 相关计算过程具体如下.

先根据

$$E_w\left(\ln L_l\right)=E_w\left[-n\ln\sqrt{2\pi}-n\ln\sigma-\sum_{i=1}^{n}\ln t_i-\sum_{i=1}^{n}\frac{(\ln t_i-\mu)^2}{2\sigma^2}\right]$$

$$=-n\ln\sqrt{2\pi}-n\ln\sigma-nE_w(\ln t)-\frac{n}{2\sigma^2}E_w\left[(\ln t-\mu)^2\right]$$

$$=-n\ln\sqrt{2\pi}-\frac{n}{2\sigma^2}\left\{\frac{1}{m^2}\varphi^{(2)}(1)+\left[\frac{1}{m}\left(\varphi^{(1)}(1)-\ln\lambda\right)-\mu\right]^2\right\}$$

$$-n\ln\sigma-\frac{n}{m}\left[\varphi^{(1)}(1)-\ln\lambda\right]$$

并令

$$\frac{\partial E_w\left(\ln L_l\right)}{\partial\sigma}=-\frac{n}{\sigma}\left\{1-\frac{\varphi^{(2)}(1)}{m^2\sigma^2}-\frac{1}{\sigma^2}\left[\frac{1}{m}\left(\varphi^{(1)}(1)-\ln\lambda\right)-\mu\right]^2\right\}=0$$

$$\frac{\partial E_w\left(\ln L_l\right)}{\partial\mu}=-\frac{n}{\sigma^2}\left[\mu-\frac{1}{m}\left(\varphi^{(1)}(1)-\ln\lambda\right)\right]=0$$

可求得

$$\mu^*=\frac{\varphi^{(1)}(1)-\ln\lambda}{m},\quad\sigma^*=\frac{\sqrt{\varphi^{(2)}(1)}}{m}$$

从而给出式 (2.2.16) 中的 $h\left(\mu^*,\sigma^*\right)$. 对于方差 $V_{l|w}$, 其定义是

$$V_{l|w}=\left[\frac{\partial h}{\partial\mu},\frac{\partial h}{\partial\sigma}\right]E_w^{-1}\left(\frac{\partial^2\ln L_l}{\partial\theta^2}\right)E_w\left(\frac{\partial\ln L_l}{\partial\mu}\frac{\partial\ln L_l}{\partial\sigma}\right)E_w^{-1}\left(\frac{\partial^2\ln L_l}{\partial\theta^2}\right)\left[\frac{\partial h}{\partial\mu},\frac{\partial h}{\partial\sigma}\right]^{\mathrm{T}}\Bigg|_{\mu^*,\sigma^*}$$

其中

$$E_w\left(\frac{\partial^2\ln L_l}{\partial\theta^2}\right)=E_w\begin{bmatrix}\dfrac{\partial^2\ln L_l}{\partial\mu^2}&\dfrac{\partial^2\ln L_l}{\partial\mu\partial\sigma}\\[2mm]\dfrac{\partial^2\ln L_l}{\partial\mu\partial\sigma}&\dfrac{\partial^2\ln L_l}{\partial\sigma^2}\end{bmatrix}$$

$$E_w\left(\frac{\partial\ln L_l}{\partial\mu}\frac{\partial\ln L_l}{\partial\sigma}\right)=E_w\begin{bmatrix}\left(\dfrac{\partial\ln L_l}{\partial\mu}\right)^2&\dfrac{\partial\ln L_l}{\partial\mu}\dfrac{\partial\ln L_l}{\partial\sigma}\\[2mm]\dfrac{\partial\ln L_l}{\partial\mu}\dfrac{\partial\ln L_l}{\partial\sigma}&\left(\dfrac{\partial\ln L_l}{\partial\sigma}\right)^2\end{bmatrix}$$

由于

$$\frac{\partial\ln L_l}{\partial\mu}=\sum_{i=1}^{n}\frac{\ln t_i-\mu}{\sigma^2}$$

$$\frac{\partial\ln L_l}{\partial\sigma}=-\frac{n}{\sigma}+\frac{1}{\sigma^3}\sum_{i=1}^{n}(\ln t_i-\mu)^2$$

$$\frac{\partial^2 \ln L_l}{\partial \mu^2} = -\frac{n}{\sigma^2}$$

$$\frac{\partial^2 \ln L_l}{\partial \mu \partial \sigma} = -\frac{2}{\sigma^3} \sum_{i=1}^n (\ln t_i - \mu)$$

$$\frac{\partial^2 \ln L_l}{\partial \sigma^2} = \frac{n}{\sigma^2} - \frac{3}{\sigma^4} \sum_{i=1}^n (\ln t_i - \mu)^2$$

以及

$$E_w \left[\left(\frac{\partial \ln L_l}{\partial \mu} \right)^2 \right] = \frac{n}{\sigma^4} E_w \left[(\ln t - \mu)^2 \right] + \frac{n(n-1)}{\sigma^4} E_w^2 (\ln t - \mu)$$

$$E_w \left(\frac{\partial \ln L_l}{\partial \mu} \frac{\partial \ln L_l}{\partial \sigma} \right) = \frac{n}{\sigma^5} E_w \left[(\ln t - \mu)^3 \right] - \frac{n^2}{\sigma^3} E_w (\ln t - \mu)$$
$$+ \frac{n(n-1)}{\sigma^5} E_w \left[(\ln t - \mu)^2 \right] E_w (\ln t - \mu)$$

$$E_w \left[\left(\frac{\partial \ln L_l}{\partial \sigma} \right)^2 \right] = \frac{n}{\sigma^6} E_w \left[(\ln t - \mu)^4 \right] + \frac{n(n-1)}{\sigma^6} E_w^2 \left[(\ln t - \mu)^2 \right]$$
$$- \frac{2n^2}{\sigma^4} E_w \left[(\ln t - \mu)^2 \right] + \frac{n^2}{\sigma^2}$$

$$E_w (\ln t - u) |_{\mu^*, \sigma^*} = 0$$

$$E_w \left[(\ln t - \mu)^2 \right] |_{\mu^*, \sigma^*} = \frac{\varphi^{(2)}(1)}{m^2}$$

$$E_w \left[(\ln t - \mu)^3 \right] |_{\mu^*, \sigma^*} = \frac{\varphi^{(3)}(1)}{m^3}$$

$$E_w \left[(\ln t - \mu)^4 \right] |_{\mu^*, \sigma^*} = \frac{3 \left[\varphi^{(2)}(1) \right]^2 + \varphi^{(4)}(1)}{m^4}$$

具体地可得

$$E_w \left(\frac{\partial^2 \ln L_l}{\partial \theta^2} \right) \bigg|_{\mu^*, \sigma^*} = -\frac{nm^2}{\varphi^{(2)}(1)} \begin{bmatrix} 1 & 0 \\ 0 & 2 \end{bmatrix}$$

$$E_w \left(\frac{\partial \ln L_l}{\partial \mu} \frac{\partial \ln L_l}{\partial \sigma} \right) \bigg|_{\mu^*, \sigma^*} = \frac{nm^2}{\varphi^{(2)}(1)} \begin{bmatrix} 1 & \dfrac{\varphi^{(3)}(1)}{\left[\varphi^{(2)}(1) \right]^{\frac{3}{2}}} \\ \dfrac{\varphi^{(3)}(1)}{\left[\varphi^{(2)}(1) \right]^{\frac{3}{2}}} & \dfrac{\varphi^{(4)}(1)}{\left[\varphi^{(2)}(1) \right]^2} + 2 \end{bmatrix}$$

又由于

$$\left[\frac{\partial h}{\partial \mu}, \frac{\partial h}{\partial \sigma} \right] = h (\mu^*, \sigma^*) \left[1, \frac{\sqrt{\varphi^{(2)}(1)}}{m} \right]$$

$$E_w^{-1}\left(\frac{\partial^2 \ln L_l}{\partial \theta^2}\right) = -\frac{\varphi^{(2)}(1)}{nm^2}\begin{bmatrix} 1 & 0 \\ 0 & \frac{1}{2} \end{bmatrix}$$

代入方差 $V_{l|w}$ 的定义中, 可得式 (2.2.16) 中 $V_{l|w}$ 的解析式. 据此可知当误选对数正态分布分析韦布尔分布的数据时, 对平均寿命这一指标的估计所产生的偏差为

$$\begin{aligned} b_{l|w} &= E\left(g_q\right) - g = h\left(\mu^*, \sigma^*\right) - g \\ &= \lambda^{-\frac{1}{m}}\exp\left[\frac{\varphi^{(1)}(1)}{m} + \frac{\varphi^{(2)}(1)}{2m^2}\right] - \lambda^{-\frac{1}{m}}\Gamma\left(1 + \frac{1}{m}\right) \end{aligned} \quad (2.2.17)$$

均方误差为

$$\begin{aligned} M_{l|w} &= E\left[\left(g_q - g\right)^2\right] = V_{l|w} + \left[E\left(g_q\right) - g\right]^2 \\ &= V_{l|w} + \lambda^{-\frac{2}{m}}\left\{\exp\left[\frac{\varphi^{(1)}(1)}{m} + \frac{\varphi^{(2)}(1)}{2m^2}\right] - \Gamma\left(1 + \frac{1}{m}\right)\right\}^2 \end{aligned} \quad (2.2.18)$$

进一步可比较对于一组服从韦布尔分布的数据, 当错误选择对数正态分布进行分析时对平均寿命的估计所产生的偏差与真值的比值是

$$\mathrm{rb}_{l|w} = \frac{b_{l|w}}{g} = \exp\left[\frac{\varphi^{(1)}(1)}{m} + \frac{\varphi^{(2)}(1)}{2m^2}\right]\left[\Gamma\left(1 + \frac{1}{m}\right)\right]^{-1} - 1 \quad (2.2.19)$$

而当错误选择对数正态分布进行分析时对平均寿命的估计所产生的均方误差与正确选用韦布尔分布进行分析时对平均寿命的估计所产生的均方误差的比值是

$$\begin{aligned} \mathrm{rm}_{l|w} &= \frac{M_{l|w}}{V_{g|w}} \\ &= \frac{V_{l|w}}{V_{g|w}} + \frac{nm^2\varphi^{(1)}(1)\left\{\exp\left[\frac{\varphi^{(1)}(1)}{m} + \frac{\varphi^{(2)}(1)}{2m^2}\right]\left[\Gamma\left(1 + \frac{1}{m}\right)\right]^{-1} - 1\right\}^2}{\left[1 + \varphi^{(1)}(1) - \varphi^{(1)}\left(1 + \frac{1}{m}\right)\right]^2 + \varphi^{(2)}(1)} \end{aligned} \quad (2.2.20)$$

其中

$$\begin{aligned} \frac{V_{l|w}}{V_{g|w}} &= \left[\frac{\varphi^{(2)}(1)}{\Gamma\left(1 + \frac{1}{m}\right)}\right]^2 \left\{\frac{\frac{\varphi^{(2)}(1)}{2m^2}\left[1 + \frac{\varphi^{(4)}(1)}{2\left[\varphi^{(2)}(1)\right]^2}\right] + \frac{\varphi^{(3)}(1)}{m\varphi^{(2)}(1)} + 1}{\left[1 + \varphi^{(1)}(1) - \varphi^{(1)}\left(1 + \frac{1}{m}\right)\right]^2 + \varphi^{(2)}(1)}\right\} \\ &\quad \cdot \exp\left[\frac{2\varphi^{(1)}(1)}{m} + \frac{\varphi^{(2)}(1)}{m^2}\right] \end{aligned}$$

$\varphi^{(k)}(x)$ 见式 (2.2.9).

2.2.3 模型选择准则

通过以上内容的分析, 针对韦布尔分布和对数正态分布, 求得了在正确选择分布和误选分布的情况下, 对平均寿命估计的相对偏差和相对均方误差, 包括式 (2.2.13) 和式 (2.2.14) 中给出的将对数正态分布误选为韦布尔分布时的相对偏差 $\mathrm{rb}_{w|l}$ 和相对均方误差 $\mathrm{rm}_{w|l}$, 以及式 (2.2.19) 和式 (2.2.20) 中给出的将韦布尔分布误选为对数正态分布时的相对偏差 $\mathrm{rb}_{l|w}$ 和相对均方误差 $\mathrm{rm}_{l|w}$. 根据相对偏差 $\mathrm{rb}_{w|l}$ 和 $\mathrm{rb}_{l|w}$, 以及相对均方误差 $\mathrm{rm}_{w|l}$ 和 $\mathrm{rm}_{l|w}$ 之间的大小关系, 可提出表 2.1 中的分布选择准则.

表 2.1 基于分布误用的分布选择准则

结果	偏好准则	所选模型
$\mathrm{rb}_{w|l} \leqslant \mathrm{rb}_{l|w}, \mathrm{rm}_{w|l} \leqslant \mathrm{rm}_{l|w}$	—	韦布尔分布
$\mathrm{rb}_{w|l} > \mathrm{rb}_{l|w}, \mathrm{rm}_{w|l} > \mathrm{rm}_{l|w}$	—	对数正态分布
$\mathrm{rb}_{w|l} \leqslant \mathrm{rb}_{l|w}, \mathrm{rm}_{w|l} > \mathrm{rm}_{l|w}$	偏差	韦布尔分布
	均方误差	对数正态分布
$\mathrm{rb}_{w|l} > \mathrm{rb}_{l|w}, \mathrm{rm}_{w|l} \leqslant \mathrm{rm}_{l|w}$	偏差	对数正态分布
	均方误差	韦布尔分布

以当 $\mathrm{rb}_{w|l} \leqslant \mathrm{rb}_{l|w}, \mathrm{rm}_{w|l} \leqslant \mathrm{rm}_{l|w}$ 时选择韦布尔分布为例进行说明. 一方面, 如果原始分布是对数正态分布但误选了韦布尔分布, 此时对平均寿命的估计的误差和均方误差也都更小. 另一方面, 假如原始分布就是韦布尔分布, 那么选择韦布尔分布就是正确的. 所以此时应该选择韦布尔分布开展数据分析.

需要说明的是本节提出的方法是针对韦布尔分布和对数正态分布, 基于完全样本, 考虑平均寿命这一可靠性指标的估计所提出的. 针对其他分布类型和其他可靠性指标的估计, 可以利用本节方法进行延伸和推导.

2.3 算 例 分 析

本节通过一个算例介绍确定韦布尔分布方法的应用该数据集是某地区从1985~2009 年的降雨量[15], 具体数据是 12.82, 17.86, 7.66, 12.48, 8.08, 7.35, 11.99, 21.00, 27.36, 8.11, 24.35, 12.44, 12.4, 31.01, 9.09, 11.57, 17.94, 4.42, 16.42, 9.25, 37.96, 13.19, 3.21, 13.53, 9.08(单位: 英尺;1 英尺 $\approx$ 30.48cm). 针对韦布尔分布和对数正态分布, 分别利用概率图法、Kolmogorov-Smirnov 检验法、SI 法及分布误用法开展分析, 从而确定降雨量所服从的分布.

1. 概率图法

分别利用 QQ 图和韦布尔概率图拟合数据, 所得结果如图 2.1 所示. 为了进一步比较拟合精度, 分别计算拟合后的误差, 所得结果见表 2.2, 可知韦布尔分布拟合的误差更小.

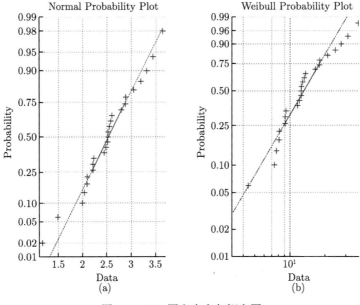

图 2.1　QQ 图和韦布尔概率图

表 2.2　概率图、Kolmogorov-Smirnov 检验和 SI 法的计算结果

分布	概率图	Kolmogorov-Smirnov		SI
	拟合误差	检验统计量	p 值	统计量
对数正态分布	0.9829	0.1188	0.8319	-85.1837
韦布尔分布	0.9587	0.1764	0.3741	-86.4399

2. Kolmogorov-Smirnov 检验法

根据 Kolmogorov-Smirnov 检验方法, 分别假定降雨量服从对数正态分布和韦布尔分布, 计算相应的检验统计量和 p 值, 所得结果见表 2.2, 可知此时应选择对数正态分布.

3. SI 法

根据 SI 法, 应计算 SI 统计量且统计量观测值越大越好. 在对数正态分布和韦布尔分布下可得 SI 统计量的对数分别为

$$\ln S_w = (n-1)\ln \hat{m} + \ln \Gamma(n) + (\hat{m}-1)\sum_{i=1}^{n}\ln t_i - n\ln\left(\sum_{i=1}^{n} t_i^{\hat{m}}\right)$$

$$\ln S_l = -(n-1)\ln\left(\sqrt{2\pi}\hat{\sigma}\right) - \frac{1}{2}\ln n - \sum_{i=1}^{n}\ln t_i - \frac{1}{2\hat{\sigma}^2}\left[\sum_{i=1}^{n}\left(\ln t_i\right)^2 - \frac{1}{n}\left(\sum_{i=1}^{n}\ln t_i\right)^2\right]$$

对应的观测值见表 2.2, 可知此时应选择对数正态分布.

4. 基于分布误用的方法

根据基于分布误用的方法, 分别根据式 (2.2.19) 和式 (2.2.20) 计算正确分布为韦布尔分布却误选对数正态分布的相对偏差 $\mathrm{rb}_{l|w}$ 和相对均方误差 $\mathrm{rm}_{l|w}$, 以及根据式 (2.2.13) 和式 (2.2.14) 计算相反情况下的相对偏差 $\mathrm{rb}_{w|l}$ 和相对均方误差 $\mathrm{rm}_{w|l}$, 所得结果见表 2.3, 由此可知符合表 2.1 中 $\mathrm{rb}_{w|l} \leqslant \mathrm{rb}_{l|w}$ 且 $\mathrm{rm}_{w|l} \leqslant \mathrm{rm}_{l|w}$ 这种情况, 故应选择韦布尔分布.

表 2.3 基于分布误用分析方法的计算结果

正确分布	误选分布	相对偏差	相对均方误差
韦布尔分布	对数正态分布	0.0454	1.3940
对数正态分布	韦布尔分布	0.0067	1.0566

从该算例的分析也可看出, 在实际应用中, 对于同一组数据, 即使采用不同的分布选择方法, 所确定的分布也可能是不同的, 因而选择合适的方法对后续的统计分析至关重要.

参 考 文 献

[1] Krit M, Gaudoin O, Remy E. Goodness-of-fit tests for the Weibull and extreme-value distributions: A review and comparative study[J]. Communications in Statistics-Simulation and Computation, 2019: 1-24.

[2] Pakyari R, Nia K R. Testing goodness-of-fit for some lifetime distributions with conventional Type-I censoring[J]. Communications in Statistics-Simulation and Computation, 2017, 46(4): 2998-3009.

[3] Elmahdy E E, Aboutahoun A W. A new approach for parameter estimation of finite Weibull mixture distributions for reliability modeling[J]. Applied Mathematical Modelling, 2013, 37(4): 1800-1810.

[4] Jiang R. A drawback and an improvement of the classical Weibull probability plot[J]. Reliability Engineering & System Safety, 2014, 126: 135-142.

[5] 刘强, 黄秀平, 周经伦, 金光, 孙权. 基于失效物理的动量轮贝叶斯可靠性评估[J]. 航空学报, 2009, 30(8): 1392-1397.

[6] 李海洋, 谢里阳, 刘杰, 袁延凯, 姚常辉, 姜春龙. 无失效数据场合智能换刀机器人中轴承的可靠性评估[J]. 机械工程学报, 2019, 55(2): 186-194.

[7] Almalki S J, Nadarajah S. Modifications of the Weibull distribution: A review[J]. Reliability Engineering & System Safety, 2014, 124: 32-55.

[8] Zhao Q, Jia X, Guo B. Parameter estimation for the two-parameter exponentiated Weibull distribution based on multiply Type-I censored data[J]. IEEE Access, 2019, 7: 45485-45493.

[9] Jia X, Nadarajah S, Guo B. Inference on q-Weibull parameters[J]. Statistical Papers, 2020, 61(2): 575-593.

[10] Strupczewski W G, Mitosek H T, Kochanek K, Singh V P, Weglarczyk S. Probability of correct selection from lognormal and convective diffusion models based on the likelihood ratio[J]. Stochastic Environmental Research and Risk Assessment, 2006, 20(3): 152-163.

[11] 顾钧元, 徐廷学, 陈海建, 余仁波, 魏勇. 基于 BP 神经网络的产品寿命分布类型选择[J]. 电子产品可靠性与环境试验, 2011, 29(2): 42-45.

[12] Prabhakar Murthy D N, Bulmer M, Eccleston J A. Weibull model selection for reliability modelling[J]. Reliability Engineering & System Safety, 2004, 86(3): 257-267.

[13] Kim J S, Yum B J. Selection between Weibull and lognormal distributions: A comparative simulation study[J]. Computational Statistics & Data Analysis, 2008, 53(2): 477-485.

[14] Upadhyay S K, Peshwani M. Choice between Weibull and lognormal models: A simulation based Bayesian study[J]. Communications in Statistics, 2003, 32(2): 381-405.

[15] Jia X, Nadarajah S, Guo B. The effect of mis-specification on mean and selection between the Weibull and lognormal models[J]. Physica A Statistical Mechanics and Its Applications, 2018, 492: 1875-1891.

[16] White H. Maximum likelihood estimation of misspecified models[J]. Econometrica: Journal of the Econometric Society, 1982, 50(1): 1-25.

第3章　基于极大似然估计的可靠性统计方法

极大似然法 (maximum likelihood method) 是参数估计中最常用的方法之一, 其核心思想是认为当前收集到的样本出现概率最大, 所得的参数估计即为极大似然估计 (maximum likelihood estimate, MLE). 极大似然估计具备良好的统计性质, 在可靠性统计中应用广泛. 本章针对双参数韦布尔分布, 介绍基于极大似然估计的可靠性统计方法, 包括基于极大似然估计的点估计和置信区间的统计分析方法.

3.1　基于极大似然估计的点估计

3.1.1　韦布尔分布参数极大似然估计的一般形式

设寿命试验样本为式 (1.2.1) 中的一般形式 (t_i, δ_i), 且每个单元的寿命 T_i 服从分布参数为 m 和 η 的韦布尔分布, 其中 $i = 1, \cdots, n$. 此时, 可得相应的似然函数为

$$L(t, \delta; m, \eta) = C \prod_{i=1}^{n} \left[f\left(t_i; m, \eta\right) \right]^{\delta_i} \left[R\left(t_i; m, \eta\right) \right]^{1-\delta_i} \tag{3.1.1}$$

其中, $f\left(t; m, \eta\right)$ 和 $R\left(t; m, \eta\right)$ 的定义如式 (1.1.2) 和式 (1.1.3) 所示, C 为常数. 当参数 m 和 η 的取值令式 (3.1.1) 中的 $L\left(t, \delta; m, \eta\right)$ 最大时, 就得到了参数 m 和 η 的极大似然估计.

对于 $L\left(t, \delta; m, \eta\right)$ 最大值的求解, 通常转化为对其对数的求解, 即根据式 (3.1.1) 得到其对数似然函数

$$\begin{aligned}
\ln L\left(t, \delta; m, \eta\right) &= \ln C + \sum_{i=1}^{n} \left[\delta_i \ln f\left(t_i\right) + \left(1 - \delta_i\right) \ln R\left(t_i\right) \right] \\
&= \ln C + \sum_{i=1}^{n} \delta_i \ln m + (m-1) \sum_{i=1}^{n} \delta_i \ln t_i \\
&\quad - m \sum_{i=1}^{n} \delta_i \ln \eta - \sum_{i=1}^{n} \left(\frac{t_i}{\eta} \right)^m
\end{aligned} \tag{3.1.2}$$

为了求 $\ln L\left(t, \delta; m, \eta\right)$ 的最大值, 首先求其关于 m 和 η 的偏导数并令偏导数为 0, 可得

$$\frac{\partial \ln L\left(t, \delta; m, \eta\right)}{\partial m} = \frac{\displaystyle\sum_{i=1}^{n} \delta_i}{m} + \sum_{i=1}^{n} \delta_i \ln t_i - \sum_{i=1}^{n} \delta_i \ln \eta - \sum_{i=1}^{n} \left(\frac{t_i}{\eta}\right)^m \ln \frac{t_i}{\eta} = 0$$

$$\frac{\partial \ln L\left(t, \delta; m, \eta\right)}{\partial \eta} = -\frac{m}{\eta} \sum_{i=1}^{n} \delta_i + \frac{m}{\eta} \sum_{i=1}^{n} \left(\frac{t_i}{\eta}\right)^m = 0$$

通过化简运算之后, 可得形状参数 m 的极大似然估计 $\hat{m}_m$ 是函数

$$g\left(m\right) = \frac{1}{m} - \frac{\displaystyle\sum_{i=1}^{n} t_i^m \ln t_i}{\displaystyle\sum_{i=1}^{n} t_i^m} + \frac{\displaystyle\sum_{i=1}^{n} \delta_i \ln t_i}{\displaystyle\sum_{i=1}^{n} \delta_i} \tag{3.1.3}$$

的零点, 而尺度参数 η 的极大似然估计 $\hat{\eta}_m$ 则为

$$\hat{\eta}_m = \left(\frac{\displaystyle\sum_{i=1}^{n} t_i^{\hat{m}_m}}{\displaystyle\sum_{i=1}^{n} \delta_i}\right)^{\frac{1}{\hat{m}_m}} \tag{3.1.4}$$

由式 (3.1.3) 和 (3.1.4) 易知, 极大似然估计应用的前提是样本数据中至少要有一个失效数据, 即极大似然估计不适用于无失效数据.

3.1.2　极大似然估计的存在性

根据式 (3.1.3) 可知, 很难获得 $\hat{m}_m$ 的解析解. 于是求解 $\hat{m}_m$ 的问题就转化为如何求解方程 $g\left(m\right) = 0$ 的根. 为了探讨如何求得 $g\left(m\right) = 0$ 的根及证明根的存在性, 首先分析函数 $g\left(m\right)$ 的数学性质.

1. 单调性

首先分析函数 $g\left(m\right)$ 关于 m 的单调性, 可求得函数 $g\left(m\right)$ 的一阶导数为

$$\frac{dg\left(m\right)}{dm} = -\frac{1}{m^2} - \frac{\left[\displaystyle\sum_{i=1}^{n} t_i^m \left(\ln t_i\right)^2\right]\left(\displaystyle\sum_{i=1}^{n} t_i^m\right) - \left(\displaystyle\sum_{i=1}^{n} t_i^m \ln t_i\right)^2}{\left(\displaystyle\sum_{i=1}^{n} t_i^m\right)^2} \tag{3.1.5}$$

根据柯西不等式

$$\left(\sum_{i=1}^{n} a_i^2\right)\left(\sum_{i=1}^{n} b_i^2\right) \geqslant \left(\sum_{i=1}^{n} a_i b_i\right)^2$$

若令 $a_i = \sqrt{t_i^m} \ln t_i$, $b_i = \sqrt{t_i^m}$, 其中 $i = 1, \cdots, n$, 可得

$$\left[\sum_{i=1}^{n} t_i^m (\ln t_i)^2 \right] \left(\sum_{i=1}^{n} t_i^m \right) \geqslant \left(\sum_{i=1}^{n} t_i^m \ln t_i \right)^2$$

于是可得

$$\frac{dg(m)}{dm} < 0$$

可知函数 $g(m)$ 是关于 m 的严格单调减函数.

2. 值域

接下来讨论函数 $g(m)$ 的值域. 由于函数 $g(m)$ 是关于 m 的严格单调减函数, 则 $g(m)$ 的值域就是 $g(m)$ 在 $m > 0$ 范围内的左右极限. 显然可知 $g(m)$ 的左极限为 $+\infty$, 即 $\lim\limits_{m \to 0^+} g(m) = +\infty$. 记 $\lim\limits_{m \to +\infty} g(m)$ 为 $g(m)$ 的右极限, 则函数 $g(m)$ 的值域为 $\left[\lim\limits_{m \to +\infty} g(m), +\infty \right)$. 而 $g(m)$ 的右极限具体为

$$\lim_{m \to +\infty} g(m) = \lim_{m \to +\infty} \left[\frac{1}{m} - \frac{\sum\limits_{i=1}^{n} \left(\frac{t_i}{t_n} \right)^m \ln t_i}{\sum\limits_{i=1}^{n} \left(\frac{t_i}{t_n} \right)^m} \right] + \frac{\sum\limits_{i=1}^{n} \delta_i \ln t_i}{\sum\limits_{i=1}^{n} \delta_i}$$

$$= \frac{\sum\limits_{i=1}^{n} \delta_i \ln t_i}{\sum\limits_{i=1}^{n} \delta_i} - \ln t_n \tag{3.1.6}$$

其中 $t_n = \max(t_1, \cdots, t_n)$. 当 $\sum_{i=1}^{n} \delta_i \geqslant 2$ 时, 显然有

$$\lim_{m \to +\infty} g(m) = \frac{\sum\limits_{i=1}^{n} \delta_i \ln t_i}{\sum\limits_{i=1}^{n} \delta_i} - \ln t_n < 0$$

而当 $\sum_{i=1}^{n} \delta_i = 1$, 即样本中只有一个失效数据时, 则有

$$\sum_{i=1}^{n} \delta_i \ln t_i - \ln t_n \leqslant 0$$

其中等号成立的前提是样本中唯一的失效数据恰好为样本中的最大值. 综合以上分析可得 $\lim\limits_{m \to +\infty} g(m) \leqslant 0$.

　　根据函数 $g(m)$ 的单调性和值域, 关于韦布尔分布参数的极大似然估计的存在性, 可以提出原创性的结论[1]: 当 $\lim\limits_{m\to+\infty} g(m) < 0$ 时, 必然存在唯一的 $\hat{m}_m$ 满足 $g(\hat{m}_m) = 0$, 此时极大似然估计 $\hat{m}_m$ 必然存在且唯一. 但当 $\lim\limits_{m\to+\infty} g(m) = 0$ 时, 即样本 (t_i, δ_i) 中失效数据唯一且最大, 其中 $i = 1, \cdots, n$, 此时方程 $g(m) = 0$ 无解, 极大似然估计 $\hat{m}_m$ 不存在. 举例说明极大似然估计 $\hat{m}_m$ 不存在的情况. 取分布参数 $m = 3$ 和 $\eta = 1$, 样本量 $n = 10$, 可生成一组服从韦布尔分布的寿命数据, 再给定 10 个截止时刻, 取寿命数据和截止时刻的最小值, 可生成一组不等定时截尾数据, 且令其中的失效数据只有 1 个, 具体数据见表 3.1. 针对表 3.1 中的数据, 式 (3.1.3) 中的函数 $g(m)$ 如图 3.1 所示, 可知 $g(m)$ 趋近于 0, 即 $\lim\limits_{m\to+\infty} g(m) = 0$, 此时 $g(m) = 0$ 无解.

表 3.1　用于极大似然估计存在性示例的样本数据

	i	1	2	3	4	5
	寿命数据	0.2149	0.4252	0.4490	0.5204	0.6020
	截止时刻	0.2049	0.4152	0.4390	0.5104	0.5920
样本数据	时间	0.2049	0.4152	0.4390	0.5104	0.5920
	是否失效	否	否	否	否	否
	i	6	7	8	9	10
	寿命数据	0.8454	0.8820	1.0352	1.3115	1.5734
	截止时刻	0.8354	0.8720	1.0252	1.3015	1.5834
样本数据	时间	0.8354	0.8720	1.0252	1.3015	1.5734
	是否失效	否	否	否	否	是

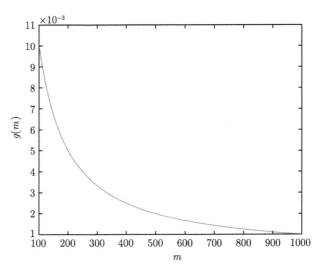

图 3.1　单失效样本数据下的函数 $g(m)$

关于极大似然估计 $\hat{m}_m$ 的存在性, 也可以利用轮廓似然函数 (profile likelihood function) 进行说明. 将式 (3.1.4) 中的 $\hat{\eta}_m$ 代入式 (3.1.2) 中的 $\ln L\left(t,\delta;m,\eta\right)$, 消去参数 η 并得到关于参数 m 的对数轮廓似然函数为

$$\ln L_p\left(t,\delta;m\right)=\left(\sum_{i=1}^{n}\delta_i\right)\left[\ln m+\ln\left(\sum_{i=1}^{n}\delta_i\right)-1-\ln\left(\sum_{i=1}^{n}t_i^m\right)\right]+(m-1)\sum_{i=1}^{n}\delta_i\ln t_i \tag{3.1.7}$$

化简 $\ln L_p\left(t,\delta;m\right)$ 关于 m 的一阶导数也可以得到式 (3.1.3) 中的 $g\left(m\right)$. 而 $\hat{m}_m$ 事实上就是令 $\ln L_p\left(t,\delta;m\right)$ 取值最大的点. 当 $\hat{m}$ 不存在时, 这说明 $\ln L_p\left(t,\delta;m\right)$ 关于 m 单调增加, 此时没有最大值. 针对表 3.1 中的数据, 式 (3.1.7) 中的对数轮廓似然函数 $\ln L_p\left(t,\delta;m\right)$ 如图 3.2 所示, 显然 $\ln L_p\left(t,\delta;m\right)$ 单调增加.

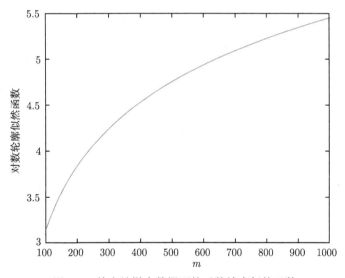

图 3.2 单失效样本数据下的对数轮廓似然函数

3.1.3 极大似然估计的求解

根据函数 $g\left(m\right)$ 的数学性质, 可采用牛顿迭代法或者二分法来计算分布参数 m 的极大似然估计, 并进一步给出 η 的极大似然估计. 此处推荐牛顿迭代法求解方程 $g\left(m\right)=0$ 的根, 结合函数 $g\left(m\right)$ 的数学性质, 提出一个原创性的极大似然估计 $\hat{m}_m$ 的求解算法[1].

算法 3.1 给定样本 $\left(t_i,\delta_i\right)$, 其中 $i=1,\cdots,n$, 误差上限 ε 及迭代最大步数 ϕ.
步骤 1: 根据式 (3.1.6) 计算 $\lim\limits_{m\to+\infty}g\left(m\right)$, 即函数 $g\left(m\right)$ 的最小值.

步骤 2: 将

$$m_0 = \frac{\pi}{\sqrt{6}} \left[\frac{\sum_{i=1}^{n} \left(\ln t_i - \overline{\ln t} \right)^2}{n-1} \right]^{-\frac{1}{2}}$$

作为迭代的初值, 其中

$$\overline{\ln t} = \frac{1}{n} \sum_{i=1}^{n} \ln t_i$$

并进一步根据式 (3.1.3) 计算 $g(m_0)$. 若 $g(m_0) > 0$, 则继续下一步, 反之则重新赋初值 m_0, 并保证 $g(m_0) > 0$.

步骤 3: 根据

$$m_{j+1} = m_j - \frac{g(m_j)}{\left. \dfrac{dg(m)}{dm} \right|_{m=m_j}}$$

进行迭代计算, 其中 $\dfrac{dg(m)}{dm}$ 见式 (3.1.5).

步骤 4: 若 $\lim\limits_{m \to +\infty} g(m) < 0$, 说明此时 $\hat{m}_m$ 有解, 则当 $|m_{j+1} - m_j| \leqslant \varepsilon$ 时终止迭代; 反之, 若 $\lim\limits_{m \to +\infty} g(m) = 0$, 说明此时 $\hat{m}_m$ 无解, 则当 $j = \phi$ 时终止迭代.

最终得到参数 m 的极大似然估计为 $\hat{m}_m = m_j$. 针对本算法, 相关说明如下.

(1) 当 $\lim\limits_{m \to +\infty} g(m) < 0$ 时, 由于函数 $g(m)$ 的零点必然存在且唯一, 根据牛顿迭代法一定可以算得函数 $g(m)$ 的零点, 故根据误差上限 ε 设定迭代终止条件. 而当 $\lim\limits_{m \to +\infty} g(m) = 0$ 时, 由于零点不存在, 为了保证该算法的完整性, 则根据迭代最大步数 ϕ 设定迭代终止条件, 即当迭代步数达到设定值后就终止迭代, 将获得的结果近似为零点.

(2) 若选择二分法, 则需要给出 $\hat{m}_m$ 的取值区间, 并将区间的左右端点设为二分法的初值. 当 $\lim\limits_{m \to +\infty} g(m) < 0$ 时, 此时可将取值区间的右端点设置得较大, 则运用二分法是可行的; 但是若当 $\lim\limits_{m \to +\infty} g(m) = 0$, 此时定义初值就变得很困难, 不便于二分法的应用. 基于这种考虑, 此处推荐牛顿迭代法, 而不是二分法来设计该算法.

(3) 由于

$$P\left(\lim_{m \to +\infty} g(m) = 0 \right) = P\left(\delta_1 = 0, \cdots, \delta_{n-1} = 0, \delta_n = 1 \,|\, t_1 < \cdots < t_n \right)$$

$$= \exp\left[-\sum_{i=1}^{n-1} \left(\frac{t_i}{\eta} \right)^m - \left(\frac{t_{n-1}}{\eta} \right)^m \right]$$

$$- \exp\left[-\sum_{i=1}^{n-1} \left(\frac{t_i}{\eta} \right)^m - \left(\frac{t_n}{\eta} \right)^m \right]$$

所以 $\hat{m}_m$ 不存在的概率很小, 因此这种近似的影响并不大.

3.1.4 极大似然估计的解析式

以上探讨了极大似然估计的求解、存在性及具体算法, 但显然无法给出极大似然估计的解析式. 下面讨论极大似然估计解析式的求解方法[2].

当寿命 T 服从分布参数为 m 和 η 的韦布尔分布时, 若令 $X = \ln T$, $\sigma = 1/m$ 及 $\mu = \ln \eta$, 则随机变量 X 服从式 (1.1.10) 中位置参数为 μ 和尺度参数为 σ 的极值分布, 相应的概率密度函数为

$$f(x; \mu, \sigma) = \frac{1}{\sigma} \exp \left[\frac{x - \mu}{\sigma} - \exp \left(\frac{x - \mu}{\sigma} \right) \right] \tag{3.1.8}$$

针对式 (1.2.1) 中的样本 (t_i, δ_i), $i = 1, \cdots, n$, 由于已假定 $t_1 \leqslant t_2 \leqslant \cdots \leqslant t_{n-1} \leqslant t_n$, 称下标 i 为样本数据 t_i 的秩. 进一步令 $x_i = \ln t_i$,

$$z_i = \frac{x_i - \mu}{\sigma}$$

可将式 (3.1.1) 中的似然函数改写为

$$L(t, \delta; \mu, \sigma) = \prod_{i=1}^{n} \left[\frac{1}{\sigma} \exp(z_i - \mathrm{e}^{z_i}) \right]^{\delta_i} [\exp(-\mathrm{e}^{z_i})]^{1 - \delta_i} \tag{3.1.9}$$

需要说明的是, 这里之所以采用次序统计量 (t_i, δ_i), 只是为了借用样本数据 t_i 的秩在后续计算中估计 t_i 的失效概率, 因此式 (3.1.9) 中的似然函数没有利用次序统计量的分布. 为了求解式 (3.1.9) 中似然函数 $L(t, \delta; \mu, \sigma)$ 的最大值, 对 $L(t, \delta; \mu, \sigma)$ 取对数, 并令对数似然函数 $\ln L(t, \delta; \mu, \sigma)$ 关于参数 μ 和 σ 的一阶偏导数为 0, 可得

$$\begin{aligned}
\frac{\partial \ln L(t, \delta; \mu, \sigma)}{\partial \mu} &= -\frac{1}{\sigma} \left(\sum_{i=1}^{n} \delta_i - \sum_{i=1}^{n} \exp(z_i) \right) = 0 \\
\frac{\partial \ln L(t, \delta; \mu, \sigma)}{\partial \sigma} &= -\frac{1}{\sigma} \left(\sum_{i=1}^{n} \delta_i + \sum_{i=1}^{n} z_i \delta_i - \sum_{i=1}^{n} z_i \exp(z_i) \right) = 0
\end{aligned} \tag{3.1.10}$$

进一步对式 (3.1.10) 中的指数项 $\exp(z_i)$ 进行泰勒展开, 考虑将其在 $z_i = u_i$ 处一阶展开, 则有

$$\exp(z_i) \approx \exp(u_i) + \exp(u_i)(z_i - u_i) \tag{3.1.11}$$

其中 $i = 1, \cdots, n$, 可化简式 (3.1.10).

关于 u_i 的选择, 考虑到根据式 (1.1.10) 可得可靠度函数

$$R_i = \exp(-\mathrm{e}^{z_i})$$

故利用 z_i 处的可靠度估计值来确定 u_i, 当 $\delta_i = 1$ 时, 可利用

$$\hat{R}_i = \frac{n-i+1}{n-i+2}\hat{R}_{i-1} \tag{3.1.12}$$

确定 z_i 处 R_i 的估计值 $\hat{R}_i$, 其中 $\hat{R}_0 = 1$, 进一步令

$$u_i = \ln(-\ln \hat{R}_i) \tag{3.1.13}$$

而当 $\delta_i = 0$ 时, 由于无法确定 $\hat{R}_i$, 继而无法按照式 (3.1.13) 确定 u_i. 为此, 取经过式 (3.1.13) 计算后的最大值, 即

$$u_{\max} = \max_{i=1,\cdots,n} u_i\delta_i \tag{3.1.14}$$

来作为 u_i. 通过式 (3.1.13) 和 (3.1.14), 针对 z_i, 即可逐个确定 u_i, 其中 $i = 1,\cdots,n$. 随后, 根据确定后的 u_i, 式 (3.1.11) 具体为

$$\exp(z_i) \approx \alpha_i - \beta_i z_i \tag{3.1.15}$$

其中

$$\alpha_i = \exp(u_i) - u_i\exp(u_i)$$
$$\beta_i = -\exp(u_i)$$

将式 (3.1.15) 代入式 (3.1.10) 中, 进一步化简式 (3.1.10) 可得

$$\sigma\sum_{i=1}^{n}(\delta_i - \alpha_i) - \mu\sum_{i=1}^{n}\beta_i + \sum_{i=1}^{n}\beta_i x_i = 0 \tag{3.1.16}$$

$$A\sigma^2 + B\sigma + C = 0 \tag{3.1.17}$$

其中

$$A = \left(\sum_{i=1}^{n}\delta_i\right)\left(\sum_{i=1}^{n}\beta_i\right)$$

$$B = \left(\sum_{i=1}^{n}x_i\delta_i\right)\left(\sum_{i=1}^{n}\beta_i\right) - \left(\sum_{i=1}^{n}x_i\alpha_i\right)\left(\sum_{i=1}^{n}\beta_i\right)$$
$$- \left(\sum_{i=1}^{n}\delta_i\right)\left(\sum_{i=1}^{n}\beta_i x_i\right) + \left(\sum_{i=1}^{n}\alpha_i\right)\left(\sum_{i=1}^{n}\beta_i x_i\right)$$

$$C = \left(\sum_{i=1}^{n}\beta_i\right)\left(\sum_{i=1}^{n}\beta_i x_i^2\right) - \left(\sum_{i=1}^{n}\beta_i x_i\right)^2$$

根据式 (3.1.17) 可求得参数 σ 的极大似然估计. 由于 $\beta_i < 0$, 故 $A < 0$. 此外, 利用柯西不等式可知 $C > 0$, 因而基于式 (3.1.17) 求得的 σ 的两个根必一正一负, 取其中的正数作为参数 σ 的极大似然估计, 即

$$\hat{\sigma} = \max\left(\frac{-B + \sqrt{B^2 - 4AC}}{2A}, \frac{-B - \sqrt{B^2 - 4AC}}{2A}\right) \tag{3.1.18}$$

再将式 (3.1.18) 代入式 (3.1.16) 中, 可得参数 μ 的极大似然估计为

$$\hat{\mu} = \frac{\hat{\sigma}\sum_{i=1}^{n}(\delta_i - \alpha_i) + \sum_{i=1}^{n}\beta_i x_i}{\sum_{i=1}^{n}\beta_i} \tag{3.1.19}$$

根据 $\sigma = 1/m$ 和 $\mu = \ln\eta$, 可得参数 m 和 η 的极大似然估计的解析式为

$$\hat{m}_{am} = \min\left(\frac{2A}{-B + \sqrt{B^2 - 4AC}}, \frac{2A}{-B - \sqrt{B^2 - 4AC}}\right)$$

$$\hat{\eta}_{am} = \exp\left[\frac{\sum_{i=1}^{n}(\delta_i - \alpha_i) + \hat{m}_{am}\sum_{i=1}^{n}\beta_i x_i}{\hat{m}_{am}\sum_{i=1}^{n}\beta_i}\right] \tag{3.1.20}$$

虽然式 (3.1.20) 给出了极大似然估计的解析式, 但在求解过程中用到了一阶泰勒展开进行近似, 因此一般称式 (3.1.20) 中的极大似然估计为近似极大似然估计 (approximate maximum likelihood estimate, AMLE). 另外, 通过 3.1.2 节的分析可知, 当样本 (t_i, δ_i) 中失效数据唯一且最大, 即 $\sum_{i=1}^{n}\delta_i = 1$ 且 $\delta_n = 1$ 时, 其中 $i = 1, \cdots, n$, 式 (3.1.3) 和 (3.1.4) 中的极大似然估计 $\hat{m}_m$ 和 $\hat{\eta}_m$ 是不存在的, 但对于极大似然估计的解析式而言, 在这种情况下, 根据式 (3.1.13) 和式 (3.1.14) 确定 u_i 后, 虽然对 $(n-1)$ 个截尾时间而言, u_i 都是相同的, 但相应的 z_i 却是不同的. 因此, 式 (3.1.20) 中的近似极大似然估计 $\hat{m}_{am}$ 和 $\hat{\eta}_{am}$ 仍是存在的. 这说明近似极大似然估计的提出, 不仅解决了极大似然估计不能给出解析式的弊端, 而且保证了极大似然估计的存在性.

3.1.5 特定样本数据下极大似然估计的具体形式

式 (3.1.3) 和式 (3.1.4) 中的极大似然估计 $\hat{m}_m$ 和 $\hat{\eta}_m$ 以及式 (3.1.20) 中的近似极大似然估计 $\hat{m}_{am}$ 和 $\hat{\eta}_{am}$ 是基于样本的一般形式给出的, 直接适用于不等定时截尾样本. 针对完全样本、传统和逐步定数截尾样本以及传统和逐步定时截尾样本等其他典型类型, 下面分别给出极大似然估计的具体形式.

1. 完全样本

假定在可靠性寿命试验中一共投入 n 个样品, 在试验结束后收集到完全样本数据 $t_1, \cdots, t_n$, 其中 n 个数据全为失效数据, 则极大似然估计 $\hat{m}_m$ 满足

$$
\frac{1}{\hat{m}_m} - \frac{\sum\limits_{i=1}^{n} t_i^{\hat{m}_m} \ln t_i}{\sum\limits_{i=1}^{n} t_i^{\hat{m}_m}} + \frac{\sum\limits_{i=1}^{n} \ln t_i}{n} = 0 \tag{3.1.21}
$$

而极大似然估计 $\hat{\eta}_m$ 则为

$$
\hat{\eta}_m = \left(\frac{\sum\limits_{i=1}^{n} t_i^{\hat{m}_m}}{n} \right)^{\frac{1}{\hat{m}_m}} \tag{3.1.22}
$$

根据 3.1.2 节的分析, 可知完全样本下当 $n > 1$ 时极大似然估计 $\hat{m}_m$ 和 $\hat{\eta}_m$ 必然存在.

对于近似极大似然估计, 则利用

$$
\hat{R}_i = 1 - \frac{i - 0.3}{n + 0.4}
$$

进一步令 $u_i = \ln\left(-\ln \hat{R}_i\right)$ 来确定 z_i 处的 u_i, 其中 $i = 1, \cdots, n$, 再基于 u_i 更新式 (3.1.15) 中的 α_i 和 β_i, 可明确式 (3.1.20) 中分布参数 m 和 η 的近似极大似然估计, 其中

$$
A = n \left(\sum_{i=1}^{n} \beta_i \right)
$$

$$
B = \left(\sum_{i=1}^{n} x_i \right) \left(\sum_{i=1}^{n} \beta_i \right) - \left(\sum_{i=1}^{n} x_i \alpha_i \right) \left(\sum_{i=1}^{n} \beta_i \right)
$$

$$
- n \left(\sum_{i=1}^{n} \beta_i x_i \right) + \left(\sum_{i=1}^{n} \alpha_i \right) \left(\sum_{i=1}^{n} \beta_i x_i \right)
$$

$$
C = \left(\sum_{i=1}^{n} \beta_i \right) \left(\sum_{i=1}^{n} \beta_i x_i^2 \right) - \left(\sum_{i=1}^{n} \beta_i x_i \right)^2
$$

m 的近似极大似然估计 $\hat{m}_{am}$ 不变, 而 η 的近似极大似然估计具体为

$$
\hat{\eta}_{am} = \exp \left[\frac{\left(n - \sum\limits_{i=1}^{n} \alpha_i \right) + \hat{m}_{am} \sum\limits_{i=1}^{n} \beta_i x_i}{\hat{m}_{am} \sum\limits_{i=1}^{n} \beta_i} \right] \tag{3.1.23}
$$

2. 传统定数截尾样本

假定在可靠性寿命试验中一共投入 n 个样品, 当试验结束后收集到定数截尾样本数据 $t_1, \cdots, t_r$ 共 n 个数据, 其中 $t_1, \cdots, t_r$ 共 r 个数据为失效数据, $(n-r)$ 个 t_r 为截尾数据. 则极大似然估计 $\hat{m}_m$ 满足

$$\frac{1}{\hat{m}_m} - \frac{\sum\limits_{i=1}^{r} t_i^{\hat{m}_m} \ln t_i + (n-r)\, t_r^{\hat{m}_m} \ln t_r}{\sum\limits_{i=1}^{r} t_i^{\hat{m}_m} + (n-r)\, t_r^{\hat{m}_m}} + \frac{\sum\limits_{i=1}^{r} \ln t_i}{r} = 0 \qquad (3.1.24)$$

而极大似然估计 $\hat{\eta}_m$ 则为

$$\hat{\eta}_m = \left[\frac{\sum\limits_{i=1}^{r} t_i^{\hat{m}_m} + (n-r)\, t_r^{\hat{m}_m}}{r} \right]^{\frac{1}{\hat{m}_m}} \qquad (3.1.25)$$

根据 3.1.2 节的分析, 可知传统定数截尾样本下当 $r>1$ 时极大似然估计 $\hat{m}_m$ 和 $\hat{\eta}_m$ 必然存在.

对于近似极大似然估计, 仍利用式 (3.1.12) 确定估计值 $\hat{R}_i$, 根据式 (3.1.13) 计算 u_i, 其中 $i=1, \cdots, r$, 再基于 u_i 更新式 (3.1.15) 中的 α_i 和 β_i, 可明确式 (3.1.20) 中分布参数 m 和 η 的近似极大似然估计, 其中

$$A = r \left[\sum_{i=1}^{r} \beta_i + (n-r)\, \beta_r \right]$$

$$B = \left(\sum_{i=1}^{r} x_i \right) \left[\sum_{i=1}^{r} \beta_i + (n-r)\, \beta_r \right] - \left[\sum_{i=1}^{r} x_i \alpha_i + (n-r)\, x_r \alpha_r \right] \left[\sum_{i=1}^{r} \beta_i + (n-r)\, \beta_r \right]$$

$$- r \left[\sum_{i=1}^{r} \beta_i x_i + (n-r)\, \beta_r x_r \right] + \left[\sum_{i=1}^{r} \alpha_i + (n-r)\, \alpha_r \right] \left[\sum_{i=1}^{r} \beta_i x_i + (n-r)\, \beta_r x_r \right]$$

$$C = \left[\sum_{i=1}^{r} \beta_i + (n-r)\, \beta_r \right] \left[\sum_{i=1}^{r} \beta_i x_i^2 + (n-r)\, \beta_r x_r^2 \right] - \left[\sum_{i=1}^{r} \beta_i x_i + (n-r)\, \beta_r x_r \right]^2$$

m 的近似极大似然估计 $\hat{m}_{am}$ 不变, η 的近似极大似然估计具体为

$$\hat{\eta}_{am} = \exp \left\{ \frac{r - \sum\limits_{i=1}^{r} \alpha_i - (n-r)\, \alpha_r + \hat{m}_{am} \left[\sum\limits_{i=1}^{r} \beta_i x_i + (n-r)\, \beta_r x_r \right]}{\hat{m}_{am} \left[\sum\limits_{i=1}^{r} \beta_i + (n-r)\, \beta_r \right]} \right\} \qquad (3.1.26)$$

3. 逐步定数截尾样本

假定在可靠性寿命试验中一共投入 n 个样品, 将 n 个样品分为 k 组, 设定试验参数 $(s_1, \cdots, s_k)$, 其中 $1 < k < n$. 则在试验结束后可以收集到逐步定数截尾样本数据 $t_1, \cdots, t_k$, 其中 $t_1, \cdots, t_k$ 共 k 个数据为失效数据, 各有 s_i 个 t_i 为截尾数据, $i = 1, \cdots, k$. 则极大似然估计 $\hat{m}_m$ 满足

$$\frac{1}{\hat{m}_m} - \frac{\sum\limits_{i=1}^{k}(s_i+1)\, t_i^{\hat{m}_m}\ln t_i}{\sum\limits_{i=1}^{k}(s_i+1)\, t_i^{\hat{m}_m}} + \frac{\sum\limits_{i=1}^{k}\ln t_i}{k} = 0 \qquad (3.1.27)$$

而极大似然估计 $\hat{\eta}_m$ 则为

$$\hat{\eta}_m = \left[\frac{\sum\limits_{i=1}^{k}(s_i+1)\, t_i^{\hat{m}_m}}{k}\right]^{\frac{1}{\hat{m}_m}} \qquad (3.1.28)$$

根据 3.1.2 节的分析, 可知在逐步定数截尾样本下当 $k > 1$ 时极大似然估计 $\hat{m}_m$ 和 $\hat{\eta}_m$ 必然存在.

对于近似极大似然估计, 仍利用式 (3.1.12) 确定 z_i 处的估计值 $\hat{R}_i$, 再根据式 (3.1.13) 计算 u_i, 其中 $i = 1, \cdots, k$. 而后基于 u_i 更新式 (3.1.15) 中的 α_i 和 β_i, 可明确式 (3.1.20) 中分布参数 m 和 η 的近似极大似然估计, 其中

$$A = k\left[\sum_{i=1}^{k}(s_i+1)\,\beta_i\right]$$

$$B = \left(\sum_{i=1}^{k}x_i\right)\left[\sum_{i=1}^{k}(s_i+1)\,\beta_i\right] - \left[\sum_{i=1}^{k}(s_i+1)\,x_i\alpha_i\right]\left[\sum_{i=1}^{k}(s_i+1)\,\beta_i\right]$$

$$-r\left[\sum_{i=1}^{k}(s_i+1)\,\beta_i x_i\right] + \left[\sum_{i=1}^{k}(s_i+1)\,\alpha_i\right]\left[\sum_{i=1}^{k}(s_i+1)\,\beta_i x_i\right]$$

$$C = \left[\sum_{i=1}^{k}(s_i+1)\,\beta_i\right]\left[\sum_{i=1}^{k}(s_i+1)\,\beta_i x_i^2\right] - \left[\sum_{i=1}^{k}(s_i+1)\,\beta_i x_i\right]^2$$

m 的近似极大似然估计 $\hat{m}_{am}$ 不变, η 的近似极大似然估计具体为

$$\hat{\eta}_{am} = \exp\left[\frac{k - \sum_{i=1}^{k}(s_i+1)\,\alpha_i + \hat{m}_{am}\sum_{i=1}^{k}(s_i+1)\,\beta_i x_i}{\hat{m}_{am}\sum_{i=1}^{k}(s_i+1)\,\beta_i}\right] \tag{3.1.29}$$

4. 传统定时截尾样本

假定在可靠性寿命试验中一共投入 n 个样品, 当试验进行到 τ 时刻处停止试验, 在试验结束后收集到定时截尾样本数据 $t_1,\cdots,t_d,\tau$ 共 n 个数据, 其中 $t_1,\cdots,t_d$ 共 d 个数据为失效数据, $(n-r)$ 个 τ 为截尾数据. 则极大似然估计 $\hat{m}_m$ 满足

$$\frac{1}{\hat{m}_m} - \frac{\sum_{i=1}^{d} t_i^{\hat{m}_m}\ln t_i + (n-d)\,\tau^{\hat{m}_m}\ln\tau}{\sum_{i=1}^{d} t_i^{\hat{m}_m} + (n-d)\,\tau^{\hat{m}_m}} + \frac{\sum_{i=1}^{d}\ln t_i}{d} = 0 \tag{3.1.30}$$

而极大似然估计 $\hat{\eta}_m$ 为

$$\hat{\eta}_m = \left[\frac{\sum_{i=1}^{d} t_i^{\hat{m}_m} + (n-d)\,\tau^{\hat{m}_m}}{d}\right]^{\frac{1}{\hat{m}_m}} \tag{3.1.31}$$

根据 3.1.2 节的分析, 可知在传统定时截尾样本下当 $d>0$ 时极大似然估计 $\hat{m}_m$ 和 $\hat{\eta}_m$ 必然存在.

对于近似极大似然估计, 则利用

$$\hat{R}_i = 1 - \frac{i}{n+1}$$

确定 z_i 处的估计值 $\hat{R}_i$, 进一步令 $u_i = \ln\left(-\ln\hat{R}_i\right)$, 其中 $i = 1,\cdots,d$. 对于截尾数据 τ, 则利用

$$\hat{R}_d^* = 1 - \frac{d+0.5}{n+1}$$

确定截尾数据处 R_d^* 的估计值 $\hat{R}_d^*$, 进一步令 $u_d^* = \ln\left(-\ln\hat{R}_d^*\right)$. 再更新 α_i 和 β_i, 可明确式 (3.1.20) 中分布参数 m 和 η 的近似极大似然估计, 其中

$$A = d\left[\sum_{i=1}^{d}\beta_i - (n-d)\,\mathrm{e}^{u_d^*}\right]$$

$$\begin{aligned}B = {}& \left(\sum_{i=1}^{d}x_i\right)\left[\sum_{i=1}^{d}\beta_i - (n-d)\,\mathrm{e}^{u_d^*}\right] - d\left[\sum_{i=1}^{d}\beta_i x_i - (n-d)\,\mathrm{e}^{u_d^*}(\ln\tau)\right]\\ & + \left[\sum_{i=1}^{d}x_i\alpha_i + (n-d)\left(\mathrm{e}^{u_d^*} - u_d^*\mathrm{e}^{u_d^*}\right)(\ln\tau)\right]\left[\sum_{i=1}^{d}\beta_i - (n-d)\,\mathrm{e}^{u_d^*}\right]\\ & - \left[\sum_{i=1}^{d}\beta_i x_i - (n-d)\,\mathrm{e}^{u_d^*}(\ln\tau)\right]\left[\sum_{i=1}^{d}\alpha_i + (n-d)\left(\mathrm{e}^{u_d^*} - u_d^*\mathrm{e}^{u_d^*}\right)\right]\end{aligned}$$

$$\begin{aligned}C = {}& \left[\sum_{i=1}^{d}\beta_i - (n-d)\,\mathrm{e}^{u_d^*}\right]\left[\sum_{i=1}^{d}\beta_i x_i^2 - (n-d)\,\mathrm{e}^{u_d^*}(\ln\tau)^2\right]\\ & - \left[\sum_{i=1}^{d}\beta_i x_i - (n-d)\,\mathrm{e}^{u_d^*}(\ln\tau)\right]^2\end{aligned}$$

m 的近似极大似然估计 $\hat m_{am}$ 不变, η 的近似极大似然估计具体为

$$\ln\hat\eta_{am} = \frac{d - \sum_{i=1}^{d}\alpha_i - (n-d)\left(\mathrm{e}^{u_d^*} - u_d^*\mathrm{e}^{u_d^*}\right)}{\hat m_{am}\left[\sum_{i=1}^{d}\beta_i - (n-d)\,\mathrm{e}^{u_d^*}\right]} + \frac{\left[\sum_{i=1}^{d}\beta_i x_i - (n-d)\,\mathrm{e}^{u_d^*}(\ln\tau)\right]}{\left[\sum_{i=1}^{d}\beta_i - (n-d)\,\mathrm{e}^{u_d^*}\right]} \tag{3.1.32}$$

5. 逐步定时截尾样本

假定在可靠性寿命试验中一共投入 n 个样品, 将 n 个样品分为 k 组, 试验前预先设定 k 个截尾时刻点 $\tau_1 < \cdots < \tau_k$, 其中 $1 < k < n$. 在时间段 (τ_{i-1}, τ_i) 内, 记该时间段内收集到样本数据 $t_{i,1}, \cdots, t_{i,r_i}, \tau_i$ 共 $(r_i + c_i)$ 个数据, 其中 $t_{i,1}, \cdots, t_{i,r_i}$ 有 r_i 个数据为失效数据, c_i 个 τ_i 为截尾数据. 则极大似然估计 $\hat m_m$ 满足

$$\frac{1}{\hat m_m} - \frac{\sum_{i=1}^{k}\left(\sum_{j=1}^{r_i}t_j^{\hat m_m}\ln t_{i,j} + c_i\tau_i^{\hat m_m}\ln\tau_i\right)}{\sum_{i=1}^{k}\left(\sum_{j=1}^{r_i}t_{i,j}^{\hat m_m} + c_i\tau_i^{\hat m_m}\right)} + \frac{\sum_{i=1}^{k}\sum_{j=1}^{r_i}\ln t_{i,j}}{\sum_{i=1}^{k}r_i} = 0 \tag{3.1.33}$$

而极大似然估计 $\hat{\eta}_m$ 为

$$\hat{\eta}_m = \left[\frac{\sum\limits_{i=1}^{k} \left(\sum\limits_{j=1}^{r_i} t_{i,j}^{\hat{m}_m} + c_i \tau_i^{\hat{m}_m} \right)}{\sum\limits_{i=1}^{k} r_i} \right]^{\frac{1}{\hat{m}_m}} \tag{3.1.34}$$

根据 3.1.2 节的分析, 可知在逐步定数截尾样本下当 $\sum_{i=1}^{k} r_i > 1$ 时极大似然估计 $\hat{m}_m$ 和 $\hat{\eta}_m$ 必然存在.

对于近似极大似然估计, 将所有样本数据混合后, 仍利用式 (3.1.12) 确定 z_{ij} 处的估计值 $\hat{R}_{ij}$, 再根据式 (3.1.13) 计算 u_{ij}, 其中 $i = 1, \cdots, k$; $j = 1, \cdots, r_i$. 对于截尾数据 τ_i, 则利用

$$u_i^* = \max u_{ij} \tag{3.1.35}$$

来作为 τ_i 处的 u_i, 其中 $i = 1, \cdots, k$; $j = 1, \cdots, r_i$. 通过式 (3.1.13) 和式 (3.1.15), 即可确定所有数据处的 u_i, 再更新式 (3.1.15) 中的 α_i 和 β_i, 可明确式 (3.1.20) 中分布参数 m 和 η 的近似极大似然估计, 其中

$$A = \left(\sum_{i=1}^{k} r_i \right) \left(\sum_{i=1}^{k} \sum_{j=1}^{r_i} \beta_{ij} + \sum_{i=1}^{k} c_i \beta_i^* \right)$$

$$B = \left(\sum_{i=1}^{k} \sum_{j=1}^{r_i} x_{ij} \right) \left(\sum_{i=1}^{k} \sum_{j=1}^{r_i} \beta_{ij} + \sum_{i=1}^{k} c_i \beta_i^* \right)$$

$$- \left(\sum_{i=1}^{k} \sum_{j=1}^{r_i} x_{ij} \alpha_{ij} + \sum_{i=1}^{k} c_i \alpha_i^* \ln \tau_i \right) \left(\sum_{i=1}^{k} \sum_{j=1}^{r_i} \beta_{ij} + \sum_{i=1}^{k} c_i \beta_i^* \right)$$

$$- \left[d - \left(\sum_{i=1}^{k} \sum_{j=1}^{r_i} \alpha_{ij} + \sum_{i=1}^{k} c_i \alpha_i^* \right) \right]$$

$$C = \left(\sum_{i=1}^{k} \sum_{j=1}^{r_i} \beta_{ij} + \sum_{i=1}^{k} c_i \beta_i^* \right) \left[\sum_{i=1}^{k} \sum_{j=1}^{r_i} \beta_{ij} x_{ij}^2 + \sum_{i=1}^{k} c_i \beta_i^* \left(\ln \tau_i \right)^2 \right]$$

$$- \left(\sum_{i=1}^{k} \sum_{j=1}^{r_i} x_{ij} \beta_{ij} + \sum_{i=1}^{k} c_i \beta_i^* \ln \tau_i \right)^2$$

m 的近似极大似然估计 $\hat{m}_{am}$ 不变, η 的近似极大似然估计具体为

$$\hat{\eta}_{am} = \exp \left[\frac{\sum_{i=1}^{k} r_i - \left(\sum_{i=1}^{k} \sum_{j=1}^{r_i} \alpha_{ij} + \sum_{i=1}^{k} c_i \alpha_i^* \right)}{\hat{m}_{am} \left(\sum_{i=1}^{k} \sum_{j=1}^{r_i} \beta_{ij} + \sum_{i=1}^{k} c_i \beta_i^* \right)} \right]$$

$$\cdot \exp \left(\frac{\sum_{i=1}^{k} \sum_{j=1}^{r_i} x_{ij} \beta_{ij} + \sum_{i=1}^{k} c_i \beta_i^* \ln \tau_i}{\sum_{i=1}^{k} \sum_{j=1}^{r_i} \beta_{ij} + \sum_{i=1}^{k} c_i \beta_i^*} \right) \tag{3.1.36}$$

3.1.6 基于极大似然估计的可靠性指标点估计

在实践中, 除了韦布尔分布参数的点估计, 往往还需要可靠度、平均寿命、失效率和 p 分位点等其他可靠性参量的点估计. 根据极大似然估计的不变原则, 利用分布参数的极大似然估计 $\hat{m}_m$ 和 $\hat{\eta}_m$, 可得其他参量的点估计. 如可靠度 $R(t)$ 的点估计为

$$\hat{R}_m(t) = \exp \left[- \left(\frac{t}{\hat{\eta}_m} \right)^{\hat{m}_m} \right] \tag{3.1.37}$$

平均寿命为

$$\hat{T}_m = \hat{\eta}_m \Gamma \left(1 + \frac{1}{\hat{m}_m} \right)$$

时刻 τ 处的平均剩余寿命为

$$\hat{L} = \hat{\eta}_m \exp \left[\left(\frac{\tau}{\hat{\eta}_m} \right)^{\hat{m}_m} \right] \Gamma \left(\frac{1}{\hat{m}_m} + 1, \left(\frac{\tau}{\hat{\eta}_m} \right)^{\hat{m}_m} \right) - \tau$$

失效率点估计为

$$\hat{\lambda}_m(t) = \frac{\hat{m}_m}{\hat{\eta}_m} \left(\frac{t}{\hat{\eta}_m} \right)^{\hat{m}_m - 1}$$

寿命的 p 分位点为

$$\hat{t}_p^m = \hat{\eta}_m \left[- \ln (1 - p) \right]^{\frac{1}{\hat{m}_m}}$$

当然, 也可以将分布参数的近似极大似然估计 $\hat{m}_{am}$ 和 $\hat{\eta}_{am}$ 代入这些参量的定义函数中并给出相应的点估计, 在此不再详述.

3.2 基于极大似然估计的置信区间

在工程实践中, 除了点估计, 同时还需要其置信区间. 对于韦布尔分布参数和部分可靠性指标如平均寿命和平均剩余寿命, 双侧置信区间是必要的, 但对于可靠度,

只需要置信下限. 对于寿命和剩余寿命的置信区间, 可根据式 (1.3.5) 和式 (1.3.6), 直接将求得的分布参数 m 和 η 的极大似然估计代入即可得到. 由此可知, 基于式 (3.1.3) 和式 (3.1.4) 的极大似然估计 $\hat{m}_m$ 和 $\hat{\eta}_m$, 在置信水平 $(1-\alpha)$ 下, 寿命的置信区间为

$$\left[\hat{\eta}_m \left[-\ln\left(1-\frac{\alpha}{2}\right) \right]^{\frac{1}{\hat{m}_m}}, \quad \hat{\eta}_m \left[-\ln\left(\frac{\alpha}{2}\right) \right]^{\frac{1}{\hat{m}_m}} \right] \tag{3.2.1}$$

τ 时刻处剩余寿命的置信区间为

$$\left\{ \hat{\eta}_m \left[\left(\frac{\tau}{\eta}\right)^{\hat{m}_m} - \ln\left(1-\frac{\alpha}{2}\right) \right]^{\frac{1}{\hat{m}_m}} - \tau, \quad \hat{\eta}_m \left[\left(\frac{\tau}{\eta}\right)^{\hat{m}_m} - \ln\left(\frac{\alpha}{2}\right) \right]^{\frac{1}{\hat{m}_m}} - \tau \right\} \tag{3.2.2}$$

式 (3.2.1) 和式 (3.2.2) 中寿命和剩余寿命的置信区间是将极大似然估计 $\hat{m}_m$ 和 $\hat{\eta}_m$ 分别代入式 (1.3.5) 和式 (1.3.6) 求得的. 类似地, 若基于式 (3.1.20) 中的近似极大似然估计 $\hat{m}_{am}$ 和 $\hat{\eta}_{am}$, 将其代入式 (1.3.5) 和式 (1.3.6) 中, 也可得到寿命和剩余寿命的置信区间的另一种结果.

下面重点分析基于极大似然估计的分布参数的置信区间及可靠度的置信下限.

3.2.1 基于枢轴量的置信区间

所谓枢轴量 $Q(\hat{\theta}; \theta)$, 通常是指包含待估参数 θ 及其点估计 $\hat{\theta}$ 的一个函数, 且其分布已知, 并与参数 θ 无关. 基于枢轴量推导待估参数 θ 的置信区间, 是常用的方法之一. Thoman 等[3] 基于分布参数都为 1 的特定韦布尔分布, 给出了分布参数 m 和 η 的枢轴量.

以完全样本数据 $t_1, \cdots, t_n$ 为例, 且该样本数据来自分布参数为 m 和 η 的韦布尔分布, 根据式 (3.1.21) 和式 (3.1.22) 可分别给出 m 和 η 的极大似然估计 $\hat{m}_m$ 和 $\hat{\eta}_m$. 进一步, 假定现有完全样本数据 $t_1^1, \cdots, t_n^1$, 且来自分布参数都为 1 的特定韦布尔分布, 根据式 (3.1.21) 和式 (3.1.22) 可知此时 $m=1$ 和 $\eta=1$ 的极大似然估计 $\hat{m}_m^1$ 和 $\hat{\eta}_m^1$ 分别为

$$\frac{1}{\hat{m}_m^1} - \frac{\sum_{i=1}^{n} \left(t_i^1\right)^{\hat{m}_m^1} \ln t_i^1}{\sum_{i=1}^{n} \left(t_i^1\right)^{\hat{m}_m^1}} + \frac{\sum_{i=1}^{n} \ln t_i^1}{n} = 0 \tag{3.2.3}$$

$$\hat{\eta}_m^1 = \left[\frac{\sum_{i=1}^{n} \left(t_i^1\right)^{\hat{m}_m^1}}{n} \right]^{\frac{1}{\hat{m}_m^1}} \tag{3.2.4}$$

对于服从分布参数为 m 和 η 的韦布尔分布的变量 T 和服从分布参数都为 1 的韦布尔分布的变量 T^1, 则有

$$T = \eta \left(T^1\right)^{\frac{1}{m}} \tag{3.2.5}$$

将式 (3.2.5) 代入式 (3.1.21) 中, 经过化简可得

$$\frac{1}{\frac{\hat{m}_m}{m}} - \frac{\sum\limits_{i=1}^{n} \left(t_i^1\right)^{\frac{\hat{m}_m}{m}} \ln t_i^1}{\sum\limits_{i=1}^{n} \left(t_i^1\right)^{\frac{\hat{m}_m}{m}}} + \frac{\sum\limits_{i=1}^{n} \ln t_i^1}{n} = 0$$

与式 (3.2.3) 对比可得 $\hat{m}_m = m\hat{m}_m^1$. 基于这一关系式, 再将式 (3.2.5) 代入式 (3.1.22), 经过化简可得 $\hat{m}_m \ln(\hat{\eta}_m/\eta) = \hat{m}_m^1 \ln \hat{\eta}_m^1$. 因此, 对于式 (3.1.21) 和式 (3.1.22) 中的极大似然估计 $\hat{m}_m$ 和 $\hat{\eta}_m$ 以及式 (3.1.21) 和式 (3.1.22) 中的极大似然估计 $\hat{m}_m^1$ 和 $\hat{\eta}_m^1$, 满足

$$\hat{m}_m = m\hat{m}_m^1$$

$$\hat{m}_m \ln \frac{\hat{\eta}_m}{\eta} = \hat{m}_m^1 \ln \hat{\eta}_m^1 \tag{3.2.6}$$

为了进一步说明式 (3.2.6) 的正确性, 以完全样本为例, 通过仿真实验进行验证. 取分布参数 $\eta = 1$, 在给定分布参数 m 和样本量 n 后, 生成 10000 组完全样本, 并利用式 (3.1.21) 和式 (3.1.22) 求解极大似然估计 $\hat{m}_m$ 和 $\hat{\eta}_m$. 类似地, 给定分布参数 $m = 1$ 和 $\eta = 1$, 在同样的样本量 n 下, 生成 10000 组完全样本, 再利用式 (3.2.3) 和式 (3.2.4) 求解极大似然估计 $\hat{m}_m^1$ 和 $\hat{\eta}_m^1$. 基于同样的样本量 n, 对比统计量 $\hat{m}_m/m$ 与 $\hat{m}_m^1$ 的分布, 如图 3.3 所示; 再对比统计量 $\hat{m}_m \ln(\hat{\eta}_m/\eta)$ 与 $\hat{m}_m^1 \ln \hat{\eta}_m^1$ 的分布, 如图 3.4 所示. 显然, 仿真实验也证明了式 (3.2.6) 的正确性.

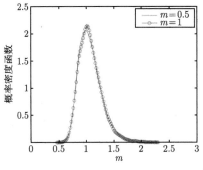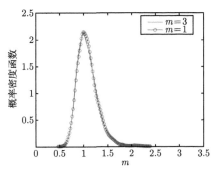

(a) $n=20$

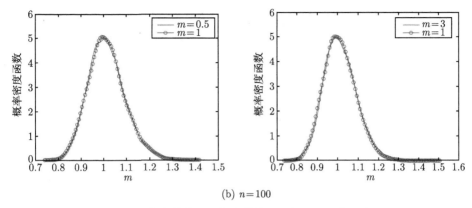

(b) $n=100$

图 3.3 完全样本下形状参数的极大似然估计的分布

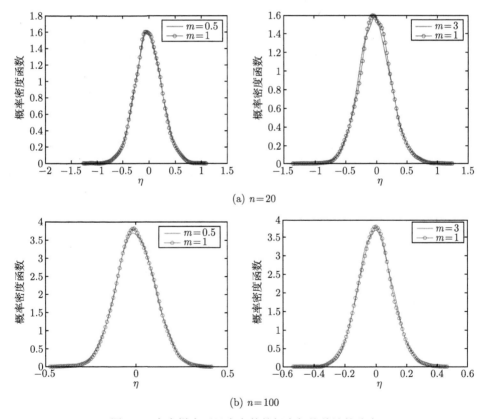

(a) $n=20$

(b) $n=100$

图 3.4 完全样本下尺度参数的极大似然估计的分布

根据式 (3.2.6) 可知, $\hat{m}_m/m$ 即为分布参数 m 的枢轴量, 且等同于 $\hat{m}_m^1$ 的分布, 而 $\hat{m}_m \ln(\hat{\eta}_m/\eta)$ 则是分布参数 η 的枢轴量, 且等同于 $\hat{m}_m^1 \ln \hat{\eta}_m^1$ 的分布. 利用分布

参数 m 和 η 的枢轴量即可确定 m 和 η 的置信区间. 对于其他可靠性参量的极大似然估计, 也可基于 m 和 η 的枢轴量构建该参量的枢轴. 如对于式 (3.1.37) 中基于极大似然估计的可靠度点估计, 可得

$$
\begin{aligned}
-\ln \hat{R}_m(t) &= \left(\frac{t}{\hat{\eta}_m}\right)^{\hat{m}_m} = \left(\frac{t}{\eta}\right)^{\hat{m}_m} \left(\frac{\hat{\eta}_m}{\eta}\right)^{-\hat{m}_m} \\
&= \left(\frac{t}{\eta}\right)^{m\hat{m}_m^1} \left(\hat{\eta}_m^1\right)^{-\hat{m}_m^1} \\
&= [-\ln R(t)]^{\hat{m}_m^1} \left(\hat{\eta}_m^1\right)^{-\hat{m}_m^1}
\end{aligned}
\tag{3.2.7}
$$

于是可知 $\hat{R}_m(t)$ 只与可靠度真值 $R(t)$ 以及 $\hat{m}_m^1$ 和 $\hat{\eta}_m^1$ 有关.

从中可以看出, 这个枢轴量的关键是统计量 $\hat{m}_m^1$ 和 $\hat{\eta}_m^1$, 但是无法得到 $\hat{m}_m^1$ 和 $\hat{\eta}_m^1$ 分布的解析式, 因而也不能给出分布参数 m 和 η 以及可靠度 $R(t)$ 的置信区间的解析式. 为此, 可以通过蒙特卡罗仿真方法生成大量样本进行近似, 继而构建置信区间. 记统计量 $\hat{m}_m^1$ 和 $\hat{\eta}_m^1$ 的仿真样本的样本量为 N, 设计以下算法来构建分布参数和可靠度的置信区间.

算法 3.2

步骤 1: 利用完全样本数据 $t_1, \cdots, t_n$, 根据式 (3.1.21) 和式 (3.1.22) 求得韦布尔分布参数 m 和 η 的极大似然估计 $\hat{m}_m$ 和 $\hat{\eta}_m$;

步骤 2: 利用分布参数都为 1 的特定韦布尔分布, 生成样本量为 n 的完全样本数据 $t_1^1, \cdots, t_n^1$, 再基于式 (3.2.3) 和式 (3.2.4) 计算 $m = 1$ 和 $\eta = 1$ 的极大似然估计 $\hat{m}_m^1$ 和 $\hat{\eta}_m^1$;

步骤 3: 根据 m 和 η 及式 (3.2.7) 中 $R(t)$ 的枢轴量, 计算下列统计量

$$
m_{m,1} = \frac{\hat{m}_m}{\hat{m}_m^1}
$$

$$
\eta_{m,1} = \hat{\eta}_m \left(\frac{1}{\hat{\eta}_m^1}\right)^{\frac{\hat{m}_m^1}{\hat{m}_m}}
$$

$$
R_{m,1}(t) = \exp\left[-\hat{\eta}_m^1 \left(\frac{t}{\hat{\eta}_m}\right)^{\frac{\hat{m}_m}{\hat{m}_m^1}}\right]
$$

步骤 4: 重复步骤 2 和步骤 3 共 N 次, 各得 N 个 $m = 1$ 和 $\eta = 1$ 的极大似然估计 $\hat{m}_{m,i}^1$ 和 $\hat{\eta}_{m,i}^1$, 以及统计量 $m_{m,i}, \eta_{m,i}, R_{m,i}(t)$, 其中 $i = 1, \cdots, N$. 再将统计量依次升序排列为 $m_{m,1} < \cdots < m_{m,N}$, $\eta_{m,1} < \cdots < \eta_{m,N}$ 和 $R_{m,1}(t) < \cdots < R_{m,N}(t)$.

根据这些排序后的统计量, 可得分布参数 m 和 η 在置信水平 $(1 - \alpha)$ 下的置信区间分别为

$$
[m_{m,N\alpha/2}, m_{m,N(1-\alpha/2)}], \quad [\eta_{m,N\alpha/2}, \eta_{m,N(1-\alpha/2)}]
\tag{3.2.8}
$$

可靠度 $R(t)$ 在置信水平 $(1-\alpha)$ 下的置信下限为

$$R_L^{pm} = R_{m,N\alpha}(t) \tag{3.2.9}$$

需要强调的是, 此处虽然以完全样本为例进行说明, 但这一枢轴量法同样适用于传统定数截尾样本和逐步定数截尾样本, 只要利用分布参数都为 1 的特定韦布尔分布生成相同试验参数的对应样本即可. 如对于样本量为 n、失效数为 r 的传统定数截尾样本, 只需根据分布参数都为 1 的特定韦布尔分布同样生成样本量为 n、失效数为 r 的传统定数截尾样本即可获得 $\hat{m}_m^1$ 和 $\hat{\eta}_m^1$ 的样本. 但这一枢轴量法不适用于任何定时截尾样本, 因为对于定时类的截尾样本, 来自任意韦布尔分布的截尾样本与分布参数都为 1 的特定韦布尔分布的截尾样本之中的截尾数据个数都是随机的, 不能保证两组样本中的失效数相同, 而且两组样本之间的对应截尾时间不满足式 (3.2.5), 因而无法证明得到式 (3.2.6) 中的枢轴量. 为了说明这一问题, 以传统定时截尾样本为例, 通过仿真实验进行验证. 取分布参数 $\eta = 1$, 在给定分布参数 m 和样本量 n 后, 生成 10000 组完全样本, 再将平均寿命作为截止时刻, 从而生成 10000 组传统定时截尾样本, 随后利用式 (3.1.21) 和式 (3.1.22) 求解极大似然估计 $\hat{m}_m$ 和 $\hat{\eta}_m$. 类似地, 给定分布参数 $m = 1$ 和 $\eta = 1$, 在同样的样本量 n 下, 设定平均寿命作为截止时刻, 生成 10000 组传统定时截尾样本, 再利用式 (3.2.3) 和式 (3.2.4) 求解极大似然估计 $\hat{m}_m^1$ 和 $\hat{\eta}_m^1$. 基于同样的样本量 n, 对比统计量 $\hat{m}_m/m$ 与 $\hat{m}_m^1$ 的分布, 如图 3.5 所示; 再对比统计量 $\hat{m}_m \ln(\hat{\eta}_m/\eta)$ 与 $\hat{m}_m^1 \ln \hat{\eta}_m^1$ 的分布, 如图 3.6 所示. 显然, 仿真实验表明式 (3.2.6) 在传统定时截尾数据场合是不成立的, 由此可以推广到其他定时类的截尾数据场合.

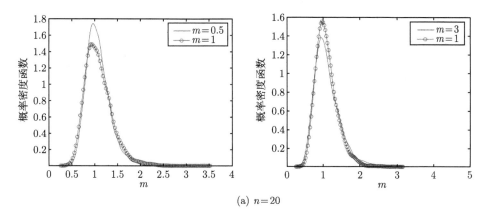

(a) $n=20$

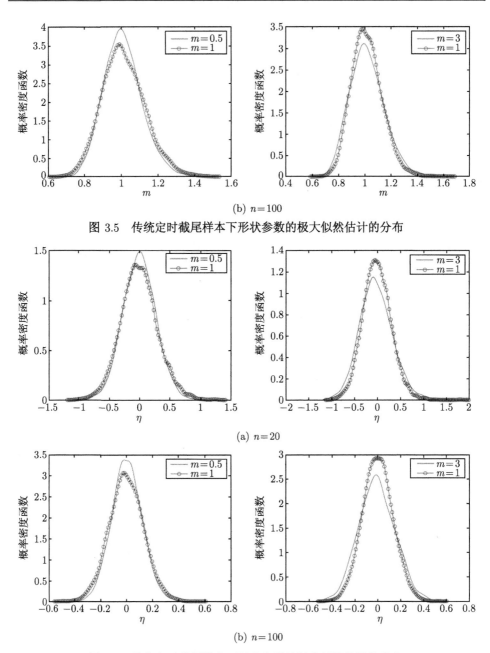

(b) $n=100$

图 3.5　传统定时截尾样本下形状参数的极大似然估计的分布

(a) $n=20$

(b) $n=100$

图 3.6　传统定时截尾样本下尺度参数的极大似然估计的分布

3.2.2　基于渐近正态性的置信区间

根据极大似然估计的性质可知, 通常认为参数 θ 的极大似然估计 $\hat{\theta}$ 渐近服从

于正态分布 $N(\theta, \Sigma)$, 其中 $\Sigma = \text{cov}(\hat{\theta})$ 为极大似然估计 $\hat{\theta}$ 的协方差矩阵 (若 θ 为单参数, 则称为方差). 利用 $\hat{\theta}$ 的渐近正态性, 即可建立参数 θ 的置信区间, 其中的关键是协方差矩阵 Σ 的确定. 定义 Fisher 信息矩阵为

$$I = E\left[-\frac{\partial^2 \ln L(D; \theta)}{\partial \theta^2}\right] \tag{3.2.10}$$

若 θ 为单参数, 称 I 为信息量, 有协方差矩阵 $\Sigma = I^{-1}$, 即 I 的逆矩阵为信息矩阵. 由此, 协方差矩阵 Σ 的确定就转化为 Fisher 信息矩阵的求解. 对于韦布尔分布, 由式 (3.2.10) 可知分布参数 m 和 η 的信息矩阵为

$$I(m, \eta) = E\begin{bmatrix} -\dfrac{\partial^2 \ln L}{\partial m^2} & -\dfrac{\partial^2 \ln L}{\partial m \partial \eta} \\ -\dfrac{\partial^2 \ln L}{\partial m \partial \eta} & -\dfrac{\partial^2 \ln L}{\partial \eta^2} \end{bmatrix} \tag{3.2.11}$$

对于样本 (t_i, δ_i), 其中 $i = 1, \cdots, n$, 利用式 (3.1.2) 中的对数似然函数 $\ln L(t, \delta; m, \eta)$, 可得

$$\frac{\partial^2 \ln L}{\partial m^2} = -\frac{1}{m^2}\sum_{i=1}^{n}\delta_i - \sum_{i=1}^{n}\left(\frac{t_i}{\eta}\right)^m\left(\ln\frac{t_i}{\eta}\right)^2$$

$$\frac{\partial^2 \ln L}{\partial m \partial \eta} = \frac{1}{\eta}\sum_{i=1}^{n}\left(\frac{t_i}{\eta}\right)^m + \frac{m}{\eta}\sum_{i=1}^{n}\left(\frac{t_i}{\eta}\right)^m\left(\ln\frac{t_i}{\eta}\right) - \frac{1}{\eta}\sum_{i=1}^{n}\delta_i$$

$$\frac{\partial^2 \ln L}{\partial \eta^2} = \frac{m}{\eta^2}\sum_{i=1}^{n}\delta_i - \frac{m(m+1)}{\eta^2}\sum_{i=1}^{n}\left(\frac{t_i}{\eta}\right)^m$$

当 $\delta_1 = \cdots = \delta_n = 1$ 时, 即在完全样本下, 式 (3.1.2) 中的对数似然函数具体为

$$\ln L(t, \delta; m, \eta) = \ln C + \sum_{i=1}^{n}\ln f(t_i; m, \eta)$$

其中 $f(t; m, \eta)$ 见式 (1.1.2). 于是式 (3.2.11) 中的信息矩阵可简化为

$$I_c = nE\begin{bmatrix} -\dfrac{\partial^2 \ln f(t; m, \eta)}{\partial m^2} & -\dfrac{\partial^2 \ln f(t; m, \eta)}{\partial m \partial \eta} \\ -\dfrac{\partial^2 \ln f(t; m, \eta)}{\partial \eta \partial m} & -\dfrac{\partial^2 \ln f(t; m, \eta)}{\partial \eta^2} \end{bmatrix}$$

进一步有

$$\frac{\partial^2 \ln f(t; m, \eta)}{\partial m^2} = -\frac{1}{m^2} - \left(\frac{t}{\eta}\right)^m\left(\ln\frac{t}{\eta}\right)^2$$

$$\frac{\partial^2 \ln f(t; m, \eta)}{\partial m \partial \eta} = \frac{\partial^2 \ln f(t; m, \eta)}{\partial \eta \partial m} = \frac{m}{\eta}\left(\frac{t}{\eta}\right)^m\left(\ln\frac{t}{\eta}\right) + \frac{1}{\eta}\left(\frac{t}{\eta}\right)^m - \frac{1}{\eta}$$

$$\frac{\partial^2 \ln f(t; m, \eta)}{\partial \eta^2} = \frac{m}{\eta^2} - \frac{m(m+1)}{\eta^2} \left(\frac{t}{\eta}\right)^m$$

由于

$$E\left[\left(\frac{t}{\eta}\right)^m \left(\ln \frac{t}{\eta}\right)^2\right] = \int_0^{+\infty} \left(\frac{t}{\eta}\right)^m \left(\ln \frac{t}{\eta}\right)^2 \frac{m}{\eta}\left(\frac{t}{\eta}\right)^{m-1} \exp\left[-\left(\frac{t}{\eta}\right)^m\right] dt$$

$$= \frac{1}{m^2} \int_0^{+\infty} y (\ln y)^2 \exp(-y) dy$$

$$= \frac{1}{m^2} \frac{d^2 \Gamma(x)}{dx^2}\bigg|_{x=2}$$

根据式 (2.2.9) 可知

$$\phi^{(1)}(x) = \frac{d}{dx} \ln \Gamma(x)$$

又由于

$$\frac{d}{dx} \ln \Gamma(x) = \frac{1}{\Gamma(x)} \frac{d}{dx} \Gamma(x)$$

故有

$$\frac{d}{dx} \Gamma(x) = \Gamma(x) \varphi^{(1)}(x)$$

则可得

$$\frac{d^2 \Gamma(x)}{dx^2} = \varphi^{(1)}(x) \frac{d\Gamma(x)}{dx} + \varphi^{(2)}(x) \Gamma(x)$$

$$= \left[\varphi^{(1)}(x)\right]^2 \Gamma(x) + \varphi^{(2)}(x) \Gamma(x)$$

其中, $\varphi^{(k)}(x)$ 见式 (2.2.9). 于是

$$E\left[\left(\frac{t}{\eta}\right)^m \left(\ln \frac{t}{\eta}\right)^2\right] = \frac{1}{m^2}\left\{\varphi^{(2)}(2) + \left[\varphi^{(1)}(2)\right]^2\right\}$$

因此

$$E\left(-\frac{\partial^2 \ln f(t)}{\partial m^2}\right) = \frac{1}{m^2} + E\left[\left(\frac{t}{\eta}\right)^m \left(\ln \frac{t}{\eta}\right)^2\right]$$

$$= \frac{1}{m^2}\left\{1 + \varphi^{(2)}(2) + \left[\varphi^{(1)}(2)\right]^2\right\}$$

类似地, 由于

$$
\begin{aligned}
E\left[\left(\frac{t}{\eta}\right)^m\right] &= \int_0^{+\infty} \left(\frac{t}{\eta}\right)^m \frac{m}{\eta}\left(\frac{t}{\eta}\right)^{m-1} \exp\left[-\left(\frac{t}{\eta}\right)^m\right] dt \\
&= \int_0^{+\infty} y \exp(-y)\, dy \\
&= \Gamma(2) \\
&= 1
\end{aligned}
$$

$$
\begin{aligned}
E\left[\left(\frac{t}{\eta}\right)^m \left(\ln\frac{t}{\eta}\right)\right] &= \int_0^{+\infty} \left(\frac{t}{\eta}\right)^m \left(\ln\frac{t}{\eta}\right)\frac{m}{\eta}\left(\frac{t}{\eta}\right)^{m-1} \exp\left[-\left(\frac{t}{\eta}\right)^m\right] dt \\
&= \frac{1}{m} \int_0^{+\infty} y\,(\ln y)\exp(-y)\, dy \\
&= \frac{1}{m} \frac{d\Gamma(x)}{dx}\bigg|_{x=2} \\
&= \frac{1}{m} \varphi^{(1)}(x)\,\Gamma(x)\bigg|_{x=2} \\
&= \frac{1}{m} \varphi^{(1)}(2)
\end{aligned}
$$

因此

$$
\begin{aligned}
E\left(-\frac{\partial^2 \ln f(t)}{\partial \eta^2}\right) &= \frac{m(m+1)}{\eta^2} E\left[\left(\frac{t}{\eta}\right)^m\right] - \frac{m}{\eta^2} \\
&= \frac{m^2}{\eta^2}
\end{aligned}
$$

$$
\begin{aligned}
E\left(-\frac{\partial^2 \ln f(t)}{\partial m \partial \eta}\right) &= \frac{1}{\eta} - \frac{m}{\eta} E\left[\left(\frac{t}{\eta}\right)^m \left(\ln\frac{t}{\eta}\right)\right] - \frac{1}{\eta} E\left[\left(\frac{t}{\eta}\right)^m\right] \\
&= -\frac{\varphi^{(1)}(2)}{\eta}
\end{aligned}
$$

由此可确定完全样本下的信息矩阵为[1]

$$
I_c = n\begin{bmatrix} \dfrac{1}{m^2}\left\{1 + \varphi^{(2)}(2) + \left[\varphi^{(1)}(2)\right]^2\right\} & -\dfrac{\varphi^{(1)}(2)}{\eta} \\ -\dfrac{\varphi^{(1)}(2)}{\eta} & \dfrac{m^2}{\eta^2} \end{bmatrix} \tag{3.2.12}
$$

但针对截尾样本, 由于存在截尾数据, 现有做法通常是利用 m 和 η 的极大似然估计近似式 (3.2.11) 中的期望值[4], 得到近似信息矩阵. 若用来自式 (3.1.3) 和式

(3.1.4) 的极大似然估计 $\hat{m}_m$ 和 $\hat{\eta}_m$, 可得近似信息矩阵为

$$
I_a = \left[\begin{array}{cc} -\dfrac{\partial^2 \ln L}{\partial m^2} & -\dfrac{\partial^2 \ln L}{\partial m \partial \eta} \\[3mm] -\dfrac{\partial^2 \ln L}{\partial m \partial \eta} & -\dfrac{\partial^2 \ln L}{\partial \eta^2} \end{array} \right]_{\substack{m=\hat{m}_m \\ \eta=\hat{\eta}_m}}
\tag{3.2.13}
$$

其中

$$
-\frac{\partial^2 \ln L}{\partial m^2}\bigg|_{\substack{m=\hat{m}_m \\ \eta=\hat{\eta}_m}} = \frac{1}{\hat{m}_m^2}\sum_{i=1}^{n}\delta_i + \sum_{i=1}^{n}\left(\frac{t_i}{\hat{\eta}_m}\right)^{\hat{m}_m}\left(\ln\frac{t_i}{\hat{\eta}_m}\right)^2
$$

$$
-\frac{\partial^2 \ln L}{\partial m \partial \eta}\bigg|_{\substack{m=\hat{m}_m \\ \eta=\hat{\eta}_m}} = \frac{1}{\hat{\eta}_m}\sum_{i=1}^{n}\left[\delta_i - \left(\frac{t_i}{\hat{\eta}_m}\right)^{\hat{m}_m} - \hat{m}_m\left(\frac{t_i}{\hat{\eta}_m}\right)^{\hat{m}_m}\left(\ln\frac{t_i}{\hat{\eta}_m}\right)\right]
$$

$$
-\frac{\partial^2 \ln L}{\partial \eta^2}\bigg|_{\substack{m=\hat{m}_m \\ \eta=\hat{\eta}_m}} = \frac{1}{\hat{\eta}_m^2}\left[\hat{m}_m\left(\hat{m}_m+1\right)\sum_{i=1}^{n}\left(\frac{t_i}{\hat{\eta}_m}\right)^{\hat{m}_m} - \hat{m}_m\sum_{i=1}^{n}\delta_i\right]
$$

但事实上利用 Louis 算法[2], 可以给出式 (3.2.11) 中的期望值, 并得到观测信息矩阵. Louis 算法的基本思想是将样本中的截尾时间视为缺少失效时间的缺失信息, 通过补充缺失的失效时间构成完全样本, 并认为完全样本的信息矩阵 I_c 与补充的缺失数据的信息矩阵 I_m 的差就是所需的观测信息矩阵 I_o, 即

$$
I_o = I_c - I_m
$$

针对截尾样本 (t_i, δ_i), 其中 $i = 1, \cdots, n$, 可给出观测信息矩阵为[2]

$$
I_o = nI_c - \sum_{i=1}^{n}\left(1-\delta_i\right)\left[\begin{array}{cc} E_{11}^i & E_{12}^i \\[2mm] E_{21}^i & E_{22}^i \end{array}\right]
\tag{3.2.14}
$$

其中 I_c 见式 (3.2.12),

$$
\begin{aligned}
E_{11}^i &= \frac{1 + \left[\Gamma\left(2, w_i\right)\exp\left(w_i\right) - w_i\right]\ln^2 w_i}{m^2} \\
&\quad + \frac{2w_i \exp\left(w_i\right)}{m^2}\left[G_{2,3}^{3,0}\left(\begin{array}{c} 0,0 \\ 1,-1,-1 \end{array}\bigg|\, w_i\right)\ln w_i + G_{3,4}^{4,0}\left(\begin{array}{c} 0,0,0 \\ 1,-1,-1,-1 \end{array}\bigg|\, w_i\right)\right]
\end{aligned}
$$

$$
\begin{aligned}
E_{12}^i = E_{21}^i &= \frac{1}{\eta}\left\{1 + \left(1 + \ln w_i\right)\left[w_i - \Gamma\left(2, w_i\right)\exp\left(w_i\right)\right]\right. \\
&\quad \left. - w_i G_{2,3}^{3,0}\left(\begin{array}{c} 0,0 \\ 1,-1,-1 \end{array}\bigg|\, w_i\right)\exp\left(w_i\right)\right\}
\end{aligned}
$$

$$E_{22}^i = \frac{m}{\eta^2} \left\{ (m+1) \left[\Gamma\left(2, w_i\right) \exp\left(w_i\right) - w_i \right] - 1 \right\}$$

$$w_i = \left(\frac{t_i}{\eta}\right)^m \tag{3.2.15}$$

$\Gamma(s, x)$ 见式 (1.3.4) 中的不完全伽马函数,

$$G_{p,q}^{k,h} \left(\begin{array}{c} a_1, \cdots, a_p \\ b_1, \cdots, b_q \end{array} \Big| x \right) = \frac{1}{2\pi i} \int_C \frac{\displaystyle\prod_{j=1}^{k} \Gamma\left(b_j - s\right) \prod_{j=1}^{h} \Gamma\left(1 - a_j + s\right)}{\displaystyle\prod_{j=k+1}^{q} \Gamma\left(1 - b_j + s\right) \prod_{j=h+1}^{p} \Gamma\left(a_j - s\right)} x^s ds$$

为定义在复数域 $\mathbb{C}$ 内的 Meijer G 函数. 完全样本的信息矩阵 I_c 见式 (3.2.12), 下面重点推导缺失数据的信息矩阵 I_m.

当 $\delta_i = 0$ 时, 针对截尾时间 t_i, 则缺失的失效数据 v 的概率密度函数为

$$f\left(v \,|\, v > t_i; m, \eta\right) = \frac{m}{\eta} \left(\frac{v}{\eta}\right)^{m-1} \exp\left[\left(\frac{t_i}{\eta}\right)^m - \left(\frac{v}{\eta}\right)^m\right]$$

可知缺失数据的信息矩阵为

$$I_m = \sum_{i=1}^{n} \left(1 - \delta_i\right) E \left[\begin{array}{cc} -\dfrac{\partial^2 \ln f\left(v \,|\, v > t_i\right)}{\partial m^2} & -\dfrac{\partial^2 \ln f\left(v \,|\, v > t_i\right)}{\partial m \partial \eta} \\[3mm] -\dfrac{\partial^2 \ln f\left(v \,|\, v > t_i\right)}{\partial \eta \partial m} & -\dfrac{\partial^2 \ln f\left(v \,|\, v > t_i\right)}{\partial \eta^2} \end{array} \right]$$

由于

$$\ln f\left(v \,|\, v > t_i\right) = \ln m + (m-1) \ln v - m \ln \eta + \left(\frac{t_i}{\eta}\right)^m - \left(\frac{v}{\eta}\right)^m$$

可知

$$\frac{\partial^2 \ln f\left(v \,|\, v > t_i\right)}{\partial m^2} = \left(\frac{t_i}{\eta}\right)^m \left(\ln \frac{t_i}{\eta}\right)^2 - \frac{1}{m^2} - \left(\frac{v}{\eta}\right)^m \left(\ln \frac{v}{\eta}\right)^2$$

$$\frac{\partial^2 \ln f\left(v \,|\, v > t_i\right)}{\partial m \partial \eta} = \frac{\partial^2 \ln f\left(v \,|\, v > t_i\right)}{\partial \eta \partial m}$$

$$= \frac{m}{\eta} \left(\frac{v}{\eta}\right)^m \left(\ln \frac{v}{\eta}\right) + \frac{1}{\eta} \left(\frac{v}{\eta}\right)^m$$

$$- \frac{1}{\eta} - \frac{m}{\eta} \left(\frac{t_i}{\eta}\right)^m \left(\ln \frac{t_i}{\eta}\right) - \frac{1}{\eta} \left(\frac{t_i}{\eta}\right)^m$$

$$\frac{\partial^2 \ln f\left(v \,|\, v > t_i\right)}{\partial \eta^2} = \frac{m}{\eta^2} + \frac{\left(m + m^2\right)}{\eta^2} \left(\frac{t_i}{\eta}\right)^m - \frac{\left(m + m^2\right)}{\eta^2} \left(\frac{v}{\eta}\right)^m$$

由于

$$E\left[\left(\frac{v}{\eta}\right)^m \left(\ln\frac{v}{\eta}\right)^2\right] = \int_{t_i}^{+\infty} \left(\frac{v}{\eta}\right)^m \left(\ln\frac{v}{\eta}\right)^2 \frac{m}{\eta}\left(\frac{v}{\eta}\right)^{m-1} \exp\left[\left(\frac{t_i}{\eta}\right)^m - \left(\frac{v}{\eta}\right)^m\right] dv$$

$$= \frac{1}{m^2}\exp(w_i)\int_{w_i}^{+\infty} y\,(\ln y)^2 \exp(-y) dy$$

$$= \frac{1}{m^2}\exp(w_i)\left.\frac{d^2}{ds^2}\Gamma(s,w_i)\right|_{s=2}$$

$$E\left[\left(\frac{v}{\eta}\right)^m \left(\ln\frac{v}{\eta}\right)\right] = \int_{t_i}^{+\infty} \left(\frac{v}{\eta}\right)^m \left(\ln\frac{v}{\eta}\right) \frac{m}{\eta}\left(\frac{v}{\eta}\right)^{m-1} \exp\left[\left(\frac{t_i}{\eta}\right)^m - \left(\frac{v}{\eta}\right)^m\right] dv$$

$$= \frac{1}{m}\exp(w_i)\int_{w_i}^{+\infty} y\,(\ln y) \exp(-y) dy$$

$$= \frac{1}{m}\exp(w_i)\left.\frac{d}{ds}\Gamma(s,w_i)\right|_{s=2}$$

$$E\left[\left(\frac{v}{\eta}\right)^m\right] = \int_{t_i}^{+\infty} \left(\frac{v}{\eta}\right)^m \frac{m}{\eta}\left(\frac{v}{\eta}\right)^{m-1} \exp\left[\left(\frac{t_i}{\eta}\right)^m - \left(\frac{v}{\eta}\right)^m\right] dv$$

$$= \exp(w_i)\int_{w_i}^{+\infty} y \exp(-y) dy$$

$$= \exp(w_i)\,\Gamma(2,w_i)$$

其中 w_i 的定义见式 (3.2.15).

而不完全伽马函数 $\Gamma(s,x)$ 关于变量 s 的偏导数为

$$\frac{\partial\Gamma(s,x)}{\partial s} = \Gamma(s,x)\ln x + x G_{2,3}^{3,0}\left(\begin{array}{c} 0,0 \\ s-1,-1,-1 \end{array}\middle| x\right)$$

$$\frac{\partial^2\Gamma(s,x)}{\partial s^2} = \Gamma(s,x)\ln^2 x + 2x\left[G_{2,3}^{3,0}\left(\begin{array}{c} 0,0 \\ s-1,-1,-1 \end{array}\middle| x\right)\ln x\right.$$

$$\left. + G_{3,4}^{4,0}\left(\begin{array}{c} 0,0,0 \\ s-1,-1,-1,-1 \end{array}\middle| x\right)\right]$$

其中 $G_{p,q}^{k,h}\left(\begin{array}{c} a_1,\cdots,a_p \\ b_1,\cdots,b_q \end{array}\middle| x\right)$ 为 Meijer G 函数. 于是

$$E\left[\left(\frac{v}{\eta}\right)^m \left(\ln\frac{v}{\eta}\right)^2\right] = \frac{\Gamma(2,w_i)\exp(w_i)\ln^2 w_i}{m^2}$$

$$+ \frac{2w_i}{m^2} G_{2,3}^{3,0} \left(\begin{array}{c} 0,0 \\ 1,-1,-1 \end{array} \middle| w_i \right) (\ln w_i) \exp(w_i)$$

$$+ \frac{2w_i}{m^2} G_{3,4}^{4,0} \left(\begin{array}{c} 0,0,0 \\ 1,-1,-1,-1 \end{array} \middle| w_i \right) \exp(w_i)$$

$$E\left[\left(\frac{v}{\eta} \right)^m \left(\ln \frac{v}{\eta} \right) \right] = \frac{1}{m} \exp(w_i) \left[\Gamma(2, w_i) \ln w_i + w_i G_{2,3}^{3,0} \left(\begin{array}{c} 0,0 \\ 1,-1,-1 \end{array} \middle| w_i \right) \right]$$

经过化简运算后得

$$E\left[-\frac{\partial^2 \ln f(v|v > t_i)}{\partial m^2} \right] = E_{11}^i$$

$$E\left[-\frac{\partial^2 \ln f(v|v > t_i)}{\partial m \partial \eta} \right] = E\left[-\frac{\partial^2 \ln f(v|v > t_i)}{\partial \eta \partial m} \right] = E_{12}^i$$

$$E\left[-\frac{\partial^2 \ln f(v|v > t_i)}{\partial \eta^2} \right] = E_{22}^i$$

其中 E_{11}^i, E_{12}^i, E_{22}^i 的定义见式 (3.2.14), 由此可确定 I_m. 当依次确定 I_c 和 I_m 后, 即可得式 (3.2.14) 中给出的观测信息矩阵 I_o.

对于分布参数 m 和 η 的置信区间, 当得到信息矩阵后, 即可通过求逆矩阵确定 m 和 η 的极大似然估计的协方差. 以式 (3.2.14) 中的观测信息矩阵 I_o 为例, 代入式 (3.1.3) 及式 (3.1.4) 中的极大似然估计 $\hat{m}_m$ 和 $\hat{\eta}_m$, 可得协方差矩阵

$$C_o = (I_o)^{-1} = \left[\begin{array}{cc} \text{var}(\hat{m}_m) & \text{cov}(\hat{m}_m, \hat{\eta}_m) \\ \text{cov}(\hat{m}_m, \hat{\eta}_m) & \text{var}(\hat{\eta}_m) \end{array} \right] \tag{3.2.16}$$

根据极大似然估计的渐近正态性, 可知

$$\hat{m}_m \sim N(m, \text{var}(\hat{m}_m))$$

$$\hat{\eta}_m \sim N(\eta, \text{var}(\hat{\eta}_m))$$

其中 $\text{var}(\hat{m}_m)$ 和 $\text{var}(\hat{\eta}_m)$ 见式 (3.2.16). 据此可建立 m 和 η 的置信区间. 例如, m 的置信区间为

$$[\hat{m}_m + U_{\alpha/2} \text{var}(\hat{m}_m), \hat{m}_m - U_{\alpha/2} \text{var}(\hat{m}_m)]$$

其中 $U_{\alpha/2}$ 是标准正态分布 $N(0,1)$ 的 $\alpha/2$ 分位点. 注意到 $m > 0$, 但可能存在

$$\hat{m}_m + U_{\alpha/2} \text{var}(\hat{m}_m) < 0$$

即置信区间有可能出现负值. 为了避免出现这一情况, 利用极大似然估计的对数的渐近正态性[1], 可得

$$\ln \hat{m}_m \sim N\left(\ln m, \mathrm{var}\left(\ln \hat{m}_m\right)\right), \quad \ln \hat{\eta}_m \sim N\left(\ln \eta, \mathrm{var}\left(\ln \hat{\eta}_m\right)\right) \tag{3.2.17}$$

其中

$$\mathrm{var}\left(\ln \hat{m}_m\right) = \frac{\mathrm{var}\left(\hat{m}_m\right)}{\hat{m}_m}, \quad \mathrm{var}\left(\ln \hat{\eta}_m\right) = \frac{\mathrm{var}\left(\hat{\eta}_m\right)}{\hat{\eta}_m}$$

则在置信水平 $(1-\alpha)$ 下, 可得韦布尔分布参数 m 和 η 的置信区间分别为

$$\left[\hat{m}_m \exp\left(\frac{U_{\alpha/2}\mathrm{var}\left(\hat{m}_m\right)}{\hat{m}_m}\right), \frac{\hat{m}_m}{\exp\left(\dfrac{U_{\alpha/2}\mathrm{var}\left(\hat{m}_m\right)}{\hat{m}_m}\right)}\right]$$
$$\left[\hat{\eta}_m \exp\left(\frac{U_{\alpha/2}\mathrm{var}\left(\hat{\eta}_m\right)}{\hat{\eta}_m}\right), \frac{\hat{\eta}_m}{\exp\left(\dfrac{U_{\alpha/2}\mathrm{var}\left(\hat{\eta}_m\right)}{\hat{\eta}_m}\right)}\right] \tag{3.2.18}$$

其中 $U_{\alpha/2}$ 是标准正态分布 $N(0,1)$ 的 $\alpha/2$ 分位点.

对于可靠度 $R(t)$ 的置信下限, 根据式 (3.1.37) 中 $R(t)$ 的极大似然估计 $\hat{R}_m(t)$, 可参照式 (3.2.17), 建立 $\hat{R}_m(t)$ 的近似正态分布

$$\ln \hat{R}_m(t) \sim N\left(\ln R(t), \mathrm{var}\left(\ln \hat{R}_m\right)\right) \tag{3.2.19}$$

其中

$$\mathrm{var}\left(\ln \hat{R}_m(t)\right) = \frac{\mathrm{var}\left(\hat{R}_m(t)\right)}{\left(\hat{R}_m(t)\right)^2}$$

$$\mathrm{var}\left(\hat{R}_m(t)\right) = \mathrm{var}\left(\hat{m}_m\right)\left(\left.\frac{\partial R}{\partial m}\right|_{\hat{m},\hat{\eta}}\right)^2 + \mathrm{var}\left(\hat{\eta}_m\right)\left(\left.\frac{\partial R}{\partial \eta}\right|_{\hat{m},\hat{\eta}}\right)^2$$
$$+ 2\mathrm{cov}\left(\hat{m}_m, \hat{\eta}_m\right)\left(\left.\frac{\partial R}{\partial m}\right|_{\hat{m},\hat{\eta}}\right)\left(\left.\frac{\partial R}{\partial \eta}\right|_{\hat{m},\hat{\eta}}\right)$$

$$\left(\left.\frac{\partial R}{\partial m}\right|_{\hat{m},\hat{\eta}}\right) = \left[\ln \hat{R}_m(t)\right]\left(\ln \frac{t}{\hat{\eta}_m}\right)\hat{R}_m(t)$$

$$\left(\left.\frac{\partial R}{\partial \eta}\right|_{\hat{m},\hat{\eta}}\right) = \frac{\hat{m}_m}{\hat{\eta}_m}\left(\frac{t}{\hat{\eta}_m}\right)^{\hat{m}_m}\hat{R}_m(t)$$

$\text{var}\,(\hat{m}_m)\,,\text{var}\,(\hat{\eta}_m)\,,\text{cov}\,(\hat{m}_m,\hat{\eta}_m)$ 见式 (3.2.16). 于是可建立 $R\,(t)$ 在置信水平 $(1-\alpha)$ 下的置信下限为

$$R_L^m = \exp\left[\left(\ln \hat{R}_m\,(t)\right) - U_{1-\alpha}\sqrt{\text{var}\left(\ln \hat{R}_m\,(t)\right)}\right] \tag{3.2.20}$$

需要强调的是, 式 (3.2.18) 中分布参数的置信区间和式 (3.2.20) 中可靠度的置信下限都是基于式 (3.2.16) 中的协方差矩阵构建的, 而这一协方差矩阵又是基于式 (3.2.14) 中的观测信息矩阵 I_o 和式 (3.1.3) 及式 (3.1.4) 中的极大似然估计给出的. 由于除了式 (3.2.16) 中的观测信息矩阵 I_o 和式 (3.1.3) 及式 (3.1.4) 中的极大似然估计, 关于信息矩阵, 还有式 (3.2.14) 中的近似信息矩阵 I_a, 而关于极大似然估计, 还有式 (3.1.20) 中的近似极大似然估计. 故在两两组合下可以有 4 种不同的协方差矩阵, 即根据观测信息矩阵 I_o 和极大似然估计、观测信息矩阵 I_o 和近似极大似然估计、近似信息矩阵 I_a 和极大似然估计、近似信息矩阵 I_a 和近似极大似然估计给出. 此处已展示了观测信息矩阵 I_o 和极大似然估计这种组合下的结果, 对于其他 3 种组合下的结果不再赘述.

3.2.3 基于 bootstrap 方法的置信区间

在这一节中, 将基于 bootstrap 方法构建置信区间. bootstrap 方法, 也称自助法, 是一种广泛应用于建立未知参数置信区间的一种方法, 可分为参数化的 bootstrap 和非参数化的 bootstrap, 其核心都是基于原始样本生成 bootstrap 样本, 再进一步构造置信区间. 其中参数化的 bootstrap 方法基本思想是: 基于原始样本获取未知参数 θ 的估计 $\hat{\theta}$, 如极大似然估计等, 再通过自助抽样进一步获得 $\hat{\theta}$ 的分布函数 W, 于是就得到了参数 θ 在置信水平 $(1-\alpha)$ 下的置信区间为

$$\left[W^{-1}\left(\frac{\alpha}{2}\right), W^{-1}\left(1-\frac{\alpha}{2}\right)\right] \tag{3.2.21}$$

其中 $W^{-1}\,(\cdot)$ 为分布函数 W 的反函数; 非参数化的 bootstrap 方法基本思想是利用经验函数等非参数方法通过自助抽样获得式 (3.2.21) 中的分布函数 W.

参数化的 bootstrap 方法应用更为广泛. 由于根据自助样本, 很难获得式 (3.2.21) 中 $W^{-1}\,(\cdot)$ 的解析表达式. 因而, 在实际应用中, 通常利用 bootstrap 样本直接构建置信区间, 具体包括 bootstrap-p、bootstrap-t、偏差修正型 (bias-corrected, BC)、偏差修正和加速型 (bias-corrected-accelerated, BCa) 等 bootstrap 方法. 此处运用参数化的 bootstrap 方法, 基于极大似然估计构建韦布尔分布参数和可靠度的置信区间, 具体如下.

算法 3.3 给定原始样本 (t_i,δ_i), 其中 $i=1,\cdots,n$, $r=\sum_{i=1}^n \delta_i > 0$, 并设定抽样的样本量为 B.

步骤 1: 根据原始样本, 利用式 (3.1.3) 和式 (3.1.4), 求得分布参数 m 和 η 的极大似然估计 $\hat{m}_m$ 和 $\hat{\eta}_m$.

步骤 2: 从分布参数为 $\hat{m}_m$ 和 $\hat{\eta}_m$ 的韦布尔分布中生成仿真寿命样本 T_i, 其中 $i = 1, \cdots, n$, 并升序排列为 $T_1 < \cdots < T_n$. 进一步, 根据原始样本的寿命试验类型, 生成 bootstrap 样本 (t_i^b, δ_i^b), 其中 $i = 1, \cdots, n$. 例如, 若原始样本为不等定时截尾样本, 则对应原始样本有 n 个截止时刻 $\tau_1 \leqslant \cdots \leqslant \tau_n$, 此时 $t_i^b = \min(T_i, \tau_i)$.

步骤 3: 若 $r_b = \sum_{i=1}^n \delta_i^b > 0$, 则认为 (t_i^b, δ_i^b) 为所需的 bootstrap 样本, 否则返回步骤 2, 其中 $i = 1, \cdots, n$.

步骤 4: 根据 bootstrap 样本 (t_i^b, δ_i^b), 其中 $i = 1, \cdots, n$, 按照计算 $\hat{m}_m$ 和 $\hat{\eta}_m$ 的相同方式, 算得一组 bootstrap 估计值 $\hat{m}_m^b$ 和 $\hat{\eta}_m^b$, 进一步利用式 (3.1.37) 算得可靠度 $R(t)$ 的 bootstrap 估计值 $\hat{R}_m^b(t)$.

步骤 5: 重复步骤 2—步骤 4 共 B 次, 直到获得 B 个 m, η 和 $R(t)$ 的 bootstrap 估计值, 随后将这些估计值升序排列, 记为 $\hat{m}_{m,1}^b < \cdots < \hat{m}_{m,B}^b$, $\hat{\eta}_{m,1}^b < \cdots < \hat{\eta}_{m,B}^b$ 和 $\hat{R}_{m,1}^b(t) < \cdots < \hat{R}_{m,B}^b(t)$.

接下来以分布参数 m 在置信水平 $(1 - \alpha)$ 下的置信区间为例, 依次说明运用各种 bootstrap 方法建立的置信区间.

(1) bootstrap-p 方法[5]. 这种方法将 bootstrap 样本视为来自均值为未知参数真值的正态分布, 所建的置信区间为

$$\left[\hat{m}_{m, \frac{B\alpha}{2}}^b, \hat{m}_{m, B - \frac{B\alpha}{2}}^b \right] \tag{3.2.22}$$

(2) bootstrap-t 方法. 这种方法利用 bootstrap 样本进一步计算统计量

$$T^* = \frac{\hat{m}_b^m - \hat{m}_m}{\sqrt{\mathrm{var}\left(\hat{m}_b^m\right)}}$$

其中 $\hat{m}_b^m$ 为分布参数 m 的 bootstrap 样本, $\hat{m}_m$ 为基于原始样本算得的极大似然估计, $\mathrm{var}\left(\hat{m}_b^m\right)$ 为 $\hat{m}_b^m$ 的方差, 可将式 (3.2.16) 中协方差矩阵中的 $\hat{m}_m$ 替换为 $\hat{m}_b^m$ 后给出. 根据 bootstrap 样本 $\hat{m}_{m,1}^b < \cdots < \hat{m}_{m,B}^b$ 依次求得 T^* 并升序排列为 $T_1^* < \cdots < T_B^*$, 所建的置信区间为

$$\left[\hat{m}_m + T_{\frac{B\alpha}{2}}^* \sqrt{\mathrm{var}\left(\hat{m}_m\right)}, \hat{m}_m + T_{B - \frac{B\alpha}{2}}^* \sqrt{\mathrm{var}\left(\hat{m}_m\right)} \right] \tag{3.2.23}$$

(3) BC bootstrap 方法. 这种方法与 bootstrap-p 方法类似, 也认为 bootstrap 样本来自正态分布, 但该正态分布的均值并非未知参数的真值, 而是与真值有一定的偏差, 并记偏差为 Z_0. 基于这种思想, 所建立的置信区间为

$$\left[\hat{m}_{m, \lceil Bp_l \rceil}^b, \hat{m}_{m, \lceil Bp_u \rceil}^b \right] \tag{3.2.24}$$

其中 $\lceil y \rceil$ 为不大于 y 的正整数,

$$p_l = \Phi\left(2Z_0 + U_{\alpha/2}\right)$$

$$p_u = \Phi\left(2Z_0 + U_{1-\alpha/2}\right)$$

$$Z_0 = \Phi^{-1}\left[\dfrac{\sum\limits_{i=1}^{B} I\left(\hat{m}_{m,i}^b \leqslant \hat{m}_m\right)}{B}\right]$$

$\Phi(\cdot)$ 为标准正态分布的分布函数, U_α 为标准正态分布的 α 分位点, $\Phi^{-1}(\cdot)$ 为 $\Phi(\cdot)$ 的反函数, $I(\cdot)$ 为示性函数.

(4) BCa bootstrap 方法[1]. 这种方法是在 BC bootstrap 方法的基础上, 进一步引入加速系数 a 用以修正偏差 Z_0. 这种方法所建立的置信区间为

$$\left[\hat{m}_{m,\lceil Bp_l \rceil}^b, \hat{m}_{m,\lceil Bp_u \rceil}^b\right] \tag{3.2.25}$$

其中

$$p_l = \Phi\left(Z_0 + \dfrac{Z_0 - U_{\alpha/2}}{1 - a\left(Z_0 - U_{\alpha/2}\right)}\right)$$

$$p_u = \Phi\left(Z_0 + \dfrac{Z_0 + U_{\alpha/2}}{1 - a\left(Z_0 + U_{\alpha/2}\right)}\right)$$

$$Z_0 = \Phi^{-1}\left[\dfrac{\sum\limits_{i=1}^{B} I\left(\hat{m}_{m,i}^b \leqslant \hat{m}_m\right)}{B}\right]$$

$$a = \dfrac{\dfrac{1}{B}\sum\limits_{i=1}^{B}\left(\hat{m}_{m,i}^b - \bar{m}\right)^3}{6\left[\dfrac{1}{B}\sum\limits_{i=1}^{B}\left(\hat{m}_{m,i}^b - \bar{m}\right)^2\right]^{3/2}}$$

$$\bar{m} = \dfrac{1}{B}\sum\limits_{i=1}^{B}\hat{m}_{m,i}^b$$

从以上各种 bootstrap 方法的原理和应用来看, 显然 BCa bootstrap 方法综合了各种 bootstrap 方法的优点, 因而此处建议利用 BCa bootstrap 方法构建分布参数 m 和 η 及可靠度 $R(t)$ 的置信区间. 根据式 (3.2.25) 中 m 的 BCa bootstrap 置信区间, 可得置信水平 $(1-\alpha)$ 下 η 的置信区间为

$$\left[\hat{\eta}_{m,\lceil Bp_l \rceil}^b, \hat{\eta}_{m,\lceil Bp_u \rceil}^b\right] \tag{3.2.26}$$

其中 p_l 和 p_u 见式 (3.2.25),

$$Z_0 = \Phi^{-1}\left[\frac{\sum_{i=1}^{B} I\left(\hat{m}_{m,i}^b \leqslant \hat{m}_m\right)}{B}\right]$$

$$a = \frac{\frac{1}{B}\sum_{i=1}^{B}\left(\hat{\eta}_{m,i}^b - \bar{\eta}\right)^3}{6\left[\frac{1}{B}\sum_{i=1}^{B}\left(\hat{\eta}_{m,i}^b - \bar{\eta}\right)^2\right]^{3/2}}$$

$$\bar{\eta} = \frac{1}{B}\sum_{i=1}^{B}\hat{\eta}_{m,i}^b$$

$R(t)$ 的置信下限为

$$R_L^B(t) = \hat{R}_{m,\lceil p_l B\rceil}^b(t) \tag{3.2.27}$$

其中

$$p_l = \Phi\left(Z_0 + \frac{Z_0 - U_\alpha}{1 - a\left(Z_0 - U_\alpha\right)}\right)$$

$$Z_0 = \Phi^{-1}\left[\frac{\sum_{i=1}^{B} I\left(\hat{R}_{m,i}^b(t) \leqslant \hat{R}_m(t)\right)}{B}\right]$$

$$a = \frac{\frac{1}{B}\sum_{i=1}^{B}\left(\hat{R}_{m,i}^b(t) - \bar{R}(t)\right)^3}{6\left[\frac{1}{B}\sum_{i=1}^{B}\left(\hat{R}_{m,i}^b(t) - \bar{R}(t)\right)^2\right]^{3/2}}$$

$$\bar{R}(t) = \frac{1}{B}\sum_{i=1}^{B}\hat{R}_{m,i}^b(t)$$

　　式 (3.2.25)—式 (3.2.27) 中分布参数 m, η 的置信区间和可靠度 $R(t)$ 的置信下限都是基于式 (3.1.3) 和式 (3.1.4) 中 m 和 η 的极大似然估计 $\hat{m}_m$ 和 $\hat{\eta}_m$ 得到的. 如果将步骤 1 中所用到的极大似然估计 $\hat{m}_m$ 和 $\hat{\eta}_m$ 替换为式 (3.1.20) 中 m 和 η 的近似极大似然估计, 其余步骤不变, 即可给出另一种基于 BCa bootstrap 方法的 m, η 的置信区间和可靠度 $R(t)$ 的置信下限, 在此不再详述.

3.3 算 例 分 析

蓄电池是卫星中的重要组成部分, 主要用于在光照期储存能量, 在地影期释放能量, 从而为卫星中的载荷提供电能. 某型卫星采用镉镍蓄电池, 针对该类型蓄电池, 假设共收集到 12 个在轨运行时间数据[4], 其中只有 2 个蓄电池失效, 根据蓄电池数据的收集过程, 可将其转化为不等定时截尾数据, 具体数据如图 3.7 所示. 由于已有研究表明可以采用韦布尔分布描述镉镍蓄电池的寿命[4], 本节将以蓄电池为对象, 说明韦布尔分布场合基于极大似然的可靠性统计方法应用过程.

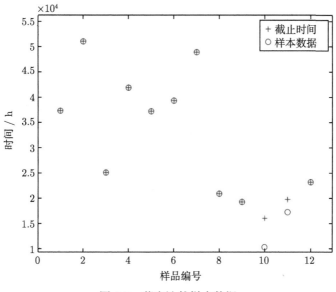

图 3.7 蓄电池的样本数据

首先将图 3.7 中的样本数据升序排列, 再根据样本数据失效与否, 利用式 (1.2.1) 确定 δ_i, 从而明确样本 (t_i, δ_i) 的具体表现形式, 其中 $i = 1, \cdots, 12$. 接下来依次介绍可靠性指标的统计分析过程, 包括可靠性指标的点估计和置信区间.

3.3.1 可靠性指标的点估计

本节分别分析分布参数 m 和 η 以及可靠度 $R(t)$ 和平均剩余寿命的极大似然估计和近似极大似然估计的求解过程.

1. 分布参数的极大似然估计

由于样本 (t_i, δ_i) 中包含 2 个失效数据, 其中 $i = 1, \cdots, 12$, 根据极大似然估计的存在性分析结论可知, 此时根据式 (3.1.3) 求解形状参数 m 的极大似然估计

$\hat{m}_m$ 有解且唯一. 设定误差上限 $\varepsilon = 10^{-6}$, 运行算法 3.1, 求得 $\hat{m}_m = 1.0597$, 其中式 (3.1.3) 中的函数 $g(m)$ 及求解过程如图 3.8 所示. 在求解过程中, 算法 3.1 中的步骤 2 所给的迭代初值为 $m_0 = 2.6214$, 可知式 (3.1.3) 中的 $g(m_0) < 0$, 不符合算法 3.1 的要求, 因此改取迭代初值为 $m_0 = 0.001$.

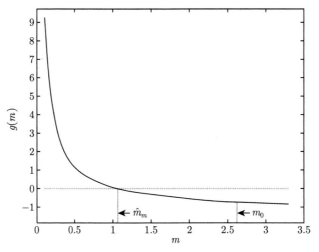

图 3.8　形状参数 m 的极大似然估计

为了进一步说明极大似然估计 $\hat{m}_m$ 的唯一性, 根据式 (3.1.7) 绘出对数轮廓似然函数 $\ln L_p(t, \delta; m)$, 如图 3.9 所示, 可清楚发现 $\hat{m}_m$ 令 $\ln L_p(t, \delta; m)$ 取值最大, 且唯一.

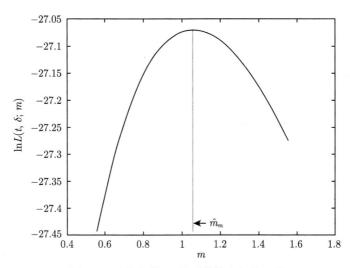

图 3.9　形状参数 m 的对数轮廓似然函数

在求得极大似然估计 $\hat{m}_m$ 后, 进一步根据式 (3.1.4) 求得分布参数 η 的极大似然估计为 $\hat{\eta}_m = 168750.25$ 小时, 取 1 年为 8760 小时, 可知 $\hat{\eta}_m = 19.26$ 年.

2. 分布参数的近似极大似然估计

根据近似极大似然估计的求解过程, 关键步骤是根据式 (3.1.13) 和式 (3.1.14), 为每个样本数据 t_i 确定参数 u_i, 其中 $i = 1, \cdots, 12$, 所得结果见表 3.2. 最后根据式 (3.1.20) 求得近似极大似然估计为 $\hat{m}_{am} = 1.0635$, $\hat{\eta}_{am} = 155481.61$ 小时 (17.75 年), 其中参数 $A = -3.682$, $B = 2.8030$, $C = 0.6198$.

表 3.2　近似极大似然估计求解中参数 u 的取值

i	1	2	3	4	5	6
u_i	-2.5252	-1.8320	-1.8320	-1.8320	-1.8320	-1.8320
i	7	8	9	10	11	12
u_i	-1.8320	-1.8320	-1.8320	-1.8320	-1.8320	-1.8320

3. 可靠度和平均剩余寿命的点估计

根据分布参数 m 和 η 的极大似然估计和近似极大似然估计, 分别将其代入式 (1.1.3) 中的可靠度函数 $R(t; m, \eta)$, 可得可靠度的点估计, 如图 3.10 所示. 类似地, 将 m 和 η 的极大似然估计和近似极大似然估计分别代入式 (1.3.3) 中的平均剩余寿命, 可得剩余寿命的点估计, 如图 3.11 所示.

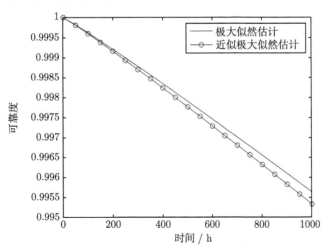

图 3.10　基于极大似然的可靠度点估计

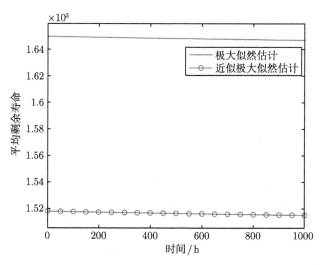

图 3.11   基于极大似然的平均剩余寿命

3.3.2 可靠性指标的置信区间

接下来介绍分布参数 m 和 η 以及可靠性指标的置信区间构建过程. 由于图 3.7 中的样本数据属于不等定时截尾样本, 因此以极大似然估计为枢轴量的置信区间方法是不适用的, 只能采用基于渐近正态性的置信区间方法和基于 bootstrap 的置信区间方法.

1. 基于渐近正态性的可靠度置信下限

基于极大似然估计 $\hat{m}_m$ 和 $\hat{\eta}_m$, 可得式 (3.2.14) 中的观测信息矩阵为

$$I_o^m = \begin{bmatrix} 7.1194 & 2.0588 \times 10^{-5} \\ 2.0588 \times 10^{-5} & 7.8862 \times 10^{-11} \end{bmatrix}$$

其中完全信息矩阵为

$$I_c^m = \begin{bmatrix} 19.486 & -3.0065 \times 10^{-5} \\ -3.0065 \times 10^{-5} & 4.73 \times 10^{-10} \end{bmatrix}$$

缺失信息矩阵为

$$I_m^m = \begin{bmatrix} 12.3702 & -5.0653 \times 10^{-5} \\ -5.0653 \times 10^{-5} & 3.9431 \times 10^{-10} \end{bmatrix}$$

继而给出式 (3.2.16) 中的协方差矩阵为

$$C_o^m = \begin{bmatrix} 0.5733 & -1.4966 \times 10^5 \\ -1.4966 \times 10^5 & 5.1753 \times 10^{10} \end{bmatrix}$$

最终可根据式 (3.2.20) 建立可靠度在置信水平 0.9 下的置信下限 $R_L^m(t)$. 类似地, 基于式 (3.1.20) 中的近似极大似然估计 $\hat{m}_{am}$ 和 $\hat{\eta}_{am}$, 可得式 (3.2.14) 中的观测信息矩阵为

$$I_o^{am} = \begin{bmatrix} 6.9324 & 2.3842 \times 10^{-5} \\ 2.3842 \times 10^{-5} & 9.3572 \times 10^{-11} \end{bmatrix}$$

其中完全信息矩阵为

$$I_c^{am} = \begin{bmatrix} 19.3489 & -3.263 \times 10^{-5} \\ -3.263 \times 10^{-5} & 5.6143 \times 10^{-10} \end{bmatrix}$$

缺失信息矩阵为

$$I_m^{am} = \begin{bmatrix} 12.4165 & -5.6473 \times 10^{-5} \\ -5.6473 \times 10^{-5} & 4.6786 \times 10^{-10} \end{bmatrix}$$

继而给出式 (3.2.16) 中的协方差矩阵为

$$C_o^{am} = \begin{bmatrix} 1.1664 & -2.972 \times 10^{5} \\ -2.972 \times 10^{5} & 8.6414 \times 10^{10} \end{bmatrix}$$

也可根据式 (3.2.20) 建立可靠度在置信水平 0.9 下的置信下限 $R_L^{am}(t)$. 所得的可靠度置信下限 $R_L^m(t)$ 和 $R_L^{am}(t)$ 见图 3.12.

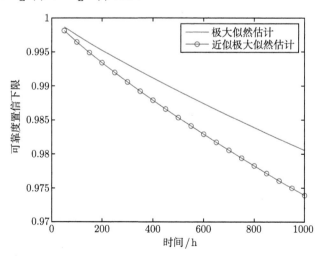

图 3.12　基于渐近正态性的可靠度置信下限

2. 基于 bootstrap 的可靠度置信下限

分别利用极大似然估计 $\hat{m}_m$ 和 $\hat{\eta}_m$ 以及近似极大似然估计 $\hat{m}_{am}$ 和 $\hat{\eta}_{am}$, 运行

算法 3.3, 生成可靠度的 bootstrap 样本, 再根据式 (3.2.27) 建立可靠度在置信水平 0.9 下的 BCa boostrap 置信下限, 如图 3.13 和图 3.14 所示.

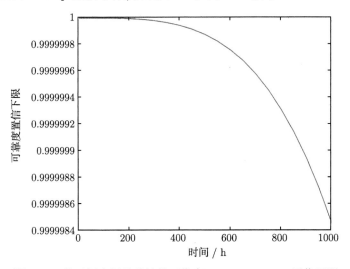

图 3.13　基于极大似然估计的可靠度 BCa bootstrap 置信下限

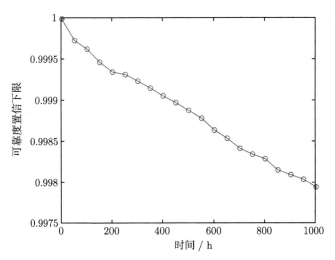

图 3.14　基于近似极大似然估计的可靠度 BCa bootstrap 置信下限

3. 剩余寿命的置信区间

利用极大似然估计 $\hat{m}_m$ 和 $\hat{\eta}_m$, 根据式 (3.2.2), 可求得剩余寿命在置信水平 0.9 下的置信区间. 类似地, 将近似极大似然估计 $\hat{m}_{am}$ 和 $\hat{\eta}_{am}$ 代入式 (1.3.6), 可求得剩余寿命在置信水平 0.9 下的另一种置信区间结果. 所得的剩余寿命的不同置信区间结果见图 3.15 和图 3.16.

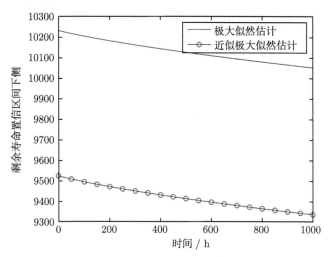

图 3.15   基于极大似然的剩余寿命置信下限

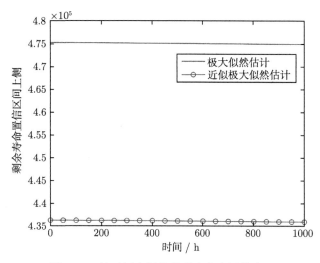

图 3.16   基于极大似然的剩余寿命置信上限

参 考 文 献

[1] Jia X, Wang D, Jiang P, Guo B. Inference on the reliability of Weibull distribution with multiply Type-I censored data [J]. Reliability Engineering & System Safety, 2016, 150: 171-181.

[2] Jia X, Nadarajah S, Guo B. Exact inference on Weibull parameters with multiply Type-

I censored data [J]. IEEE Transactions on Reliability, 2018, 67(2): 432-445.

[3] Thoman D R, Bain L J, Antle C E. Inferences on the parameters of the Weibull distri-
     bution [J]. Technometrics, 1969, 11(3): 445-460.

[4] 贾祥. 不等定时截尾数据下的卫星平台可靠性评估方法研究[D]. 长沙: 国防科技大学,
     2017.

[5] Jia X, Guo B. Exact inference for exponential distribution with multiply Type-I censored
     data [J]. Communications in Statistics-Simulation and Computation, 2017, 46(9): 7210-
     7220.

第 4 章　基于分布曲线拟合的可靠性统计方法

本章针对双参数韦布尔分布, 介绍另外一类典型的可靠性统计方法, 即基于分布曲线拟合的可靠性统计方法, 包括基于分布曲线拟合的点估计和置信区间的统计分析方法. 如图 4.1 所示, 该方法的分析过程总体上可分为三步.

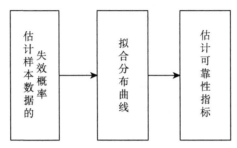

图 4.1　基于分布曲线拟合的可靠性统计分析过程

(1) 估计样本数据的失效概率. 依据某种方法给出样本数据 t 的失效概率 p 的估计值 $\hat{p}$, 其中 $p = F(t)$.

(2) 拟合分布曲线. 根据样本数据 t 和失效概率估计值 $\hat{p}$, 拟合诸点 $(t, \hat{p})$, 得到一条分布曲线.

(3) 估计可靠性指标. 利用拟合得到的分布曲线求解可靠性指标的估计值.

下面依次对这三步中所涉及的方法进行分析, 并给出基于分布曲线拟合的可靠性指标的点估计和置信区间.

4.1　失效概率估计方法

本节讨论图 4.1 中的样本数据失效概率估计方法. 针对样本 (t_i, δ_i), 其中 $i = 1, \cdots, n$, $t_1 \leqslant \cdots \leqslant t_n$, 记 $p_i = F(t_i)$, 即 p_i 为样本数据 t_i 的失效概率, 而 p_i 的点估计为 $\hat{p}_i$. 针对 $\hat{p}_i$ 的求解方法, 总体上可分为基于秩的估计方法和基于 Bayes 的失效概率估计方法两类, 下面分别介绍这两类方法.

4.1.1　基于秩的估计方法

针对样本数据 $t_1 \leqslant \cdots \leqslant t_n$, 称 i 为样本数据 t_i 的秩, 显然样本数据 t_i 的秩反映了 t_i 在这组样本数据中的排序位置. 下面分别讨论样本 (t_i, δ_i) 为完全样本和截尾样本时失效概率点估计 $\hat{p}_i$ 的求解方法, 其中 $i = 1, \cdots, n$.

1. 完全样本失效概率的估计方法

当 δ_i 全为 1 时, 样本 (t_i, δ_i) 为完全样本, 其中 $i = 1, \cdots, n$. 总体上而言, 针对完全样本, 主要采用基于非参数估计的思想求解失效概率 p_i 的点估计 $\hat{p}_i$. 通常认为 p_i 是个随机变量, 且服从贝塔分布 Beta $(p_i; i, n+1-i)$, 即两个分布参数为 i 和 $n+1-i$. 根据贝塔分布的统计性质, 可知 p_i 的期望为

$$E(p_i) = \frac{i}{n+1}$$

并将其视为 p_i 的点估计 $\hat{p}_i$. 进一步将其拓展为

$$\hat{p}_i = \frac{i-a}{n+b} \tag{4.1.1}$$

的形式, 取式 (4.1.1) 中参数 a 和 b 的不同值时, 即可确定失效概率点估计 $\hat{p}_i$. 针对参数 a 和 b 的不同取值组合, 当前应用比较广泛的组合[1] 如表 4.1 所示.

表 4.1　针对完全样本失效概率点估计求解的参数不同取值

a	b	a	b
0	1	0.3175	0.365
0.3	0.4	0.31	0.38
0.5	0	0.4	0.2
0.375	0.25	0.24	0.5
-1	2	-0.5	1
0	0	0.5	0.25
1	0	0.44	0.25
0.33	0	0.999	1000
0.333	0.333	0.25	0.5
0.44	0.12		

显然, 不同的点估计 $\hat{p}_i$ 之间在估计精度和适用性方面存在差异. 针对这一问题, 可采用蒙特卡罗仿真方法对不同点估计 $\hat{p}_i$ 的精度进行对比, 并指出其在不同数据条件和问题中的适用性.

2. 截尾样本失效概率的估计方法

当样本 (t_i, δ_i) 为截尾样本, 即 δ_i 不完全为 0 时, 其中 $i = 1, \cdots, n$, 此时在样本数据中将会同时出现失效数据和截尾数据, 式 (4.1.1) 中的点估计已不再适用. 针对截尾样本的失效概率估计问题, 可利用 Kaplan-Meier(KM) 和 Zimmer[2]、Herd-Johnson[3] 以及平均秩次[4] 等估计方法. 这些方法仍然都是利用了样本数据的秩,

因而只能给出样本数据中失效数据的失效概率点估计, 即当 $\delta_i = 1$ 时, 样本数据 t_i 的 $\hat{p}_i$, 其中 $i = 1, \cdots, n$. 这些方法的求解过程具体如下.

1) KM 估计

当 $\delta_i = 1$ 时, $\hat{p}_i$ 的 KM 估计是

$$\hat{p}_i = 1 - \frac{n-i}{n-i+1}\left(1 - \hat{p}_{i-1}\right)$$

其中 $\hat{p}_{i-1}$ 是样本数据 t_i 的上一个失效数据的失效概率点估计, $\hat{p}_0 = 0$.

2) Herd-Johnson 估计

当 $\delta_i = 1$ 时, $\hat{p}_i$ 的 Herd-Johnson 估计是

$$\hat{p}_i = 1 - \frac{n-i+1}{n-i+2}\left(1 - \hat{p}_{i-1}\right) \tag{4.1.2}$$

其中 $\hat{p}_{i-1}$ 是样本数据 t_i 的上一个失效数据的失效概率点估计, $\hat{p}_0 = 0$.

3) Zimmer 估计

当 $\delta_i = 1$ 时, $\hat{p}_i$ 的 Zimmer 估计是

$$\hat{p}_i = 1 - \frac{\mathrm{rr}_{i-1} - 0.5}{\mathrm{rr}_i - 0.5}\left(1 - \hat{p}_{i-1}\right)$$

其中 rr_i 是样本数据 t_i 的秩的反秩, $\hat{p}_{i-1}$ 是样本数据 t_i 的上一个失效数据的失效概率点估计, $\hat{p}_0 = 0$.

4) 平均秩次法

当 $\delta_i = 1$ 时, 基于平均秩次法的 $\hat{p}_i$ 是

$$\hat{p}_i = \frac{A_i - 0.3}{n + 0.4}$$

其中 A_i 为样本数据 t_i 的平均秩, 具体为

$$A_i = A_{i-1} + \frac{n+1-A_{i-1}}{n-i+2}$$

4.1.2 基于 Bayes 的失效概率估计方法

本节介绍基于 Bayes 的失效概率估计方法, 首先, 介绍这类方法的基本思路; 然后, 说明现有的 Expect-Bayes (E-Bayes) 估计和多层 Bayes 估计方法, 以及原创性的改进 Bayes 估计方法.

1. 基本思路

基于 Bayes 的失效概率估计方法, 首先需合并样本数据 $t_1 \leqslant \cdots \leqslant t_n$ 中的相同数据, 并重新定义样本 (t_i, δ_i) 的表达形式为 (t_i, n_i, r_i), 其中 $i = 1, \cdots, k$, t_i 为样本数据, 且 $t_1 < \cdots < t_k$, n_i 为样本数据 t_i 出现的个数, 且 $\sum_{i=1}^{k} n_i = n$, r_i 为

t_i 中失效数据的个数. 进一步, 记 $s_i = \sum_{j=i}^{k} n_j$, 代表当寿命试验进行到 t_i 时刻仍旧参与试验的样品个数. 当 $t_1 < \cdots < t_n$, 即样本 (t_i, δ_i) 中没有相同数据时, 其中 $i = 1, \cdots, n$, 此时 (t_i, n_i, r_i) 的表达形式即为 $(t_i, 1, \delta_i)$, 即 $k = n$.

特别地, 当样本 (t_i, n_i, r_i) 中的 n_i 和 r_i 取不同值时, 其中 $i = 1, \cdots, k$, 可以表示图 1.6 中典型寿命试验下的样本数据.

(1) 当 $\sum_{i=1}^{k} r_i > 0$ 但 $\sum_{i=1}^{k} r_i/n$ 较小时, 称样本 (t_i, n_i, r_i) 为极少失效样本.

(2) 当 $r_1 = r_2 = \cdots = r_k = 0$ 时, 称样本 (t_i, n_i, r_i) 为无失效样本.

(3) 当 $n_1 = \cdots = n_{k-1} = 1$, $n_k = n - k + 1$ 且 $r_1 = \cdots = r_{k-1} = 1$, $r_k = 0$ 时, 样本 (t_i, n_i, r_i) 为传统定时截尾样本.

(4) 当 $n_1 = \cdots = n_{k-1} = 1$, $n_k = n - k + 1$ 且 $r_1 = \cdots = r_k = 1$ 时, 样本 (t_i, n_i, r_i) 为传统定数截尾样本.

(5) 当 $n_i \geqslant 1$, r_i 取值为 0 或 1, 且 $\sum_{i=1}^{k} r_i > 0$ 时, 样本 (t_i, n_i, r_i) 为逐步定时截尾样本.

(6) 当 $n_i \geqslant 1$ 且 $r_i = 1$ 时, 样本 (t_i, n_i, r_i) 为逐步定数截尾样本.

(7) 当 r_i 取值为 0 或 1, 且 $n = k$ 时, 样本 (t_i, n_i, r_i) 为不等定时截尾样本.

根据 Bayes 理论, 引入样本数据 t_i 的失效概率 p_i 的验前分布, 记为 $\pi(p_i)$, 并将样本 (t_i, n_i, r_i) 作为现场数据, 故 (t_i, n_i, r_i) 的似然函数为

$$L(p_i | s_i, r_i) = C_{s_i}^{r_i} p_i^{r_i} (1 - p_i)^{s_i - r_i} \tag{4.1.3}$$

其中 $i = 1, \cdots, k$, 结合 Bayes 公式可得失效概率 p_i 的验后分布为

$$\pi(p_i | s_i, r_i) = \frac{\pi(p_i) L(p_i | s_i, r_i)}{\displaystyle\int_{p_i} \pi(p_i) L(p_i | s_i, r_i) dp_i} \tag{4.1.4}$$

可进一步求得失效概率 p_i 的 Bayes 估计作为 p_i 的点估计 $\hat{p}_i$. 在平方损失函数下, 可得 $\hat{p}_i$ 为式 (4.1.4) 中验后分布的期望

$$\hat{p}_i = \int_{p_i} p_i \pi(p_i | s_i, r_i) dp_i \tag{4.1.5}$$

由式 (4.1.5) 可知, 基于 Bayes 的失效概率估计方法需要考虑三个问题: 一是验前分布 $\pi(p_i)$ 的确定, 二是失效概率 p_i 的取值范围, 三是点估计 $\hat{p}_i$ 的数学性质.

1) 验前分布的确定

现有研究中考虑的验前分布 $\pi(p_i)$ 有下面三种形式.

(1) 贝塔分布.

根据式 (4.1.3) 中的似然函数可知, 若取 $\pi(p_i)$ 为贝塔分布, 则可构建 p_i 的共轭验前分布. 记贝塔分布的两个分布参数分别为 a 和 b, 则 $\pi(p_i)$ 为

$$\pi\left(p_i \mid a, b\right) = \frac{p_i^{a-1}\left(1-p_i\right)^{b-1}}{\mathrm{B}\left(a, b\right)} \tag{4.1.6}$$

其中

$$\mathrm{B}\left(a, b\right) = \int_0^1 x^{a-1}\left(1-x\right)^{b-1} dx \tag{4.1.7}$$

为贝塔函数.

注意到式 (4.1.6) 中 $\pi\left(p_i \mid a, b\right)$ 的两个分布参数 a 和 b, 即超参数 a 和 b 未知. 若存在关于 p_i 的验前信息, 可根据验前信息确定超参数 a 和 b 的值. 若没有关于 p_i 的验前信息, 则可利用其他方法确定.

对于极少失效样本, 特别是无失效样本, 考虑到在较长的试验时间后仍旧没有失效或失效数极少, 因此认为 p_i 取值小的概率比较大, 而取值大的概率比较小, 这就是所谓的减函数原则[5]. 注意到当 $a \leqslant 1$ 和 $b \geqslant 1$ 时, 对于式 (4.1.6) 中的 $\pi\left(p_i \mid a, b\right)$, 其关于 p_i 的导数存在

$$\frac{d}{dp_i}\pi\left(p_i \mid a, b\right) = \frac{p_i^{a-2}\left(1-p_i\right)^{b-2}}{\mathrm{B}\left(a, b\right)}\left[\left(a-1\right)\left(1-p_i\right) - p_i\left(b-1\right)\right] \leqslant 0 \tag{4.1.8}$$

此时 $\pi\left(p_i\right)$ 满足减函数特性. 若假定 $\pi\left(p_i\right)$ 为减函数, 在确定超参数 a 和 b 时, 需满足 $a \leqslant 1$ 和 $b \geqslant 1$.

(2) 均匀分布.

当取 $\pi\left(p_i\right)$ 为均匀分布时, 即令 $\pi\left(p_i\right)$ 为

$$\pi\left(p_i\right) = \frac{1}{p_u - p_l}$$

其中 $p_l \leqslant p_i \leqslant p_u$, 此时问题的关键是如何确定失效概率 p_i 的取值范围 $[p_l, p_u]$. 关于 p_i 的取值范围, 将在 "失效概率的取值范围" 中进行详细讨论.

(3) 其他分布.

还有一种确定验前分布 $\pi\left(p_i\right)$ 的方法是依据式 (4.1.8) 中的减函数原则构造分布, 如[6]

$$\pi\left(p_i\right) = \frac{3\left(1-p_i\right)^2}{\left(1-p_l\right)^3 - \left(1-p_u\right)^3}$$

其中 $p_l \leqslant p_i \leqslant p_u$. 在这种情况下, 注意需保证 $\int_{p_i} \pi\left(p_i \mid s_i, r_i\right) dp_i = 1$.

2) 失效概率的取值范围

关于 p_i 的取值范围, 也有三种方法, 一是根据 p_i 的实际含义, 令其取值范围为 $[0, 1]$; 二是缩减 p_i 的取值上限, 令其取值范围为 $[0, p_u]$, 此时 p_u 可根据专家判断或

工程经验, 也可利用其他方法确定; 三是依据分布函数的凹凸性及其函数特性进行确定[5]. 下面着重分析第三种方法.

针对式 (1.1.1) 中韦布尔分布的分布函数 $F(t; m, \eta)$, 当 $m \leqslant 1$ 时, 其关于 t 的二阶导数满足

$$\frac{d^2 F(t)}{dt^2} = \frac{m^2}{\eta^2} \left(\frac{t}{\eta}\right)^{m-2} \left(\frac{m-1}{m} - \frac{t^m}{\eta^m}\right) \exp\left[-\left(\frac{t}{\eta}\right)^m\right] < 0$$

此时有

$$\frac{p_1}{t_1} > \cdots > \frac{p_{i-1}}{t_{i-1}} > \frac{p_i}{t_i} > \cdots > \frac{p_n}{t_n}$$

于是可得

$$p_{i-1} < p_i < \frac{t_i}{t_{i-1}} p_{i-1}$$

而当 $m > 1$ 时, 存在

$$\ln\left[-\ln\left(1 - p_i\right)\right] = m \ln t_i - m \ln \eta$$
$$\ln\left[-\ln\left(1 - p_{i-1}\right)\right] = m \ln t_{i-1} - m \ln \eta$$

两式相减得

$$\ln \frac{\ln\left(1 - p_i\right)}{\ln\left(1 - p_{i-1}\right)} = m \ln \frac{t_i}{t_{i-1}} > \ln \frac{t_i}{t_{i-1}}$$

进一步可知

$$p_i \geqslant 1 - \left(1 - p_{i-1}\right)^{\frac{t_i}{t_{i-1}}}$$

总结出基于分布函数的凹凸性及函数特性所确定的取值范围为

$$p_l = \begin{cases} p_{i-1}, & m \leqslant 1, \\ 1 - \left(1 - p_{i-1}\right)^{\frac{t_i}{t_{i-1}}}, & m > 1 \end{cases}$$
$$p_u = \begin{cases} \dfrac{t_i}{t_{i-1}} p_{i-1}, & m \leqslant 1, \\ 1, & m > 1 \end{cases}$$

其中 $i \geqslant 2$, $p_0 = 0$. 在实际计算中, 由于 p_{i-1} 未知, 可用 p_{i-1} 的估计 $\hat{p}_{i-1}$ 来代替.

3) 次序性

针对样本 (t_i, n_i, r_i), 其中 $i = 1, \cdots, k$, 由于 $t_1 < \cdots < t_k$ 且 $p_i = F(t_i)$, 则失效概率存在 $p_1 < \cdots < p_k$, 因而关于失效概率的估计, 也应满足 $\hat{p}_1 < \cdots < \hat{p}_k$, 称这一性质为失效概率估计的次序性. 一个正确的失效概率估计方法应满足次序性. 显然基于秩的各种失效概率估计都是满足次序性的, 而针对基于 Bayes 的各种失效概率估计, 其是否满足次序性需要另行分析.

2. E-Bayes 估计

本节分析失效概率的 E-Bayes 估计方法.

1) E-Bayes 估计的计算方法

E-Bayes 估计方法通常取失效概率 p_i 的验前分布 $\pi\left(p_i\right)$ 为式 (4.1.6) 中的贝塔分布, 并取 p_i 的取值范围为 $[0,1]$, 其中 $i=1,\cdots,k$. 此时式 (4.1.4) 中 p_i 的验后分布为

$$\pi\left(p_i\,|\,s_i,r_i\right)=\frac{p_i^{a+r_i-1}\left(1-p_i\right)^{b+s_i-r_i-1}}{\mathrm{B}\left(a+r_i,b+s_i-r_i\right)} \tag{4.1.9}$$

即贝塔分布 $\mathrm{Beta}(p_i;a+r_i,b+s_i-r_i)$. 在平方损失函数下, 根据式 (4.1.5) 求解验后分布 $\mathrm{Beta}(p_i;a+r_i,b+s_i-r_i)$ 的期望, 可得失效概率点估计为

$$\hat{p}_i\left(a,b\right)=\frac{a+r_i}{a+b+s_i}$$

又由于超参数 a 和 b 未知, 故进一步引入超参数 a 和 b 的分布 $\pi\left(a,b\right)$, 并称

$$\hat{p}_i^{\mathrm{EB}}=\int_a\int_b\pi\left(a,b\right)\frac{a+r_i}{a+b+s_i}dadb \tag{4.1.10}$$

为失效概率 p_i 的 E-Bayes 估计[7], 其中 $i=1,\cdots,k$.

若基于式 (4.1.8) 中的减函数原则, 此时超参数 $a\leqslant 1$ 和 $b\geqslant 1$, 假定超参数 a 和 b 独立且都服从均匀分布, 即 $a\sim U\left(0,1\right)$, $b\sim U\left(1,c\right)$, 其中参数 c 为超参数 b 的上限, 引入 c 的目的是保持 Bayes 的稳健性, 可得超参数 a 和 b 的分布为

$$\pi\left(a,b\right)=\frac{1}{c-1} \tag{4.1.11}$$

此时式 (4.1.10) 中失效概率 p_i 的 E-Bayes 估计为

$$\begin{aligned}\hat{p}_i^{\mathrm{EB}}&=\int_1^c\int_0^1\frac{1}{c-1}\frac{a+r_i}{a+b+s_i}dadb\\&=\frac{g\left(c;r_i,s_i\right)-g\left(1;r_i,s_i\right)+c-1}{2\left(c-1\right)}\end{aligned} \tag{4.1.12}$$

其中 $i=1,\cdots,k$,

$$\begin{aligned}g\left(x;r_i,s_i\right)=&\left(2r_i-s_i-x+1\right)\left(s_i+x+1\right)\ln\left(1+x+s_i\right)\\&-\left(2r_i-s_i-x\right)\left(s_i+x\right)\ln\left(x+s_i\right)\end{aligned}$$

关于式 (4.1.12) 的具体推导, 为了简便, 考虑积分

$$\int_1^c\int_0^1\frac{1}{c-1}\frac{a+r}{a+b+s}dadb$$

的推导. 由于

$$\int_1^c \int_0^1 \frac{1}{c-1} \frac{a+r}{a+b+s} dadb = \frac{1}{c-1} \int_0^1 (a+r) \left[\ln (a+c+s) - \ln (a+1+s) \right] da$$

且

$$\int_0^1 (a+r) \ln (a+x+s) da$$

$$= \frac{1}{2} \int_0^1 \ln (a+x+s) d (a+r)^2$$

$$= \frac{(1+r)^2 \ln (1+x+s) - r^2 \ln (x+s)}{2} - \frac{1}{2} \int_0^1 \frac{(a+r)^2}{a+x+s} da$$

$$= \frac{(1+r)^2 \ln (1+x+s) - r^2 \ln (x+s)}{2} - \frac{1}{4} - \frac{2r-s-x}{2}$$

$$\quad - \frac{(r-s-x)^2 \left[\ln (1+x+s) - \ln (x+s) \right]}{2}$$

$$= \frac{(2r-s-x+1)(s+x+1) \ln (1+x+s) - (2r-s-x)(s+x) \ln (x+s)}{2}$$

$$\quad - r + \frac{s+x}{2} - \frac{1}{4}$$

再经过化简, 即可得到式 (4.1.12).

2) E-Bayes 估计的次序性

接下来分析式 (4.1.12) 中 p_i 的 E-Bayes 估计 $\hat{p}_i^{\text{EB}}$ 的次序性, 其中 $i = 1, \cdots, k$. 注意到 $\hat{p}_i^{\text{EB}}$ 与 r_i 和 s_i 有关, 为了简便, 定义函数

$$p_{\text{E}} (r, s) = \int_1^c \int_0^1 \frac{a+r}{a+b+s} dadb$$

由于

$$\frac{\partial}{\partial r} p_{\text{E}} (r, s) = \int_1^c \int_0^1 \frac{1}{a+b+s} dadb > 0$$

说明当 s 不变而 r 增加时, $p_{\text{E}} (r, s)$ 随之增大. 类似地, 由于

$$\frac{\partial}{\partial s} p_{\text{E}} (r, s) = - \int_1^c \int_0^1 \frac{a+r}{(a+b+s)^2} dadb < 0$$

说明当 r 不变而 s 减少时, $p_{\text{E}} (r, s)$ 也随之增大. 进一步, 显然当 r 增加而 s 减少时, $p_{\text{E}} (r, s)$ 也会随之增大. 但对于一组样本, 很可能会出现 r 和 s 同时减少的情况. 为此, 作为一种特殊情况, 分析 $p_{\text{E}} (1, s+1)$ 和 $p_{\text{E}} (0, s)$. 针对样本 (t_i, n_i, r_i),

其中 $i = 1, \cdots, k$, 假定 $r_{i-1} = 0$, $r_i = 1$ 且 $n_{i-1} = 1$, 此时 $s_{i-1} = s_i + 1$, 可认为 $p_{\mathrm{E}}(1, s+1)$ 和 $p_{\mathrm{E}}(0, s)$ 分别代表样本数据 t_{i-1} 和 t_i 处失效概率 p_i 的 E-Bayes 估计 $\hat{p}_{i-1}^{\mathrm{EB}}$ 和 $\hat{p}_i^{\mathrm{EB}}$. 针对 $p_{\mathrm{E}}(1, s+1)$ 和 $p_{\mathrm{E}}(0, s)$, 根据函数 $p_{\mathrm{E}}(r, s)$ 的定义, 以及

$$\frac{a+1}{a+b+s+1} > \frac{a}{a+b+s}$$

可知 $p_{\mathrm{E}}(1, s+1) > p_{\mathrm{E}}(0, s)$, 这说明 $\hat{p}_{i-1}^{\mathrm{EB}} > \hat{p}_i^{\mathrm{EB}}$, 即 $\hat{p}_{i-1}^{\mathrm{EB}}$ 和 $\hat{p}_i^{\mathrm{EB}}$ 的大小关系出现了 "倒挂" 现象, 不满足次序性. 这说明式 (4.1.12) 中的 E-Bayes 估计 $\hat{p}_i^{\mathrm{EB}}$ 并不能在所有样本条件下满足次序性[7]. 下面针对图 1.6 中各种典型的样本类型, 分析 E-Bayes 估计 $\hat{p}_i^{\mathrm{EB}}$ 的次序性, 其中 $i = 1, \cdots, k$.

(1) 样本 (t_i, n_i, r_i) 为传统定时截尾样本.

此时 $n_1 = \cdots = n_{k-1} = 1$, $n_k = n - k + 1$ 且 $r_1 = \cdots = r_{k-1} = 1$, $r_k = 0$, 于是对于样本数据 t_{k-1} 和 t_k, $r_{k-1} > r_k$ 且 $s_{k-1} > s_k$, 根据上文分析可知 $\hat{p}_{k-1}^{\mathrm{EB}} > \hat{p}_k^{\mathrm{EB}}$, 此时 E-Bayes 估计不满足次序性.

(2) 样本 (t_i, n_i, r_i) 为传统定数截尾样本.

此时 $n_1 = \cdots = n_{k-1} = 1$, $n_k = n - k + 1$ 且 $r_1 = \cdots = r_k = 1$, 由于对于样本数据 t_{i-1} 和 t_i, r_{i-1} 和 r_i 保持不变, 但 $s_{i-1} > s_i$, 根据上文分析可知 $\hat{p}_{i-1}^{\mathrm{EB}} < \hat{p}_i^{\mathrm{EB}}$, 此时 E-Bayes 估计满足次序性.

(3) 样本 (t_i, n_i, r_i) 为逐步定时截尾样本.

此时 $n_i \geqslant 1$, r_i 取值为 0 或 1, 且 $\sum_{i=1}^k r_i > 0$, 于是类似于传统定时截尾样本, 若样本数据中出现了 $r_{i-1} = 1$ 且 $r_i = 0$ 这种情况, 由于 $s_{i-1} > s_i$, 根据上文分析可知 $\hat{p}_{i-1}^{\mathrm{EB}} > \hat{p}_i^{\mathrm{EB}}$, 此时 E-Bayes 估计不满足次序性.

(4) 样本 (t_i, n_i, r_i) 为逐步定数截尾样本.

此时 $n_i \geqslant 1$ 且 $r_i = 1$, 类似于传统定数截尾样本, 对于样本数据 t_{i-1} 和 t_i, 由于 r_{i-1} 和 r_i 保持不变, 但 $s_{i-1} > s_i$, 根据上文分析可知 $\hat{p}_{i-1}^{\mathrm{EB}} < \hat{p}_i^{\mathrm{EB}}$, 此时 E-Bayes 估计满足次序性.

(5) 样本 (t_i, n_i, r_i) 为不等定时截尾样本.

此时 r_i 取值为 0 或 1, 且 $n = k$, 于是类似于逐步定时截尾样本, 若样本数据中出现了 $r_{i-1} = 1$ 且 $r_i = 0$ 这种情况, 由于 $s_{i-1} > s_i$, 根据上文分析可知 $\hat{p}_{i-1}^{\mathrm{EB}} > \hat{p}_i^{\mathrm{EB}}$, 此时 E-Bayes 估计不满足次序性.

(6) 样本 (t_i, n_i, r_i) 为无失效样本.

此时 $r_1 = \cdots = r_k = 0$, 于是对于样本数据 t_{i-1} 和 t_i, r_{i-1} 和 r_i 保持不变, 但 $s_{i-1} > s_i$, 根据上文分析可知 $\hat{p}_{i-1}^{\mathrm{EB}} < \hat{p}_i^{\mathrm{EB}}$, 此时 E-Bayes 估计满足次序性.

通过 E-Bayes 估计的次序性分析可知, 对于定时类截尾样本, 式 (4.1.12) 中的 E-Bayes 估计不满足次序性, 因而在应用范围方面是受限的.

3. 多层 Bayes 估计

本节讨论失效概率的多层 Bayes 估计方法.

1) 多层 Bayes 估计的计算方法

类似于 E-Bayes 估计, 失效概率的多层 Bayes 估计方法也取失效概率 p_i 的验前分布 $\pi(p_i)$ 为式 (4.1.6) 中的贝塔分布, 并取 p_i 的取值范围为 $[0,1]$. 由于式 (4.1.6) 中贝塔分布的超参数 a 和 b 未知, 多层 Bayes 方法也引入了超参数 a 和 b 的分布 $\pi(a,b)$, 于是构造了失效概率 p_i 的多层验前分布

$$\pi(p_i) = \int_a \int_b \pi(a,b) \frac{p_i^{a-1}(1-p_i)^{b-1}}{\mathrm{B}(a,b)} dadb \tag{4.1.13}$$

在此基础上, 结合式 (4.1.3) 中的似然函数 $L(p_i|s_i,r_i)$, 求得式 (4.1.4) 中的验后分布 $\pi(p_i|s_i,r_i)$, 在平方损失函数下, 通过式 (4.1.5) 中的 Bayes 估计, 最终给出失效概率 p_i 的多层 Bayes 估计, 其中 $i=1,\cdots,k$.

若基于减函数原则, 则可引入式 (4.1.11) 中超参数 a 和 b 的分布, 此时 p_i 的多层验前分布为

$$\pi(p_i) = \int_1^c \int_0^1 \frac{p_i^{a-1}(1-p_i)^{b-1}}{(c-1)\mathrm{B}(a,b)} dadb$$

验后分布为

$$\pi(p_i|s_i,r_i) = \frac{\displaystyle\int_1^c \int_0^1 \frac{p_i^{a+r_i-1}(1-p_i)^{s_i-r_i+b-1}}{\mathrm{B}(a,b)} dadb}{\displaystyle\int_1^c \int_0^1 \frac{\mathrm{B}(a+r_i,b+s_i-r_i)}{\mathrm{B}(a,b)} dadb} \tag{4.1.14}$$

最终给出失效概率 p_i 的多层 Bayes 估计为[7]

$$\hat{p}_i^{\mathrm{HB}} = \frac{\displaystyle\int_1^c \int_0^1 \frac{\mathrm{B}(a+r_i+1,b+s_i-r_i)}{\mathrm{B}(a,b)} dadb}{\displaystyle\int_1^c \int_0^1 \frac{\mathrm{B}(a+r_i,b+s_i-r_i)}{\mathrm{B}(a,b)} dadb} \tag{4.1.15}$$

其中 $\mathrm{B}(\cdot,\cdot)$ 为式 (4.1.7) 中的贝塔函数, 其中 $i=1,\cdots,k$.

2) 无失效样本下多层 Bayes 估计的解析式

当样本 (t_i,n_i,r_i) 为无失效样本, 即 $r_1=\cdots=r_k=0$ 时, 式 (4.1.15) 中的多层 Bayes 估计为

$$\hat{p}_i^{\mathrm{HB}} = \frac{\displaystyle\int_1^c \int_0^1 \frac{\mathrm{B}(a+1,s_i+b)}{\mathrm{B}(a,b)} dadb}{\displaystyle\int_1^c \int_0^1 \frac{\mathrm{B}(a,s_i+b)}{\mathrm{B}(a,b)} dadb}$$

其中 $i = 1, \cdots, k$. 为了推导其解析式, 注意到 $\hat{p}_i^{\mathrm{HB}}$ 是关于 s_i 的函数. 为了便于证明, 引入函数

$$p(s) = \frac{\displaystyle\int_1^c \int_0^1 \frac{\mathrm{B}(a+1, s+b)}{\mathrm{B}(a,b)} dadb}{\displaystyle\int_1^c \int_0^1 \frac{\mathrm{B}(a, s+b)}{\mathrm{B}(a,b)} dadb} \tag{4.1.16}$$

对于式 (4.1.7) 中的贝塔函数, 存在

$$\frac{\mathrm{B}(a+1, s+b)}{\mathrm{B}(a,b)} = \frac{\mathrm{B}(a, s+b)}{\mathrm{B}(a,b)} \frac{a}{(a+s+b)}$$

可得

$$\begin{aligned}
p(s) &= \frac{\displaystyle\int_1^c \int_0^1 \frac{\mathrm{B}(a, s+b)}{\mathrm{B}(a,b)} \frac{a}{(a+s+b)} dadb}{\displaystyle\int_1^c \int_0^1 \frac{\mathrm{B}(a, s+b)}{\mathrm{B}(a,b)} dadb} \\
&= \frac{\displaystyle\int_1^c \int_0^1 \frac{\mathrm{B}(a, s+b)}{\mathrm{B}(a,b)} \left(1 - \frac{s+b}{a+s+b}\right) dadb}{\displaystyle\int_1^c \int_0^1 \frac{\mathrm{B}(a, s+b)}{\mathrm{B}(a,b)} dadb} \\
&= 1 - \frac{\displaystyle\int_1^c \int_0^1 \frac{\mathrm{B}(a, s+b)}{\mathrm{B}(a,b)} \left(\frac{s+b}{a+s+b}\right) dadb}{\displaystyle\int_1^c \int_0^1 \frac{\mathrm{B}(a, s+b)}{\mathrm{B}(a,b)} dadb}
\end{aligned}$$

考虑到

$$\begin{aligned}
\int_1^c \int_0^1 \frac{\mathrm{B}(a, s+b)}{\mathrm{B}(a,b)} dadb &= \int_1^c \int_0^1 \frac{\dfrac{\Gamma(a)\Gamma(s+b)}{\Gamma(a+s+b)}}{\dfrac{\Gamma(a)\Gamma(b)}{\Gamma(a+b)}} dadb \\
&= \int_1^c \int_0^1 \frac{\Gamma(s+b)}{\Gamma(a+s+b)} \frac{\Gamma(a+b)}{\Gamma(b)} dadb \\
&= \int_1^c \int_0^1 \frac{(b)_s}{(a+b)_s} dadb
\end{aligned}$$

其中

$$(b)_s = \begin{cases} 1, & s = 0, \\ b(b+1)\cdots(b+s-1), & s > 1 \end{cases} \tag{4.1.17}$$

再利用第一类斯特林数, 展开

$$(b)_s = \sum_{k=0}^{s} \begin{bmatrix} s \\ k \end{bmatrix} b^k$$

其中

$$\begin{bmatrix} s \\ s \end{bmatrix} = 1 \, (s \geqslant 0), \quad \begin{bmatrix} s \\ 0 \end{bmatrix} = 0 \, (s > 0)$$

利用赫维赛德法 (Heaviside method) 拆分

$$\frac{1}{(a+b)_s} = \sum_{i=0}^{s-1} \frac{q_i^D}{a+b+i}$$

其中

$$q_i^D = \prod_{\substack{j=0 \\ j \neq i}}^{s-1} \frac{1}{j-i}$$

进一步可得

$$\int_1^c \int_0^1 \frac{\mathrm{B}\,(a, s+b)}{\mathrm{B}\,(a, b)} da\,db$$

$$= \int_1^c \int_0^1 \left(\sum_{k=0}^{s} \begin{bmatrix} s \\ k \end{bmatrix} b^k \right) \left(\sum_{i=0}^{s-1} \frac{q_i^D}{a+b+i} \right) da\,db$$

$$= \sum_{k=0}^{s} \sum_{i=0}^{s-1} \begin{bmatrix} s \\ k \end{bmatrix} q_i^D \int_1^c b^k \int_0^1 \frac{1}{a+b+i} da\,db$$

$$= \sum_{k=0}^{s} \sum_{i=0}^{s-1} \begin{bmatrix} s \\ k \end{bmatrix} q_i^D \int_1^c b^k \left[\ln\,(b+i+1) - \ln\,(b+i) \right] db$$

$$= \sum_{k=0}^{s} \sum_{i=0}^{s-1} \begin{bmatrix} s \\ k \end{bmatrix} q_i^D \left[\int_{i+2}^{i+1+c} (b-i-1)^k \ln b\,db - \int_{i+1}^{i+c} (b-i)^k \ln b\,db \right]$$

由于

$$\int_b (b+x)^k \ln b\,db = \int_b \left(\sum_{j=0}^{k} \mathrm{C}_k^j x^{k-j} b^j \right) \ln b\,db$$

$$= \sum_{j=0}^{k} \mathrm{C}_k^j x^{k-j} \int_b b^j \ln b\,db$$

$$= \sum_{j=0}^{k} \mathrm{C}_k^j x^{k-j} \frac{1}{j+1} \left(b^{j+1} \ln b - \frac{1}{j+1} b^{j+1} \right)$$

$$= \sum_{j=0}^{k} \frac{k! x^{k-j} b^{j+1}}{(j+1)! (k-j)!} \ln b - \sum_{j=0}^{k} \frac{C_k^j x^{k-j} b^{j+1}}{(j+1)^2}$$

且

$$\sum_{j=0}^{k} \frac{k! x^{k-j} b^{j+1}}{(j+1)! (k-j)!} \ln b = \sum_{j=1}^{k+1} \frac{k! x^{k-j+1} b^j}{j! (k-j+1)!} \ln b$$

$$= \frac{(\ln b)}{k+1} \left[\sum_{j=0}^{k+1} \frac{(k+1)! x^{k+1-j} b^j}{j! (k+1-j)!} - x^{k+1} \right]$$

$$= \frac{1}{k+1} \left[(b+x)^{k+1} - x^{k+1} \right] \ln b$$

故可得

$$\int_1^c \int_0^1 \frac{B(a, s+b)}{B(a, b)} da db = \sum_{k=0}^{s} \sum_{i=0}^{s-1} \begin{bmatrix} s \\ k \end{bmatrix} q_i^D \left[\frac{h(c, i, k)}{k+1} - w(c, k, i) \right]$$

其中

$$h(c, i, k) = \left[c^{k+1} - (-i-1)^{k+1} \right] \ln(i+1+c)$$
$$- \left[1 - (-i-1)^{k+1} \right] \ln(i+2)$$
$$- \left[c^{k+1} - (-i)^{k+1} \right] \ln(i+c) + \left[1 - (-i)^{k+1} \right] \ln(i+1)$$

(4.1.18)

$$w(c, k, i) = \sum_{j=0}^{k} \frac{C_k^j (-i-1)^{k-j}}{(j+1)^2} \left[(i+1+c)^{j+1} - (i+2)^{j+1} \right]$$
$$- \sum_{j=0}^{k} \frac{C_k^j (-i)^{k-j}}{(j+1)^2} \left[(i+c)^{j+1} - (i+1)^{j+1} \right]$$

类似地, 可得

$$\int_1^c \int_0^1 \frac{B(a, s+b)}{B(a, b)} \left(\frac{s+b}{a+s+b} \right)$$

$$= \int_1^c \int_0^1 \frac{(b)_{s+1}}{(a+b)_{s+1}} da db$$

$$= \int_1^c \int_0^1 \left(\sum_{k=0}^{s+1} \begin{bmatrix} s+1 \\ k \end{bmatrix} b^k \right) \left(\sum_{i=0}^{s} \frac{q_i^N}{a+b+i} \right) da db$$

$$= \sum_{k=0}^{s+1} \sum_{i=0}^{s} \begin{bmatrix} s+1 \\ k \end{bmatrix} q_i^N \int_1^c b^k \int_0^1 \frac{1}{a+b+i} da db$$

$$= \sum_{k=0}^{s+1} \sum_{i=0}^{s} \begin{bmatrix} s+1 \\ k \end{bmatrix} q_i^N \int_1^c b^k \left[\ln(b+i+1) - \ln(b+i) \right] db$$

$$= \sum_{k=0}^{s+1} \sum_{i=0}^{s} \begin{bmatrix} s+1 \\ k \end{bmatrix} q_i^N \left[\int_1^c b^k \ln(b+i+1) db - \int_1^c b^k \ln(b+i) db \right]$$

$$= \sum_{k=0}^{s+1} \sum_{i=0}^{s} \begin{bmatrix} s+1 \\ k \end{bmatrix} q_i^N \left[\frac{h(c,i,k)}{k+1} - w(c,k,i) \right]$$

其中

$$q_i^N = \prod_{\substack{j=0 \\ j \neq i}}^{s} \frac{1}{j-i}$$

$h(c,i,k)$ 和 $w(c,k,i)$ 见式 (4.1.18).

由此可得式 (4.1.16) 中函数 $p(s)$ 的解析式为

$$p(s) = 1 - \frac{\displaystyle\sum_{k=0}^{s+1} \sum_{i=0}^{s} \begin{bmatrix} s+1 \\ k \end{bmatrix} q_i^N \left[\frac{h(c,i,k)}{k+1} - w(c,k,i) \right]}{\displaystyle\sum_{k=0}^{s} \sum_{i=0}^{s-1} \begin{bmatrix} s \\ k \end{bmatrix} q_i^D \left[\frac{h(c,i,k)}{k+1} - w(c,k,i) \right]}$$

于是可得无失效样本下失效概率 p_i 的多层 Bayes 估计的解析式为[7]

$$\hat{p}_i^{\mathrm{HB}} = 1 - \frac{\displaystyle\sum_{u=0}^{s_i+1} \sum_{j=0}^{s_i} \begin{bmatrix} s_i+1 \\ u \end{bmatrix} q_j^N \left[\frac{h(c,j,u)}{u+1} - w(c,j,u) \right]}{\displaystyle\sum_{u=0}^{s_i} \sum_{j=0}^{s_i-1} \begin{bmatrix} s_i \\ u \end{bmatrix} q_j^D \left[\frac{h(c,j,u)}{u+1} - w(c,j,u) \right]}$$

其中 $i = 1, \cdots, k$.

3) 多层 Bayes 估计的次序性

接下来讨论式 (4.1.15) 中多层 Bayes 估计 $\hat{p}_i^{\mathrm{HB}}$ 的次序性, 其中 $i = 1, \cdots, k$. 注意到 $\hat{p}_i^{\mathrm{HB}}$ 与 r_i 和 s_i 有关, 为了简便, 定义函数

$$p_{\mathrm{H}}(r,s) = \frac{\displaystyle\int_1^c \int_0^1 \frac{\mathrm{B}(a+r+1, s+b-r)}{\mathrm{B}(a,b)} da db}{\displaystyle\int_1^c \int_0^1 \frac{\mathrm{B}(a+r, s+b-r)}{\mathrm{B}(a,b)} da db}$$

并考虑 $p_{\mathrm{H}}(r,s)$ 关于 r 和 s 的偏导数, 可得 $p_{\mathrm{H}}(r,s)$ 关于 r 的偏导数为

$$\frac{\partial}{\partial r} p_{\mathrm{H}}(r,s) = \frac{Q(r,s)}{\left[\displaystyle\int_1^c \int_0^1 \frac{\mathrm{B}(a+r, s+b-r)}{\mathrm{B}(a,b)} da db \right]^2}$$

其中

$$
\begin{aligned}
&Q\left(r,s\right)\\
&=\left[\int_1^c\int_0^1\frac{\partial}{\partial r}\frac{\mathrm{B}\left(a+r+1,s+b-r\right)}{\mathrm{B}\left(a,b\right)}dadb\right]\left[\int_1^c\int_0^1\frac{\mathrm{B}\left(a+r,s+b-r\right)}{\mathrm{B}\left(a,b\right)}dadb\right]\\
&\quad-\left[\int_1^c\int_0^1\frac{\mathrm{B}\left(a+r+1,s+b-r\right)}{\mathrm{B}\left(a,b\right)}dadb\right]\left[\int_1^c\int_0^1\frac{\partial}{\partial r}\frac{\mathrm{B}\left(a+r,s+b-r\right)}{\mathrm{B}\left(a,b\right)}dadb\right]
\end{aligned}
$$

对于式 (4.1.7) 中的贝塔函数, 存在

$$
\begin{aligned}
\frac{\partial}{\partial r}\frac{\mathrm{B}\left(a+r+1,s+b-r\right)}{\mathrm{B}\left(a,b\right)}=&\frac{\mathrm{B}\left(a+r+1,s+b-r\right)}{\mathrm{B}\left(a,b\right)}\\
&\times\left[\varphi^{(1)}\left(a+r+1\right)+\varphi^{(1)}\left(s+b-r\right)\right]\\
\frac{\partial}{\partial s}\frac{\mathrm{B}\left(a+r+1,s+b-r\right)}{\mathrm{B}\left(a,b\right)}=&\frac{\mathrm{B}\left(a+r+1,s+b-r\right)}{\mathrm{B}\left(a,b\right)}\\
&\times\left[\varphi^{(1)}\left(s+b-r\right)-\varphi^{(1)}\left(a+1+s+b\right)\right]
\end{aligned}
$$

$$
\frac{\partial}{\partial r}\frac{\mathrm{B}\left(a+r,s+b-r\right)}{\mathrm{B}\left(a,b\right)}=\frac{\mathrm{B}\left(a+r,s+b-r\right)}{\mathrm{B}\left(a,b\right)}\left[\varphi^{(1)}\left(a+r\right)+\varphi^{(1)}\left(s+b-r\right)\right]
$$

$$
\frac{\partial}{\partial s}\frac{\mathrm{B}\left(a+r,s+b-r\right)}{\mathrm{B}\left(a,b\right)}=\frac{\mathrm{B}\left(a+r,s+b-r\right)}{\mathrm{B}\left(a,b\right)}\left[\varphi^{(1)}\left(s+b-r\right)-\varphi^{(1)}\left(a+s+b\right)\right]
$$

$$
\frac{\mathrm{B}\left(a+r+1,s+b-r\right)}{\mathrm{B}\left(a,b\right)}=\frac{\mathrm{B}\left(a+r,s+b-r\right)}{\mathrm{B}\left(a,b\right)}\frac{a+r}{a+s+b}
$$

其中 $\varphi^{(1)}\left(\cdot\right)$ 见式 (2.2.9), 于是有

$$
\begin{aligned}
&Q\left(r,s\right)\\
&=\left[\int_1^c\int_0^1\frac{\mathrm{B}\left(a+r+1,s+b-r\right)}{\mathrm{B}\left(a,b\right)}\left[\varphi^{(1)}\left(a+r+1\right)+\varphi^{(1)}\left(s+b-r\right)\right]dadb\right]\\
&\quad\times\left[\int_1^c\int_0^1\frac{\mathrm{B}\left(a+r,s+b-r\right)}{\mathrm{B}\left(a,b\right)}dadb\right]+\left[\int_1^c\int_0^1\frac{\mathrm{B}\left(a+r+1,s+b-r\right)}{\mathrm{B}\left(a,b\right)}dadb\right]\\
&\quad\times\left[\int_1^c\int_0^1\frac{\mathrm{B}\left(a+r,s+b-r\right)}{\mathrm{B}\left(a,b\right)}\left[-\varphi^{(1)}\left(a+r\right)-\varphi^{(1)}\left(s+b-r\right)\right]dadb\right]\\
&>\left[\int_1^c\int_0^1\frac{\mathrm{B}\left(a+r+1,s+b-r\right)}{\mathrm{B}\left(a,b\right)}\left[\varphi^{(1)}\left(a+r+1\right)+\varphi^{(1)}\left(s+b-r\right)\right]dadb\right]\\
&\quad\times\left[\int_1^c\int_0^1\frac{\mathrm{B}\left(a+r+1,s+b-r\right)}{\mathrm{B}\left(a,b\right)}dadb\right]+\left[\int_1^c\int_0^1\frac{\mathrm{B}\left(a+r+1,s+b-r\right)}{\mathrm{B}\left(a,b\right)}dadb\right]\\
&\quad\times\left[\int_1^c\int_0^1\frac{\mathrm{B}\left(a+r+1,s+b-r\right)}{\mathrm{B}\left(a,b\right)}\left[-\varphi^{(1)}\left(a+r\right)-\varphi^{(1)}\left(s+b-r\right)\right]dadb\right]
\end{aligned}
$$

$$
= \left[\int_1^c \int_0^1 \frac{\mathrm{B}\,(a+r+1,s+b-r)}{\mathrm{B}\,(a,b)} dadb \right]
$$

$$
\times \left[\int_1^c \int_0^1 \frac{\mathrm{B}\,(a+r+1,s+b-r)}{\mathrm{B}\,(a,b)} \left[\varphi^{(1)}\,(a+r+1) - \varphi^{(1)}\,(a+r) \right] dadb \right]
$$

$$
> 0
$$

可知

$$
\frac{\partial}{\partial r} p_{\mathrm{H}}\,(r,s) > 0
$$

说明当 s 不变而 r 增加时, $p_{\mathrm{H}}\,(r,s)$ 随之增大. 类似地, 可得 $p_{\mathrm{H}}\,(r,s)$ 关于 s 的偏导数为

$$
\frac{\partial}{\partial s} p_{\mathrm{H}}\,(r,s) = \frac{W\,(r,s)}{\left[\int_1^c \int_0^1 \dfrac{\mathrm{B}\,(a+r,s+b-r)}{\mathrm{B}\,(a,b)} dadb \right]^2}
$$

其中

$$
\begin{aligned}
& W\,(r,s) \\
&= \left[\int_1^c \int_0^1 \frac{\partial}{\partial s} \frac{\mathrm{B}\,(a+r+1,s+b-r)}{\mathrm{B}\,(a,b)} dadb \right] \left[\int_1^c \int_0^1 \frac{\mathrm{B}\,(a+r,s+b-r)}{\mathrm{B}\,(a,b)} dadb \right] \\
&\quad - \left[\int_1^c \int_0^1 \frac{\mathrm{B}\,(a+r+1,s+b-r)}{\mathrm{B}\,(a,b)} dadb \right] \left[\int_1^c \int_0^1 \frac{\partial}{\partial s} \frac{\mathrm{B}\,(a+r,s+b-r)}{\mathrm{B}\,(a,b)} dadb \right]
\end{aligned}
$$

进一步有

$$
\begin{aligned}
& W\,(r,s) \\
&= \left[\int_1^c \int_0^1 \frac{\mathrm{B}\,(a+r+1,s+b-r)}{\mathrm{B}\,(a,b)} \left[\varphi^{(1)}\,(s+b-r) - \varphi^{(1)}\,(a+s+1+b) \right] dadb \right] \\
&\quad \times \left[\int_1^c \int_0^1 \frac{\mathrm{B}\,(a+r,s+b-r)}{\mathrm{B}\,(a,b)} dadb \right] + \left[\int_1^c \int_0^1 \frac{\mathrm{B}\,(a+r+1,s+b-r)}{\mathrm{B}\,(a,b)} dadb \right] \\
&\quad \times \left[\int_1^c \int_0^1 \frac{\mathrm{B}\,(a+r,s+b-r)}{\mathrm{B}\,(a,b)} \left[\varphi^{(1)}\,(a+s+b) - \varphi^{(1)}\,(s+b-r) \right] dadb \right] \\
&< \left[\int_1^c \int_0^1 \frac{\mathrm{B}\,(a+r,s+b-r)}{\mathrm{B}\,(a,b)} \left[\varphi^{(1)}\,(s+b-r) - \varphi^{(1)}\,(a+s+b+1) \right] dadb \right] \\
&\quad \times \left[\int_1^c \int_0^1 \frac{\mathrm{B}\,(a+r,s+b-r)}{\mathrm{B}\,(a,b)} dadb \right] + \left[\int_1^c \int_0^1 \frac{\mathrm{B}\,(a+r,s+b-r)}{\mathrm{B}\,(a,b)} dadb \right] \\
&\quad \times \left[\int_1^c \int_0^1 \frac{\mathrm{B}\,(a+r,s+b-r)}{\mathrm{B}\,(a,b)} \left[\varphi^{(1)}\,(a+s+b) - \varphi^{(1)}\,(s+b-r) \right] dadb \right] \\
&= \left[\int_1^c \int_0^1 \frac{\mathrm{B}\,(a+r,s+b-r)}{\mathrm{B}\,(a,b)} \left[\varphi^{(1)}\,(a+s+b) - \varphi^{(1)}\,(a+s+b+1) \right] dadb \right]
\end{aligned}
$$

$$\times \left[\int_1^c \int_0^1 \frac{\mathrm{B}\,(a+r,s+b-r)}{\mathrm{B}\,(a,b)} dadb \right]$$
$$< 0$$

可得

$$\frac{\partial}{\partial s} p_{\mathrm{H}}\,(r,s) < 0$$

说明当 r 不变而 s 减少时, $p_{\mathrm{H}}\,(r,s)$ 也随之增大. 进一步, 当 r 增加而 s 减少时, $p_{\mathrm{H}}\,(r,s)$ 显然也会随之增大. 最后分析 r 和 s 同时减少的情况. 类似于 E-Bayes 估计的次序性分析方法, 针对样本 (t_i, n_i, r_i), 其中 $i = 1, \cdots, k$, 假定 $r_{i-1} = 0$, $r_i = 1$ 且 $n_{i-1} = 1$, 考察 $p_{\mathrm{H}}\,(1, s+1)$ 和 $p_{\mathrm{H}}\,(0, s)$, 且 $p_{\mathrm{H}}\,(1, s+1)$ 和 $p_{\mathrm{H}}\,(0, s)$ 分别代表样本数据 t_{i-1} 和 t_i 处失效概率的多层 Bayes 估计 $\hat{p}_{i-1}^{\mathrm{HB}}$ 和 $\hat{p}_i^{\mathrm{HB}}$. 针对 $p_{\mathrm{H}}\,(1, s+1)$ 和 $p_{\mathrm{H}}\,(0, s)$, 根据函数 $p_{\mathrm{H}}\,(r,s)$ 的定义, 分析 $p_{\mathrm{H}}\,(1, s+1)$ 和 $p_{\mathrm{H}}\,(0, s)$ 的差, 可得

$$p_{\mathrm{H}}\,(1, s+1) - p_{\mathrm{H}}\,(0, s) = \frac{\displaystyle\int_1^c \int_0^1 \frac{\mathrm{B}\,(a+2, s+b)}{\mathrm{B}\,(a,b)} dadb}{\displaystyle\int_1^c \int_0^1 \frac{\mathrm{B}\,(a+1, s+b)}{\mathrm{B}\,(a,b)} dadb} - \frac{\displaystyle\int_1^c \int_0^1 \frac{\mathrm{B}\,(a+1, s+b)}{\mathrm{B}\,(a,b)} dadb}{\displaystyle\int_1^c \int_0^1 \frac{\mathrm{B}\,(a, s+b)}{\mathrm{B}\,(a,b)} dadb}$$
$$= \frac{G\,(a,b)}{\left[\displaystyle\int_1^c \int_0^1 \frac{\mathrm{B}\,(a+1, s+b)}{\mathrm{B}\,(a,b)} dadb\right]\left[\displaystyle\int_1^c \int_0^1 \frac{\mathrm{B}\,(a, s+b)}{\mathrm{B}\,(a,b)} dadb\right]}$$

其中

$$G\,(a,b) = \left[\int_1^c \int_0^1 \frac{\mathrm{B}\,(a+2, s+b)}{\mathrm{B}\,(a,b)} dadb\right]\left[\int_1^c \int_0^1 \frac{\mathrm{B}\,(a, s+b)}{\mathrm{B}\,(a,b)} dadb\right]$$
$$- \left[\int_1^c \int_0^1 \frac{\mathrm{B}\,(a+1, s+b)}{\mathrm{B}\,(a,b)} dadb\right]^2$$
$$= \left[\int_1^c \int_0^1 \frac{\mathrm{B}\,(a+1, s+b)}{\mathrm{B}\,(a,b)} \frac{a+1}{a+1+s+b} dadb\right]$$
$$\times \left[\int_1^c \int_0^1 \frac{\mathrm{B}\,(a+1, s+b)}{\mathrm{B}\,(a,b)} \frac{a+s+b}{a} dadb\right]$$
$$- \left[\int_1^c \int_0^1 \frac{\mathrm{B}\,(a+1, s+b)}{\mathrm{B}\,(a,b)} dadb\right]^2$$

根据积分形式的柯西不等式可知

$$\left[\int_1^c \int_0^1 \frac{\mathrm{B}\,(a+1, s+b)}{\mathrm{B}\,(a,b)} \frac{a+1}{a+1+s+b} dadb\right]\left[\int_1^c \int_0^1 \frac{\mathrm{B}\,(a+1, s+b)}{\mathrm{B}\,(a,b)} \frac{a+s+b}{a} dadb\right]$$
$$\geqslant \left[\int_1^c \int_0^1 \sqrt{\frac{a+1}{a+1+s+b}} \sqrt{\frac{a+s+b}{a}} \frac{\mathrm{B}\,(a+1, s+b)}{\mathrm{B}\,(a,b)} dadb\right]^2$$

$$> \left[\int_1^c \int_0^1 \frac{\mathrm{B}\,(a+1, s+b)}{\mathrm{B}\,(a, b)} dadb \right]^2$$

因而 $G\,(a, b) > 0$, 最终可得 $p_{\mathrm{H}}\,(1, s+1) > p_{\mathrm{H}}\,(0, s)$, 这说明 $\hat{p}_{i-1}^{\mathrm{HB}} > \hat{p}_i^{\mathrm{HB}}$, 即 $\hat{p}_{i-1}^{\mathrm{HB}}$ 和 $\hat{p}_i^{\mathrm{HB}}$ 的大小关系出现了 "倒挂" 现象, 故不满足次序性. 这说明式 (4.1.15) 中的多层 Bayes 估计 $\hat{p}_i^{\mathrm{HB}}$ 并不能满足所有样本的次序性[7], 其中 $i = 1, \cdots, k$. 下面针对图 1.6 中各种典型的样本类型, 分析多层 Bayes 估计的次序性.

(1) 样本 (t_i, n_i, r_i) 为传统定时截尾样本.

此时 $n_1 = \cdots = n_{k-1} = 1$, $n_k = n - k + 1$ 且 $r_1 = \cdots = r_{k-1} = 1$, $r_k = 0$, 于是对于样本数据 t_{k-1} 和 t_k, $r_{k-1} > r_k$ 且 $s_{k-1} > s_k$, 根据上文分析可知 $\hat{p}_{k-1}^{\mathrm{HB}} > \hat{p}_k^{\mathrm{HB}}$, 此时多层 Bayes 估计不满足次序性.

(2) 样本 (t_i, n_i, r_i) 为传统定数截尾样本.

此时 $n_1 = \cdots = n_{k-1} = 1$, $n_k = n - k + 1$ 且 $r_1 = \cdots = r_k = 1$, 由于对于样本数据 t_{i-1} 和 t_i, r_{i-1} 和 r_i 保持不变, 但 $s_{i-1} > s_i$, 根据上文分析可知 $\hat{p}_{i-1}^{\mathrm{HB}} < \hat{p}_i^{\mathrm{HB}}$, 此时多层 Bayes 估计满足次序性.

(3) 样本 (t_i, n_i, r_i) 为逐步定时截尾样本.

此时 $n_i \geqslant 1$, r_i 取值为 0 或 1, 且 $\sum_{i=1}^k r_i > 0$, 于是类似于传统定时截尾样本, 若样本数据中出现了 $r_{i-1} = 1$ 且 $r_i = 0$ 这种情况, 由于 $s_{i-1} > s_i$, 根据上文分析可知 $\hat{p}_{i-1}^{\mathrm{HB}} > \hat{p}_i^{\mathrm{HB}}$, 此时多层 Bayes 估计不满足次序性.

(4) 样本 (t_i, n_i, r_i) 为逐步定数截尾样本.

此时 $n_i \geqslant 1$ 且 $r_i = 1$, 类似于传统定数截尾样本, 对于样本数据 t_{i-1} 和 t_i, 由于 r_{i-1} 和 r_i 保持不变, 但 $s_{i-1} > s_i$, 根据上文分析可知 $\hat{p}_{i-1}^{\mathrm{HB}} < \hat{p}_i^{\mathrm{HB}}$, 此时多层 Bayes 估计满足次序性.

(5) 样本 (t_i, n_i, r_i) 为不等定时截尾样本.

此时 r_i 取值为 0 或 1, 且 $n = k$, 于是类似于逐步定时截尾样本, 若样本数据中出现了 $r_{i-1} = 1$ 且 $r_i = 0$ 这种情况, 由于 $s_{i-1} > s_i$, 根据上文分析可知 $\hat{p}_{i-1}^{\mathrm{HB}} > \hat{p}_i^{\mathrm{HB}}$, 此时多层 Bayes 估计不满足次序性.

(6) 样本 (t_i, n_i, r_i) 为无失效样本.

此时 $r_1 = \cdots = r_k = 0$, 于是对于样本数据 t_{i-1} 和 t_i, r_{i-1} 和 r_i 保持不变, 但 $s_{i-1} > s_i$, 根据上文分析可知 $\hat{p}_{i-1}^{\mathrm{HB}} < \hat{p}_i^{\mathrm{HB}}$, 此时多层 Bayes 估计满足次序性. 进一步再给出严格的理论证明. 在无失效样本场合, 考虑式 (4.1.16) 中函数 $p\,(s)$ 关于 s 的导数, 可得

$$\frac{dp(s)}{ds} = \left[\int_1^c \int_0^1 \frac{\mathrm{B}(a, s+b)}{\mathrm{B}(a, b)} dadb \right]^{-2} g(s)$$

其中

$$g(s)$$

$$= \int_1^c \int_0^1 \frac{1}{\mathrm{B}(a,b)} \frac{\partial \mathrm{B}(a+1,s+b)}{\partial s} dadb \int_1^c \int_0^1 \frac{\mathrm{B}(a,s+b)}{\mathrm{B}(a,b)} dadb$$

$$- \int_1^c \int_0^1 \frac{\mathrm{B}(a+1,s+b)}{\mathrm{B}(a,b)} dadb \int_1^c \int_0^1 \frac{1}{\mathrm{B}(a,b)} \frac{\partial \mathrm{B}(a,s+b)}{\partial s} dadb$$

$$= \int_1^c \int_0^1 \frac{\mathrm{B}(a+1,s+b)}{\mathrm{B}(a,b)} \left[\varphi^{(1)}(s+b) - \varphi^{(1)}(a+1+s+b)\right] dadb$$

$$\times \int_1^c \int_0^1 \frac{\mathrm{B}(a,s+b)}{\mathrm{B}(a,b)} dadb - \int_1^c \int_0^1 \frac{\mathrm{B}(a+1,s+b)}{\mathrm{B}(a,b)} dadb$$

$$\times \int_1^c \int_0^1 \frac{\mathrm{B}(a,s+b)}{\mathrm{B}(a,b)} \left[\varphi^{(1)}(s+b) - \varphi^{(1)}(a+s+b)\right] dadb$$

$$= \int_1^c \int_0^1 \frac{a\mathrm{B}(a,s+b)}{(a+s+b)\mathrm{B}(a,b)} \left[\varphi^{(1)}(s+b) - \varphi^{(1)}(a+1+s+b)\right] dadb$$

$$\times \int_1^c \int_0^1 \frac{\mathrm{B}(a,s+b)}{\mathrm{B}(a,b)} dadb$$

$$+ \int_1^c \int_0^1 \frac{a\mathrm{B}(a,s+b)}{(a+s+b)\mathrm{B}(a,b)} dadb$$

$$\times \int_1^c \int_0^1 \frac{\mathrm{B}(a,s+b)}{\mathrm{B}(a,b)} \left[\varphi^{(1)}(a+s+b) - \varphi^{(1)}(s+b)\right] dadb$$

$$< \int_1^c \int_0^1 \frac{\mathrm{B}(a,s+b)}{\mathrm{B}(a,b)} \left[\varphi^{(1)}(s+b) - \varphi^{(1)}(a+1+s+b)\right] dadb$$

$$\times \int_1^c \int_0^1 \frac{\mathrm{B}(a,s+b)}{\mathrm{B}(a,b)} dadb + \int_1^c \int_0^1 \frac{\mathrm{B}(a,s+b)}{\mathrm{B}(a,b)} dadb$$

$$\times \int_1^c \int_0^1 \frac{\mathrm{B}(a,s+b)}{\mathrm{B}(a,b)} \left[\varphi^{(1)}(a+s+b) - \varphi^{(1)}(s+b)\right] dadb$$

根据积分的性质, 通过变换可得

$$g(s) < \int_1^c \int_0^1 \int_1^c \int_0^1 \frac{\mathrm{B}(a,s+b)\mathrm{B}(x,s+y)}{\mathrm{B}(a,b)\mathrm{B}(x,y)} [\varphi^{(1)}(s+b)$$

$$- \varphi^{(1)}(a+1+s+b)] dadbdxdy$$

$$+ \int_1^c \int_0^1 \int_1^c \int_0^1 \frac{\mathrm{B}(x,s+y)\mathrm{B}(a,s+b)}{\mathrm{B}(x,y)\mathrm{B}(a,b)} [\varphi^{(1)}(a+s+b)$$

$$- \varphi^{(1)}(s+b)]dadbdxdy$$

$$= \int_1^c \int_0^1 \int_1^c \int_0^1 \frac{\mathrm{B}(a, s+b)\,\mathrm{B}(x, s+y)}{\mathrm{B}(a, b)\,\mathrm{B}(x, y)}[\varphi^{(1)}(a+s+b)$$

$$- \varphi^{(1)}(a+1+s+b)]dadbdxdy$$

$$< 0$$

易得

$$\frac{dp(s)}{ds} < 0$$

可知 $p(s)$ 是关于 s 的减函数. 因此在无失效样本下, 多层 Bayes 估计的次序性成立.

通过多层 Bayes 估计的次序性分析可知, 与 E-Bayes 估计类似, 对于定时类截尾样本, 式 (4.1.15) 中多层 Bayes 估计不满足次序性, 因而在应用范围方面也是受限的.

4. 改进的 Bayes 估计

通过次序性分析可知, E-Bayes 估计和多层 Bayes 估计并不能一直满足次序性, 但次序性又是失效概率点估计的必要性质. 为此提出一个原创性的改进 Bayes 估计[7,8].

不同于 E-Bayes 估计和多层 Bayes 估计, 改进的 Bayes 估计方法取失效概率 p_i 的验前分布为

$$\pi(p_i|a_i, b_i) = \frac{p_i^{a_i-1}(1-p_i)^{b_i-1}}{\mathrm{B}(a_i, b_i)} \tag{4.1.19}$$

其中 $\mathrm{B}(a_i, b_i)$ 为式 (4.1.7) 中的贝塔函数, $i = 1, \cdots, k$. 不同于 E-Bayes 估计和多层 Bayes 估计方法中采用的式 (4.1.6) 中的验前分布, 此处不同 p_i 的验前分布中的超参数 a_i 和 b_i 也是不同的.

基于式 (4.1.19) 中的验前分布 $\pi(p_i|a_i, b_i)$, 可得失效概率 p_i 的矩为

$$E(p_i) = \int_0^1 p_i \pi(p_i|a_i, b_i)dp_i$$

$$= \frac{a_i}{a_i + b_i}$$

并称其为验前矩. 进一步, 结合式 (4.1.3) 中的似然函数 $L(p_i|s_i, r_i)$, 推得式 (4.1.4) 中的验后分布为

$$\pi(p_i|s_i, r_i) = \frac{p_i^{a_i+r_i-1}(1-p_i)^{b_i+s_i-r_i-1}}{\mathrm{B}(a_i+r_i, b_i+s_i-r_i)} \tag{4.1.20}$$

即贝塔分布 $\mathrm{Beta}(a_i + r_i, b_i + s_i - r_i)$, 最终可根据式 (4.1.5) 给出 Bayes 估计为

$$\hat{p}_i^{\mathrm{IB}} = \frac{a_i + r_i}{a_i + b_i + s_i} \tag{4.1.21}$$

由于超参数 a_i 和 b_i 未知, 考虑采用最大熵方法确定超参数. 为此, 引入验前分布 $\pi\left(p_i\,|a_i, b_i\right)$ 的熵

$$
\begin{aligned}
H_i &= -\int_0^1 \pi\left(p_i\,|a_i, b_i\right) \ln \pi\left(p_i\,|a_i, b_i\right) dp_i \\
&= -\int_0^1 \frac{p_i^{a_i-1}\left(1-p_i\right)^{b_i-1}}{\mathrm{B}\left(a_i, b_i\right)} \left[\left(a_i - 1\right) \ln p_i + \left(b_i - 1\right) \ln\left(1 - p_i\right) - \ln \mathrm{B}\left(a_i, b_i\right)\right] dp_i \\
&= \ln \mathrm{B}\left(a_i, b_i\right) - \left(a_i - 1\right)\left[\varphi^{(1)}\left(a_i\right) - \varphi^{(1)}\left(a_i + b_i\right)\right] \\
&\quad - \left(b_i - 1\right)\left[\varphi^{(1)}\left(b_i\right) - \varphi^{(1)}\left(a_i + b_i\right)\right]
\end{aligned}
$$

其中 $\mathrm{B}\left(a_i, b_i\right)$ 为式 (4.1.7) 中的贝塔函数, $\varphi^{(1)}\left(\cdot\right)$ 见式 (2.2.9). 进一步, 可通过令熵 H_i 最大, 且同时要求 $E\left(p_{i-1}\right) < E\left(p_i\right)$, $\hat{p}_{i-1}^{\mathrm{IB}} < \hat{p}_i^{\mathrm{IB}}$, 即要求失效概率 p_i 的验前矩和 Bayes 估计都满足次序性, 从而构造优化模型

$$
\begin{aligned}
\max \quad & H_i \\
\mathrm{s.t.} \quad &
\begin{cases}
\dfrac{a_{i-1}}{a_{i-1} + b_{i-1}} < \dfrac{a_i}{a_i + b_i}, \\[2mm]
\dfrac{a_{i-1} + r_{i-1}}{a_{i-1} + b_{i-1} + s_{i-1}} < \dfrac{a_i + r_i}{a_i + b_i + s_i}, \\[2mm]
a_i > 0, \\[1mm]
b_i > 0
\end{cases}
\end{aligned}
$$

在具体求解时, 可首先给定初值 $a_1 = 1$ 和 $b_1 = 1$ 来求解超参数 a_2 和 b_2, 再由所确定的 a_2 和 b_2 求解超参数 a_3 和 b_3, 依此类推, 直到求得所有的超参数. 当求得超参数 a_i 和 b_i 后, 即可根据式 (4.1.21) 给出失效概率 p_i 的改进 Bayes 估计 $\hat{p}_i^{\mathrm{IB}}$, 其中 $i = 1, \cdots, k$. 由于在确定超参数时已要求满足次序性, 因而改进 Bayes 估计永远满足次序性.

4.1.3 不同估计的对比

从适用性和特点等方面, 对 4.1.1 节中基于秩的失效概率估计方法和 4.1.2 节中 E-Bayes、多层 Bayes 和改进 Bayes 等基于 Bayes 估计的失效概率估计方法进行总结, 见表 4.2.

表 4.2　各种失效概率估计方法的适用性和特点总结

失效概率估计方法		样本类型		备注
		定数样本	定时样本	
基于秩的 估计方法	KM Herd-Johnson Zimmer 平均秩次	若样本不是无失效, 则都适用		只能给出样本中失效 数据的失效概率估计
基于 Bayes 的估计方法	E-Bayes 多层 Bayes	适用	不适用	可给出样本中所有数 据的失效概率估计
	改进 Bayes	都适用		

4.2　分布曲线拟合方法

本节讨论图 4.1 中的分布曲线拟合方法, 这是基于分布曲线拟合的可靠性统计中的另一个重要内容. 根据统计学中的回归理论, 对于未知的模型 $y = f(x)$, 若已知一组配对的数据点 (x, y), 可通过拟合的方式确定模型 $f(x)$. 在韦布尔分布场合, 通过拟合分布曲线的方式求解韦布尔分布的分布参数, 需要考虑两个问题: 一是拟合模型的确定, 二是拟合标准的选择, 包括拟合误差函数的构造和拟合误差函数是否加权. 下面分别讨论这两个问题.

4.2.1　基于分布函数变换的拟合模型确定

在韦布尔分布场合, 通过拟合分布曲线求解分布参数时, 式 (1.1.1) 中韦布尔分布的分布函数形式是确定的, 但基于分布函数的不同变换, 可以构造出不同的拟合模型[9,10].

1. 基于分布函数取两次对数变换的线性模型拟合

对式 (1.1.1) 中的分布函数 $F(t; m, \eta)$ 两侧同时取两次对数变换可得

$$\ln [-\ln (1 - F)] = m \ln t - m \ln \eta$$

进一步令 $y = \ln [-\ln (1 - F)]$, $x = \ln t$, $b = -m \ln \eta$, 可得线性模型

$$y = mx + b \tag{4.2.1}$$

从而可将韦布尔分布曲线的拟合和分布参数的求解转化为线性函数的拟合问题, 达到简化问题的效果. 由于其简便性, 这也是当前在韦布尔分布场合应用最为广泛的拟合模型.

2. 基于分布函数无对数变换的非线性模型拟合

第二种分布曲线拟合的方法是对式 (1.1.1) 中的分布函数 $F(t; m, \eta)$ 不做任何变换, 而是直接对原始的分布函数进行拟合, 并令 $y = F$, $x = t$, 可得非线性模型

$$y = 1 - \exp\left[-\left(\frac{x}{\eta}\right)^m\right] \tag{4.2.2}$$

从而构造一个非线性模型拟合问题.

3. 基于分布函数取一次对数变换的线性模型拟合

对式 (1.1.1) 中的分布函数 $F(t; m, \eta)$ 两侧同时取一次对数变换可得

$$-\ln(1 - F) = \left(\frac{t}{\eta}\right)^m$$

进一步令 $y = -\ln(1 - F)$, $x = t$, 可构造另一个线性模型

$$y^{\frac{1}{m}} = \frac{x}{\eta} \tag{4.2.3}$$

从而给出第三种分布曲线的拟合方法.

4.2.2 基于不同误差函数的拟合方法

对于分布曲线拟合, 在明确了拟合模型后, 需要研究拟合误差函数的构造. 这一问题的解决也有两种方法[5], 如图 4.2 所示.

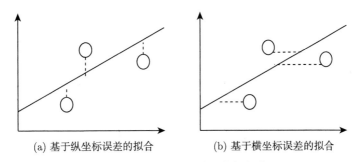

(a) 基于纵坐标误差的拟合　　　　(b) 基于横坐标误差的拟合

图 4.2　基于不同误差函数的拟合

1. 基于纵坐标误差函数的拟合

在构造误差函数拟合分布曲线时, 最普遍的原则是要求基于纵坐标的误差平方和最小, 即如图 4.2(a) 所示, 要求

$$S = \sum_{i=1}^{n}(\hat{y}_i - f(x_i))^2 \tag{4.2.4}$$

最小, 其中 $\hat{y}$ 是 $y = f(x)$ 的估计.

2. 基于横坐标误差函数的拟合

在构造误差函数拟合分布曲线时, 还有一种方法是要求基于横坐标的误差平方和最小, 即如图 4.2(b) 所示, 要求

$$S = \sum_{i=1}^{n} \left(x_i - f^{-1} \left(\hat{y}_i \right) \right)^2 \tag{4.2.5}$$

最小, 其中 $f^{-1}(\cdot)$ 是 $f(\cdot)$ 的反函数.

4.2.3　基于加权的误差平方和函数

无论是基于式 (4.2.4) 和式 (4.2.5) 中的哪一种误差平方和函数, 对于构造出的误差平方和函数, 由于拟合用到了 n 个样本数据, 涉及 n 组配对点 $(\hat{y}_i, x_i)$, 如果认为不同的配对点之间重要度不同, 可赋予诸点 $(\hat{y}_i, x_i)$ 不同的权重 w_i, 从而进一步构造基于加权的误差平方和函数, 其中 $i = 1, \cdots, n$. 若根据式 (4.2.4) 中基于纵坐标误差的拟合方法, 可得加权误差平方和函数

$$S = \sum_{i=1}^{n} w_i \left[\hat{y}_i - f\left(x_i \right) \right]^2 \tag{4.2.6}$$

类似地, 若根据式 (4.2.5) 中基于横坐标误差的拟合方法, 可得加权误差平方和函数

$$S = \sum_{i=1}^{n} w_i \left[x_i - f^{-1} \left(\hat{y}_i \right) \right]^2 \tag{4.2.7}$$

具体地, 现有文献中的权重 w_i 有以下几种:

(1) $w_i = \dfrac{t_i}{\sum\limits_{i=1}^{n} t_i}$;

(2) $w_i = \dfrac{(n+1)^2 (n+2)}{n-i+1}$;

(3) $w_i = \dfrac{n}{i(n-i+1)}$;

(4) $w_i = \dfrac{\left(\sum\limits_{j=1}^{i} \dfrac{1}{n-i+j} \right)^2}{\sum\limits_{j=1}^{i} \dfrac{1}{(n-i+j)^2}}$;

(5) $w_i = \hat{p}_i^2$, 其中 $\hat{p}_i$ 是失效概率 p_i 的点估计.

4.3　基于分布曲线拟合的点估计

根据如图 4.1 所示的基于分布曲线拟合的估计方法, 在明确了失效概率的估计方法和分布曲线拟合方法后, 就可以开展可靠性指标的估计研究. 由于在失效概率

的估计和分布曲线的拟合这两步中都有不同的方法, 在这两个环节中任选一种方法进行组合, 即可开展后续的可靠性指标估计, 具体如图 4.3 所示.

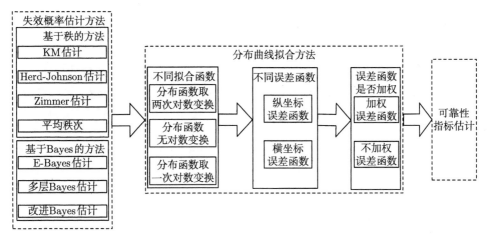

图 4.3 基于分布曲线拟合的可靠性指标估计方法

例如, 针对样本 (t_i, δ_i), 其中 $i = 1, \cdots, n$, 采用基于分布曲线拟合的方法进行可靠性统计分析时, 假若利用式 (4.1.2) 中基于 Herd-Johnson 估计的失效概率点估计 $\hat{p}_i^{\mathrm{oH}}$、式 (4.2.1) 中通过分布函数取两次对数变换后构造的线性模型以及式 (4.2.4) 中不加权的纵坐标误差函数, 此时拟合分布曲线要求

$$\sum_{i=1}^{n} \delta_i \left(\hat{y}_i^{\mathrm{oH}} - mx_i - b \right)^2$$

最小, 其中 $\hat{y}_i^{\mathrm{oH}} = \ln\left[-\ln\left(1 - \hat{p}_i^{\mathrm{oH}}\right)\right]$, $x_i = \ln t_i$. 注意由于此时只能得到样本中失效数据的失效概率点估计, 因而误差和函数中只包括失效数据的拟合误差, 经过计算可得韦布尔分布参数 m 和 η 的点估计分别为

$$\hat{m}_l = \frac{\left(\sum\limits_{i=1}^{n} \delta_i\right)\left(\sum\limits_{i=1}^{n} x_i \hat{y}_i^{\mathrm{oH}} \delta_i\right) - \left(\sum\limits_{i=1}^{n} \hat{y}_i^{\mathrm{oH}} \delta_i\right)\left(\sum\limits_{i=1}^{n} x_i \delta_i\right)}{\left(\sum\limits_{i=1}^{n} \delta_i\right)\left[\sum\limits_{i=1}^{n} (x_i \delta_i)^2\right] - \left(\sum\limits_{i=1}^{n} x_i \delta_i\right)^2}$$

$$\hat{\eta}_l = \exp\left(\frac{\sum\limits_{i=1}^{n} x_i \delta_i}{\sum\limits_{i=1}^{n} \delta_i} - \frac{\sum\limits_{i=1}^{n} \hat{y}_i^{\mathrm{oH}} \delta_i}{\hat{m}_l \sum\limits_{i=1}^{n} \delta_i}\right)$$

$$(4.3.1)$$

下面改动其中的部分步骤, 可拟合得到不同的分布曲线.

(1) 若将其中的失效概率点估计变成式 (4.1.21) 中的改进 Bayes 估计 $\hat{p}_i^{\mathrm{IB}}$, 其余不变, 此时拟合分布曲线要求

$$\sum_{i=1}^{n}\left(\hat{y}_i^{\mathrm{IB}}-mx_i-b\right)^2$$

最小, 其中 $\hat{y}_i^{\mathrm{IB}}=\ln\left[-\ln\left(1-\hat{p}_i^{\mathrm{IB}}\right)\right]$, $x_i=\ln t_i$. 注意由于此时可以得到样本中全部数据的失效概率点估计, 因而误差和函数中包括全部数据的拟合误差, 经过计算可拟合得到韦布尔分布曲线, 并给出韦布尔分布参数 m 和 η 的点估计分别为

$$\hat{m}_l=\frac{n\left(\sum_{i=1}^{n}x_i\hat{y}_i^{\mathrm{IB}}\right)-\left(\sum_{i=1}^{n}\hat{y}_i^{\mathrm{IB}}\right)\left(\sum_{i=1}^{n}x_i\right)}{n\left(\sum_{i=1}^{n}x_i^2\right)-\left(\sum_{i=1}^{n}x_i\right)^2}$$

$$\hat{\eta}_l=\exp\left(\frac{\sum_{i=1}^{n}x_i}{n}-\frac{\sum_{i=1}^{n}\hat{y}_i^{\mathrm{IB}}}{n\hat{m}_l}\right)$$

(4.3.2)

(2) 若将其中的不加权纵坐标误差函数变成式 (4.2.5) 中的不加权横坐标误差函数, 其余不变, 此时拟合分布曲线要求

$$\sum_{i=1}^{n}\delta_i\left(\frac{\hat{y}_i^{\mathrm{oH}}-b}{m}-x_i\right)^2$$

最小. 注意此处误差和函数中仍然只包括样本中失效数据的拟合误差, 经过计算可拟合得到韦布尔分布曲线, 并给出韦布尔分布参数 m 和 η 的点估计分别为

$$\hat{m}_l=\frac{\left(\sum_{i=1}^{n}\delta_i\right)\left[\sum_{i=1}^{n}\left(\hat{y}_i^{\mathrm{oH}}\delta_i\right)^2\right]-\left(\sum_{i=1}^{n}\hat{y}_i^{\mathrm{oH}}\delta_i\right)^2}{\left(\sum_{i=1}^{n}\delta_i\right)\left(\sum_{i=1}^{n}x_i\hat{y}_i^{\mathrm{oH}}\delta_i\right)-\left(\sum_{i=1}^{n}\hat{y}_i^{\mathrm{oH}}\delta_i\right)\left(\sum_{i=1}^{n}x_i\delta_i\right)}$$

$$\hat{\eta}_l=\exp\left(\frac{\sum_{i=1}^{n}x_i\delta_i}{\sum_{i=1}^{n}\delta_i}-\frac{\sum_{i=1}^{n}\hat{y}_i^{\mathrm{oH}}\delta_i}{\hat{m}_l\sum_{i=1}^{n}\delta_i}\right)$$

(4.3.3)

(3) 若将其中的不加权纵坐标误差函数变成式 (4.2.6) 中的加权误差函数, 其余

不变, 此时拟合分布曲线要求

$$\sum_{i=1}^{n} w_i \delta_i \left(\hat{y}_i^{\text{oH}} - m x_i - b\right)^2$$

最小. 注意此处误差和函数中仍然只包括样本中失效数据的拟合误差, 经过计算可拟合得到韦布尔分布曲线, 并给出韦布尔分布参数 m 和 η 的点估计分别为

$$\hat{m}_l = \frac{\left(\sum\limits_{i=1}^{n} w_i \delta_i\right)\left(\sum\limits_{i=1}^{n} w_i x_i \hat{y}_i^{\text{oH}} \delta_i\right) - \left(\sum\limits_{i=1}^{n} w_i \hat{y}_i^{\text{oH}} \delta_i\right)\left(\sum\limits_{i=1}^{n} w_i x_i \delta_i\right)}{\left(\sum\limits_{i=1}^{n} w_i \delta_i\right)\left(\sum\limits_{i=1}^{n} w_i \delta_i x_i^2\right) - \left(\sum\limits_{i=1}^{n} w_i x_i \delta_i\right)^2}$$

$$\hat{\eta}_l = \exp\left(\frac{\sum\limits_{i=1}^{n} w_i x_i \delta_i}{\sum\limits_{i=1}^{n} w_i \delta_i} - \frac{\sum\limits_{i=1}^{n} w_i \hat{y}_i^{\text{oH}} \delta_i}{\hat{m}_l \sum\limits_{i=1}^{n} w_i \delta_i}\right)$$

(4.3.4)

(4) 若将其中的式 (4.2.1) 中的线性模型变成式 (4.2.2) 中通过分布函数无对数变换的非线性模型, 其余不变, 此时拟合分布曲线要求

$$S = \sum_{i=1}^{n} \delta_i \left\{1 - \exp\left[-\left(\frac{t_i}{\eta}\right)^m\right] - \hat{p}_i^{\text{oH}}\right\}^2$$

最小, 且 $m > 0$, $\eta > 0$, 注意此处误差和函数中仍然只包括样本中失效数据的拟合误差. 经过计算可拟合得到韦布尔分布曲线, 其中对于分布参数估计 $\hat{m}_l$ 和 $\hat{\eta}_l$, 可通过令 S 关于 m 和 η 的偏导数分别为零

$$\sum_{i=1}^{n} \delta_i \left\{1 - \exp\left[-\left(\frac{t_i}{\hat{\eta}_l}\right)^{\hat{m}_l}\right] - \hat{p}_i^{\text{oH}}\right\} \exp\left[-\left(\frac{t_i}{\hat{\eta}_l}\right)^{\hat{m}_l}\right] \left(\frac{t_i}{\hat{\eta}_l}\right)^{\hat{m}_l} \ln\frac{t_i}{\hat{\eta}_l} = 0$$

$$\sum_{i=1}^{n} \delta_i \left\{1 - \exp\left[-\left(\frac{t_i}{\hat{\eta}_l}\right)^{\hat{m}_l}\right] - \hat{p}_i^{\text{oH}}\right\} \exp\left[-\left(\frac{t_i}{\hat{\eta}_l}\right)^{\hat{m}_l}\right] \left(\frac{t_i}{\hat{\eta}_l}\right)^{\hat{m}_l} = 0$$

(4.3.5)

并具体地利用高斯–牛顿公式等数值算法进行求解.

(5) 若将其中的式 (4.2.1) 中的线性模型变成式 (4.2.3) 中通过分布函数取一次对数变换的线性模型, 其余不变, 此时拟合分布曲线要求

$$S = \sum_{i=1}^{n} \delta_i \left(\hat{z}_i^{\frac{1}{m}} - \frac{t_i}{\eta}\right)^2$$

最小, 其中 $\hat{z}_i = -\ln\left(1 - \hat{p}_i^{\mathrm{oH}}\right)$, $\eta > 0$, 注意此处误差和函数中仍然只包括样本中失效数据的拟合误差. 经过计算可拟合得到韦布尔分布曲线, 其中对于分布参数估计 $\hat{m}_l$ 和 $\hat{\eta}_l$, 可通过令 S 关于 m 和 η 的偏导数分别为零

$$\sum_{i=1}^{n} \delta_i \left(\hat{z}_i^{\frac{1}{m}} - \frac{t_i}{\eta} \right) \hat{z}_i^{\frac{1}{m}} \ln \hat{z}_i = 0$$

$$\sum_{i=1}^{n} \delta_i t_i \left(\hat{z}_i^{\frac{1}{m}} - \frac{t_i}{\eta} \right) = 0$$

进一步化简有

$$\left(\sum_{i=1}^{n} \delta_i \hat{z}_i^{\frac{2}{\hat{m}_l}} \ln \hat{z}_i \right) \left(\sum_{i=1}^{n} \delta_i t_i^2 \right) - \left(\sum_{i=1}^{n} \delta_i \hat{z}_i^{\frac{1}{\hat{m}_l}} t_i \ln \hat{z}_i \right) \left(\sum_{i=1}^{n} \delta_i \hat{z}_i^{\frac{1}{\hat{m}_l}} t_i \right) = 0$$

$$\hat{\eta}_l = \frac{\displaystyle\sum_{i=1}^{n} \delta_i t_i^2}{\displaystyle\sum_{i=1}^{n} \delta_i \hat{z}_i^{\frac{1}{\hat{m}_l}} t_i} \tag{4.3.6}$$

并具体地利用二分法等数值算法求解式 (4.3.6) 中的点估计 $\hat{m}_l$, 在求得 $\hat{m}_l$ 后即可给出点估计 $\hat{\eta}_l$.

在拟合得到韦布尔分布曲线后, 根据求得的韦布尔分布参数 m 和 η 的点估计 $\hat{m}_l$ 和 $\hat{\eta}_l$, 即可给出可靠性参量的点估计. 如可靠度 $R(t)$ 的点估计为

$$\hat{R}_l(t) = \exp\left[-\left(\frac{t}{\hat{\eta}_l} \right)^{\hat{m}_l} \right] \tag{4.3.7}$$

平均寿命为

$$\hat{T}_l = \hat{\eta}_l \Gamma \left(1 + \frac{1}{\hat{m}_l} \right)$$

时刻 τ 处的平均剩余寿命为

$$\hat{L} = \hat{\eta}_l \exp\left[\left(\frac{\tau}{\hat{\eta}_l} \right)^{\hat{m}_l} \right] \Gamma \left(\frac{1}{\hat{m}_l} + 1, \left(\frac{\tau}{\hat{\eta}_l} \right)^{\hat{m}_l} \right) - \tau$$

失效概率点估计为

$$\hat{\lambda}_l(t) = \frac{\hat{m}_l}{\hat{\eta}_l} \left(\frac{t}{\hat{\eta}_l} \right)^{\hat{m}_l - 1}$$

寿命的 p 分位点为

$$\hat{t}_p^l = \hat{\eta}_l \left[-\ln\left(1 - p \right) \right]^{\frac{1}{\hat{m}_l}}$$

对于其他的可靠性参量, 可根据类似方式求得其点估计, 在此不再详述.

需要强调的是在韦布尔分布场合基于分布曲线拟合的可靠性统计方法对样本量有数量要求, 这是由回归理论和韦布尔分布参数的个数决定的. 具体地, 对于样本 (t_i, δ_i), 其中 $i = 1, \cdots, n$, 当采用基于秩的失效概率估计方法时, 要求 (t_i, δ_i) 中的失效数据个数不少于 2 个, 即 $\sum_{i=1}^{n} \delta_i \geqslant 2$, 而当采用基于 Bayes 的失效概率估计方法时, 要求 (t_i, δ_i) 中的数据个数不少于 2 个, 即 $n \geqslant 2$.

式 (4.3.1)—式 (4.3.6) 给出了图 4.3 中部分方法组合下拟合所得的韦布尔分布曲线和可靠性参量估计结果. 显然, 不同方法所得的分布曲线和可靠性参量的点估计是不同的, 通过仿真实验也发现这些不同的结果在不同数据条件下的精度各有优劣[9], 在实际应用中应结合具体条件选择合适的方法来分析问题.

4.4　基于分布曲线拟合的置信区间估计方法

本节分析基于分布曲线拟合的置信区间估计方法, 主要是分布参数、寿命和剩余寿命的双侧置信区间, 以及可靠度的置信下限. 对于寿命和剩余寿命的置信区间, 可根据式 (1.3.5) 和式 (1.3.6), 直接将求得的分布参数 m 和 η 的点估计 $\hat{m}_l$ 和 $\hat{\eta}_l$ 代入即可得到. 具体地, 在置信水平 $(1 - \alpha)$ 下, 寿命的置信区间为

$$\left[\hat{\eta}_l \left[-\ln \left(1 - \frac{\alpha}{2} \right) \right]^{\frac{1}{\hat{m}_l}}, \hat{\eta}_l \left[-\ln \left(\frac{\alpha}{2} \right) \right]^{\frac{1}{\hat{m}_l}} \right] \tag{4.4.1}$$

τ 时刻处剩余寿命的置信区间为

$$\left\{ \hat{\eta}_l \left[\left(\frac{\tau}{\eta} \right)^{\hat{m}_l} - \ln \left(1 - \frac{\alpha}{2} \right) \right]^{\frac{1}{\hat{m}_l}} - \tau, \hat{\eta}_l \left[\left(\frac{\tau}{\eta} \right)^{\hat{m}_l} - \ln \left(\frac{\alpha}{2} \right) \right]^{\frac{1}{\hat{m}_l}} - \tau \right\} \tag{4.4.2}$$

下面重点分析基于分布曲线拟合的分布参数 m 和 η 的置信区间及可靠度 $R(t)$ 的置信下限.

4.4.1　基于枢轴量的置信区间

首先介绍一项原创性的基于枢轴量的置信区间估计方法[3,11].

1. 枢轴量的建立

对于原始的样本 (t_i, δ_i), 其中 $i = 1, \cdots, n$, $t_1 \leqslant \cdots \leqslant t_n$, 认为其来自任意分布参数 m 和 η 的韦布尔分布. 现假定一组样本 (t_i^1, δ_i^1) 服从特定分布参数 $m = 1$ 和 $\eta = 1$ 的韦布尔分布, 其中 $i = 1, \cdots, n$, $t_1^1 \leqslant \cdots \leqslant t_n^1$, 根据图 4.3 中所示的方法, 同样可以给出特定分布参数 $m = 1$ 和 $\eta = 1$ 的点估计 $\hat{m}_l^1$ 和 $\hat{\eta}_l^1$.

接下来分析特定分布参数 $m=1$ 和 $\eta=1$ 的点估计 $\hat{m}_l^1$ 和 $\hat{\eta}_l^1$. 假定在求解点估计 $\hat{m}_l$ 和 $\hat{\eta}_l$ 以及 $\hat{m}_l^1$ 和 $\hat{\eta}_l^1$ 时都采用了基于秩的失效概率估计方法, 并记针对原始样本 (t_i,δ_i) 求得的失效概率点估计为 $\hat{p}_i$, 针对特定样本 (t_i^1,δ_i^1) 求得的失效概率点估计为 $\hat{p}_i^1$. 进一步, 假定在求解点估计 $\hat{m}_l$ 和 $\hat{\eta}_l$ 以及 $\hat{m}_l^1$ 和 $\hat{\eta}_l^1$ 时, 都利用了式 (4.1.2) 中基于 Herd-Johnson 估计的失效概率点估计 $\hat{p}_i^{\mathrm{oH}}$、式 (4.2.1) 中通过分布函数取两次对数变换后构造的线性模型以及式 (4.2.4) 中不加权的纵坐标误差函数, 此时点估计 $\hat{m}_l$ 和 $\hat{\eta}_l$ 如式 (4.3.1) 所示, 而点估计 $\hat{m}_l^1$ 和 $\hat{\eta}_l^1$ 分别为

$$\hat{m}_l^1 = \frac{\left(\sum_{i=1}^n \delta_i^1\right)\left(\sum_{i=1}^n x_i^1 \hat{y}_i^1 \delta_i^1\right) - \left(\sum_{i=1}^n \hat{y}_i^1 \delta_i^1\right)\left(\sum_{i=1}^n x_i^1 \delta_i^1\right)}{\left(\sum_{i=1}^n \delta_i^1\right)\left[\sum_{i=1}^n \left(x_i^1 \delta_i^1\right)^2\right] - \left(\sum_{i=1}^n x_i^1 \delta_i^1\right)^2}$$

$$\hat{\eta}_l^1 = \exp\left(\frac{\sum_{i=1}^n x_i^1 \delta_i^1}{\sum_{i=1}^n \delta_i^1} - \frac{\sum_{i=1}^n \hat{y}_i^1 \delta_i^1}{\hat{m}_l^1 \sum_{i=1}^n \delta_i^1}\right)$$

(4.4.3)

其中 $\hat{y}_i^1 = \ln\left[-\ln\left(1-\hat{p}_i^1\right)\right]$, $x_i^1 = \ln t_i^1$. 如果要求原始样本 (t_i,δ_i) 和特定样本 (t_i^1,δ_i^1) 满足 $\delta_i=\delta_i^1$, 由于都采用了 Herd-Johnson 估计方法求解失效概率点估计 $\hat{p}_i$ 和 $\hat{p}_i^1$, 则存在 $\hat{p}_i=\hat{p}_i^1$, 且有 $\hat{y}_i=\hat{y}_i^1$, 其中 $i=1,\cdots,n$. 另外, 根据分布参数为任意 m 和 η 的韦布尔分布及其与分布参数为 $m=1$ 和 $\eta=1$ 的特定韦布尔分布之间的关系, 当 $\delta_i=\delta_i^1=1$ 时, 即针对原始样本 (t_i,δ_i) 和特定样本 (t_i^1,δ_i^1) 中对应的失效数据, 存在

$$t_i = \eta\left(t_i^1\right)^{\frac{1}{m}}$$

(4.4.4)

进一步有

$$x_i = \ln\eta + \frac{x_i^1}{m}$$

再将其与 $\hat{y}_i=\hat{y}_i^1$ 一起代入式 (4.3.1), 可得

$$\hat{m}_l = \frac{\left(\sum_{i=1}^n \delta_i^1\right)\left[\sum_{i=1}^n \hat{y}_i^1 \delta_i^1\left(\ln\eta+\frac{x_i^1}{m}\right)\right] - \left(\sum_{i=1}^n \hat{y}_i^1 \delta_i^1\right)\left[\sum_{i=1}^n \delta_i^1\left(\ln\eta+\frac{x_i^1}{m}\right)\right]}{\left(\sum_{i=1}^n \delta_i^1\right)\left\{\sum_{i=1}^n \left[\delta_i^1\left(\ln\eta+\frac{x_i^1}{m}\right)\right]^2\right\} - \left[\sum_{i=1}^n \delta_i^1\left(\ln\eta+\frac{x_i^1}{m}\right)\right]^2}$$

$$\ln\hat{\eta}_l = \frac{\sum_{i=1}^n \delta_i^1\left(\ln\eta+\frac{x_i^1}{m}\right)}{\sum_{i=1}^n \delta_i^1} - \frac{\sum_{i=1}^n \hat{y}_i^1 \delta_i^1}{\hat{m}_l \sum_{i=1}^n \delta_i^1}$$

化简后得

$$\hat{m}_l = \frac{\frac{1}{m}\left(\sum_{i=1}^{n}\delta_i^1\right)\left(\sum_{i=1}^{n}\hat{y}_i^1 x_i^1 \delta_i^1\right) - \frac{1}{m}\left(\sum_{i=1}^{n}\hat{y}_i^1 \delta_i^1\right)\left(\sum_{i=1}^{n}\delta_i^1 x_i^1\right)}{\frac{1}{m^2}\left(\sum_{i=1}^{n}\delta_i^1\right)\left[\sum_{i=1}^{n}\left(\delta_i^1 x_i^1\right)^2\right] - \frac{1}{m^2}\left(\sum_{i=1}^{n}\delta_i^1 x_i^1\right)^2}$$

$$\ln\hat{\eta}_l = \ln\eta + \frac{\sum_{i=1}^{n}\delta_i^1 x_i^1}{m\sum_{i=1}^{n}\delta_i^1} - \frac{\sum_{i=1}^{n}\hat{y}_i^1 \delta_i^1}{\hat{m}_l\sum_{i=1}^{n}\delta_i^1}$$

再与式 (4.4.3) 对比, 可知存在 $\hat{m}_l = m\hat{m}_l^1$. 进一步可得

$$\ln\hat{\eta}_l = \ln\eta + \frac{\sum_{i=1}^{n}\delta_i^1 x_i^1}{m\sum_{i=1}^{n}\delta_i^1} - \frac{\sum_{i=1}^{n}\hat{y}_i^1 \delta_i^1}{m\hat{m}_l^1\sum_{i=1}^{n}\delta_i^1}$$

$$= \ln\eta + \frac{\ln\hat{\eta}_l^1}{m}$$

$$= \ln\eta + \frac{\hat{m}_l^1 \ln\hat{\eta}_l^1}{\hat{m}_l}$$

于是存在 $\hat{m}_l \ln(\hat{\eta}_l/\eta) = \hat{m}_l^1 \ln\hat{\eta}_l^1$. 综合可知, 对于原始样本 (t_i, δ_i) 和特定样本 (t_i^1, δ_i^1), 当 $\delta_i = \delta_i^1$, 且 $\sum_{i=1}^{n}\delta_i \geqslant 2$ 或 $\sum_{i=1}^{n}\delta_i^1 \geqslant 2$ 时, 其中 $i = 1, \cdots, n$, 则有

$$\hat{m}_l = m\hat{m}_l^1 \tag{4.4.5}$$

$$\hat{m}_l \ln\frac{\hat{\eta}_l}{\eta} = \hat{m}_l^1 \ln\hat{\eta}_l^1$$

为了进一步说明式 (4.4.5) 的正确性, 以完全样本为例, 通过仿真实验进行验证. 取分布参数 $\eta = 1$, 在给定分布参数 m 和样本量 n 后, 生成 10000 组完全样本, 并利用式 (4.3.1) 求解点估计 $\hat{m}_l$ 和 $\hat{\eta}_l$. 类似地, 给定分布参数 $m = 1$ 和 $\eta = 1$, 在同样的样本量 n 下, 生成 10000 组完全样本, 再利用式 (4.4.3) 求解点估计 $\hat{m}_l^1$ 和 $\hat{\eta}_l^1$. 基于同样的样本量 n, 对比统计量 $\hat{m}_l/m$ 与 $\hat{m}_l^1$ 的分布, 如图 4.4 所示, 再对比统计量 $\hat{m}_l \ln(\hat{\eta}_l/\eta)$ 与 $\hat{m}_l^1 \ln\hat{\eta}_l^1$ 的分布, 如图 4.5 所示. 显然, 仿真实验也证明了式 (4.4.5) 的正确性.

根据式 (4.4.5) 可知, $\hat{m}_l/m$ 与 $\hat{m}_l^1$ 同分布, 且 $\hat{m}_l^1$ 的分布与未知的分布参数 m 无关, 因而 $\hat{m}_l/m$ 就是分布参数 m 的枢轴量. 类似地, $\hat{m}_l \ln(\hat{\eta}_l/\eta)$ 与 $\hat{m}_l^1 \ln\hat{\eta}_l^1$ 同分

布, 且 $\hat{m}_l^1 \ln \hat{\eta}_l^1$ 的分布与未知的分布参数 η 无关, 因而 $\hat{m}_l \ln(\hat{\eta}_l/\eta)$ 就是分布参数 η 的枢轴量. 据此就构建得到了分布参数 m 和 η 的枢轴量. 针对可靠度 $R(t)$ 的枢轴量, 根据式 (4.3.7) 中的点估计, 结合式 (4.4.5) 可得

$$
\begin{aligned}
-\ln \hat{R}_l(t) &= \left(\frac{t}{\hat{\eta}_l}\right)^{\hat{m}_l} \\
&= \left(\frac{t}{\eta}\right)^{\hat{m}_l} \left(\frac{\hat{\eta}_l}{\eta}\right)^{-\hat{m}_l} \\
&= \left(\frac{t}{\eta}\right)^{m\hat{m}_l^1} \left(\hat{\eta}_l^1\right)^{-\hat{m}_l^1} \\
&= [-\ln R(t)]^{\hat{m}_l^1} \left(\hat{\eta}_l^1\right)^{-\hat{m}_l^1}
\end{aligned}
$$

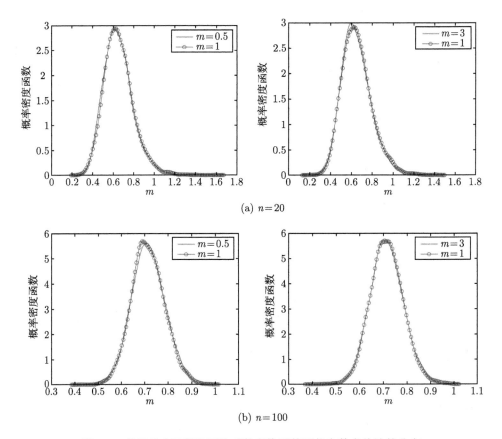

(a) $n=20$

(b) $n=100$

图 4.4　基于分布函数取两次对数变换后的形状参数点估计的分布

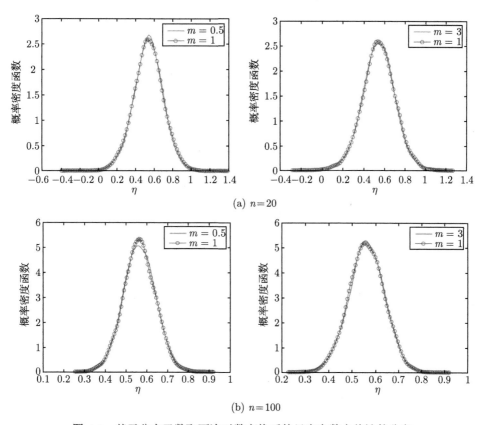

(a) $n=20$

(b) $n=100$

图 4.5 基于分布函数取两次对数变换后的尺度参数点估计的分布

于是可知

$$\ln \frac{\left[-\ln R\left(t\right)\right]^{\hat{m}_l^1}}{\left[-\ln \hat{R}_l(t)\right]} = \hat{m}_l^1 \ln\left(\hat{\eta}_l^1\right) \tag{4.4.6}$$

据此也构建了可靠度 $R(t)$ 的枢轴量.

2. 基于枢轴量分布抽样的置信区间构建

式 (4.4.5) 中分布参数 m 和 η 的枢轴量以及式 (4.4.6) 中可靠度 $R(t)$ 的枢轴量所服从的分布都与式 (4.4.3) 中特定分布参数 $m=1$ 和 $\eta=1$ 的点估计 $\hat{m}_l^1$ 和 $\hat{\eta}_l^1$ 有关, 但对于点估计 $\hat{m}_l^1$ 和 $\hat{\eta}_l^1$, 很难给出这两个统计量所服从分布的确定形式. 为了基于这些枢轴量构建 m 和 η 的置信区间以及 $R(t)$ 的置信下限, 可利用抽样的思想, 生成大量的样本 $\hat{m}_l^1$ 和 $\hat{\eta}_l^1$ 来近似其所服从的分布.

注意到基于式 (4.4.3) 中的点估计 $\hat{m}_l^1$ 和 $\hat{\eta}_l^1$ 所建立的枢轴量需要满足特定的条件, 可根据这样的条件生成大量的特定样本 $\left(t_i^1, \delta_i^1\right)$, 其中 $i=1,\cdots,n$, 再根据每个特定样本求得点估计 $\hat{m}_l^1$ 和 $\hat{\eta}_l^1$, 即可给出服从于枢轴量分布的大量样本 $\hat{m}_l^1$ 和 $\hat{\eta}_l^1$. 其中的关键步骤是生成所需的特定样本 (t_i^1, δ_i^1), 可对照原始样本 (t_i, δ_i), 且保证 $\delta_i^1 = \delta_i$, 其中 $i = 1, \cdots, n$. 注意到对于式 (4.3.1) 中分布参数 m 和 η 的点估计 $\hat{m}_l$ 和 $\hat{\eta}_l$, 以及式 (4.4.3) 中特定分布参数 $m = 1$ 和 $\eta = 1$ 的点估计 $\hat{m}_l^1$ 和 $\hat{\eta}_l^1$, 在求解过程中都只与失效数据有关, 即 $\delta_i = \delta_i^1 = 1$ 所对应的样本数据. 基于这种考虑, 可参照原始样本 (t_i, δ_i), 其中 $i = 1, \cdots, n$, 首先基于分布参数都为 1 的特定韦布尔分布生成一组样本量为 n 的完全样本 $t_1^c \leqslant \cdots \leqslant t_n^c$, 再构造样本 $(t_i^c \delta_i, \delta_i)$, 即可视为所需的特定样本 (t_i^1, δ_i^1), 因构造的这组样本满足 $\delta_i = \delta_i^1$, 其中 $i = 1, \cdots, n$. 虽然当 $\delta_i = \delta_i^1 = 0$ 时, 所构造的样本 $(t_i^c \delta_i, \delta_i)$ 中的截尾数据为 0, 但由于在求解式 (4.4.3) 中特定分布参数 $m = 1$ 和 $\eta = 1$ 的点估计 $\hat{m}_l^1$ 和 $\hat{\eta}_l^1$ 时并没有用到截尾数据, 因而所构造的样本并不影响 $\hat{m}_l^1$ 和 $\hat{\eta}_l^1$ 的求解. 通过这种方法, 可根据下列步骤构建基于枢轴量的置信区间.

算法 4.1 给定原始样本 (t_i, δ_i), 其中 $i = 1, \cdots, n$, 抽样所需的样本量为 N.

步骤 1: 根据样本 (t_i, δ_i), 其中 $i = 1, \cdots, n$, 利用式 (4.3.1) 计算分布参数 m 和 η 的点估计 $\hat{m}_l$ 和 $\hat{\eta}_l$;

步骤 2: 基于分布参数为 $m = 1$ 和 $\eta = 1$ 的特定韦布尔分布生成一组样本量为 n 的完全样本, 并升序排列为 $t_1^c \leqslant \cdots \leqslant t_n^c$;

步骤 3: 构成样本 $(t_i^c \delta_i, \delta_i)$, 其中 $i = 1, \cdots, n$;

步骤 4: 根据样本 $(t_i^c \delta_i, \delta_i)$, 类似于 $\hat{m}_l$ 和 $\hat{\eta}_l$ 的求解, 根据式 (4.4.3) 求解特定分布参数 $m = 1$ 和 $\eta = 1$ 的点估计 $\hat{m}_l^1$ 和 $\hat{\eta}_l^1$;

步骤 5: 根据式 (4.4.5) 中分布参数 m 和 η 的枢轴量, 计算统计量

$$m^e = \frac{\hat{m}_l}{\hat{m}_l^1}, \quad \eta^e = \hat{\eta}_l \left(\frac{1}{\hat{\eta}_l^1} \right)^{\frac{\hat{m}_l^1}{\hat{m}_l}}$$

根据式 (4.4.6) 中可靠度 $R(t)$ 的枢轴量, 计算统计量

$$R^e(t) = \exp\left[-\hat{\eta}_l^1 \left(\frac{t}{\hat{\eta}_l} \right)^{\frac{\hat{m}_l^1}{\hat{m}_l}} \right]$$

步骤 6: 重复步骤 2—步骤 5 共 N 次, 直到获得了 N 个估计值 m^e, η^e 和 $R^e(t)$, 再将这些估计值升序排列, 记为 $m_1^e \leqslant \cdots \leqslant m_N^e$, $\eta_1^e \leqslant \cdots \leqslant \eta_N^e$, $R_1^e(t) < \cdots < R_N^e(t)$.

最终可在置信水平 $(1-\alpha)$ 下, 给出分布参数 m 和 η 的置信区间分别为

$$\left[m_{N\alpha/2}^e, m_{N(1-\alpha/2)}^e \right], \quad \left[\eta_{N\alpha/2}^e, \eta_{N(1-\alpha/2)}^e \right] \tag{4.4.7}$$

可靠度 $R(t)$ 的置信下限为

$$R_L^p(t) = R_{N\alpha}^e(t) \tag{4.4.8}$$

3. 枢轴量方法的适用性

式 (4.4.5) 中分布参数 m 和 η 的枢轴量是基于式 (4.3.1) 中的点估计 $\hat{m}_l$ 和 $\hat{\eta}_l$ 建立的, 而根据图 4.3 可知利用基于分布曲线拟合的方法还可以拟合得到不同的分布曲线以及不同的分布参数点估计, 如式 (4.3.2)—式 (4.3.6) 所示. 下面通过更改式 (4.3.1) 中点估计 $\hat{m}_l$ 和 $\hat{\eta}_l$ 的求解方法, 探讨在不同的点估计下式 (4.4.5) 中分布参数 m 和 η 的枢轴量是否仍然存在, 从而分析枢轴量的适用性.

(1) 针对式 (4.3.1) 中点估计 $\hat{m}_l$ 和 $\hat{\eta}_l$ 的求解过程, 将其中的基于秩的失效概率点估计更改为基于 Bayes 的失效概率点估计, 如式 (4.1.21) 中的改进 Bayes 估计 $\hat{p}_i^{\mathrm{IB}}$, 其余不变, 此时分布参数 m 和 η 的点估计 $\hat{m}_l$ 和 $\hat{\eta}_l$ 如式 (4.3.2) 所示. 注意到因为此时可以给出样本中所有数据的失效概率点估计, 因而式 (4.3.2) 的点估计 $\hat{m}_l$ 和 $\hat{\eta}_l$ 在求解过程中用到了所有的样本数据. 对照原始样本 (t_i, δ_i), 即使特定样本 (t_i^1, δ_i^1) 满足 $\delta_i = \delta_i^1$, 其中 $i = 1, \cdots, n$, 但当 $\delta_i = \delta_i^1 = 0$ 时, 式 (4.4.4) 不成立, 因而不能得出式 (4.4.5) 中分布参数 m 和 η 的枢轴量, 继而不能得出式 (4.4.6) 中可靠度 $R(t)$ 的枢轴量, 此时枢轴量方法是不适用的.

(2) 针对式 (4.3.1) 中点估计 $\hat{m}_l$ 和 $\hat{\eta}_l$ 的求解过程, 将其中的不加权纵坐标误差函数更改为式 (4.2.5) 中的不加权横坐标误差函数, 其余不变, 此时分布参数 m 和 η 的点估计 $\hat{m}_l$ 和 $\hat{\eta}_l$ 如式 (4.3.3) 所示. 注意到此时 $\hat{m}_l$ 和 $\hat{\eta}_l$ 的求解过程仍然只与样本中的失效数据有关, 因而对照原始样本 (t_i, δ_i), 如果特定样本 (t_i^1, δ_i^1) 满足 $\delta_i = \delta_i^1$, 其中 $i = 1, \cdots, n$, 并且采用同一方法求解特定分布参数 $m = 1$ 和 $\eta = 1$ 的点估计 $\hat{m}_l^1$ 和 $\hat{\eta}_l^1$, 可以得出式 (4.4.5) 中分布参数 m 和 η 的枢轴量, 继而得出式 (4.4.6) 中可靠度 $R(t)$ 的枢轴量, 此时枢轴量方法也是适用的, 相关推导在此不再详述.

(3) 针对式 (4.3.1) 中点估计 $\hat{m}_l$ 和 $\hat{\eta}_l$ 的求解过程, 将其中的不加权纵坐标误差函数变成式 (4.2.6) 中的加权误差函数, 其余不变, 此时分布参数 m 和 η 的点估计 $\hat{m}_l$ 和 $\hat{\eta}_l$ 如式 (4.3.4) 所示. 注意到此时 $\hat{m}_l$ 和 $\hat{\eta}_l$ 的求解过程仍然只与样本中的失效数据有关, 因而对照原始样本 (t_i, δ_i), 如果特定样本 (t_i^1, δ_i^1) 满足 $\delta_i = \delta_i^1$, 同时在求解点估计 $\hat{m}_l$ 和 $\hat{\eta}_l$ 及 $\hat{m}_l^1$ 和 $\hat{\eta}_l^1$ 时设定同样的权重 w_i, 其中 $i = 1, \cdots, n$, 并且采用同一方法求解 $\hat{m}_l$ 和 $\hat{\eta}_l$ 及 $\hat{m}_l^1$ 和 $\hat{\eta}_l^1$, 可以得出式 (4.4.5) 中分布参数 m 和 η 的枢轴量, 继而得出式 (4.4.6) 中可靠度 $R(t)$ 的枢轴量, 因而此时枢轴量方法仍然是适用的, 相关推导在此不再详述.

(4) 针对式 (4.3.1) 中点估计 $\hat{m}_l$ 和 $\hat{\eta}_l$ 的求解过程, 将其中的式 (4.2.1) 中的线

性模型更改为式 (4.2.2) 中通过分布函数无对数变换的非线性模型, 其余不变, 此时分布参数 m 和 η 的点估计 $\hat{m}_l$ 和 $\hat{\eta}_l$ 如式 (4.3.5) 所示. 注意到此时 $\hat{m}_l$ 和 $\hat{\eta}_l$ 的求解过程仍然只与样本中的失效数据有关, 因而对照原始样本 (t_i, δ_i), 如果特定样本 (t_i^1, δ_i^1) 满足 $\delta_i = \delta_i^1$, 其中 $i = 1, \cdots, n$, 并且采用同一方法求解特定分布参数 $m = 1$ 和 $\eta = 1$ 的点估计 $\hat{m}_l^1$ 和 $\hat{\eta}_l^1$, 类似于式 (4.3.5), 可得 $\hat{m}_l^1$ 和 $\hat{\eta}_l^1$ 满足

$$\sum_{i=1}^{n} \delta_i^1 \left\{ 1 - \exp\left[-\left(\frac{t_i^1}{\hat{\eta}_l^1}\right)^{\hat{m}_l^1} \right] - \hat{p}_i^1 \right\} \exp\left[-\left(\frac{t_i^1}{\hat{\eta}_l^1}\right)^{\hat{m}_l^1} \right] \left(\frac{t_i^1}{\hat{\eta}_l^1}\right)^{\hat{m}_l^1} \ln \frac{t_i^1}{\hat{\eta}_l^1} = 0$$

$$\sum_{i=1}^{n} \delta_i^1 \left\{ 1 - \exp\left[-\left(\frac{t_i^1}{\hat{\eta}_l^1}\right)^{\hat{m}_l^1} \right] - \hat{p}_i^1 \right\} \exp\left[-\left(\frac{t_i^1}{\hat{\eta}_l^1}\right)^{\hat{m}_l^1} \right] \left(\frac{t_i^1}{\hat{\eta}_l^1}\right)^{\hat{m}_l^1} = 0$$

为了便于分析, 将其改写为

$$\hat{m}_l^1 \sum_{i=1}^{n} \delta_i^1 \left\{ 1 - \exp\left[-\left(\frac{t_i^1}{\hat{\eta}_l^1}\right)^{\hat{m}_l^1} \right] - \hat{p}_i^1 \right\} \exp\left[-\left(\frac{t_i^1}{\hat{\eta}_l^1}\right)^{\hat{m}_l^1} \right] \left(\frac{t_i^1}{\hat{\eta}_l^1}\right)^{\hat{m}_l^1} \ln \frac{t_i^1}{\hat{\eta}_l^1} = 0$$

$$\sum_{i=1}^{n} \delta_i^1 \left\{ 1 - \exp\left[-\left(\frac{t_i^1}{\hat{\eta}_l^1}\right)^{\hat{m}_l^1} \right] - \hat{p}_i^1 \right\} \exp\left[-\left(\frac{t_i^1}{\hat{\eta}_l^1}\right)^{\hat{m}_l^1} \right] \left(\frac{t_i^1}{\hat{\eta}_l^1}\right)^{\hat{m}_l^1} = 0$$

同时将式 (4.3.5) 改写为

$$\hat{m}_l \sum_{i=1}^{n} \delta_i \left\{ 1 - \exp\left[-\left(\frac{t_i}{\hat{\eta}_l}\right)^{\hat{m}_l} \right] - \hat{p}_i^{\mathrm{oH}} \right\} \exp\left[-\left(\frac{t_i}{\hat{\eta}_l}\right)^{\hat{m}_l} \right] \left(\frac{t_i}{\hat{\eta}_l}\right)^{\hat{m}_l} \ln \frac{t_i}{\hat{\eta}_l} = 0$$

$$\sum_{i=1}^{n} \delta_i \left\{ 1 - \exp\left[-\left(\frac{t_i}{\hat{\eta}_l}\right)^{\hat{m}_l} \right] - \hat{p}_i^{\mathrm{oH}} \right\} \exp\left[-\left(\frac{t_i}{\hat{\eta}_l}\right)^{\hat{m}_l} \right] \left(\frac{t_i}{\hat{\eta}_l}\right)^{\hat{m}_l} = 0$$

再代入式 (4.4.4) 可得

$$\sum_{i=1}^{n} \delta_i \left\{ 1 - \exp\left[-\frac{(t_i^1)^{\frac{\hat{m}_l}{m}}}{\left(\frac{\hat{\eta}_l}{\eta}\right)^{\hat{m}_l}} \right] - \hat{p}_i^1 \right\} \exp\left[-\frac{(t_i^1)^{\frac{\hat{m}_l}{m}}}{\left(\frac{\hat{\eta}_l}{\eta}\right)^{\hat{m}_l}} \right] \frac{(t_i^1)^{\frac{\hat{m}_l}{m}}}{\left(\frac{\hat{\eta}_l}{\eta}\right)^{\hat{m}_l}} \ln \left[\frac{(t_i^1)^{\frac{\hat{m}_l}{m}}}{\left(\frac{\hat{\eta}_l}{\eta}\right)^{\hat{m}_l}} \right] = 0$$

$$\sum_{i=1}^{n} \delta_i \left\{ 1 - \exp\left[-\frac{(t_i^1)^{\frac{\hat{m}_l}{m}}}{\left(\frac{\hat{\eta}_l}{\eta}\right)^{\hat{m}_l}} \right] - \hat{p}_i^1 \right\} \exp\left[-\frac{(t_i^1)^{\frac{\hat{m}_l}{m}}}{\left(\frac{\hat{\eta}_l}{\eta}\right)^{\hat{m}_l}} \right] \frac{(t_i^1)^{\frac{\hat{m}_l}{m}}}{\left(\frac{\hat{\eta}_l}{\eta}\right)^{\hat{m}_l}} = 0$$

经对比, 即可得出式 (4.4.5) 中分布参数 m 和 η 的枢轴量. 为了进一步说明在通过分布函数无对数变换的非线性模型拟合分布曲线场合式 (4.4.5) 的正确性, 以完全样本为例, 通过仿真实验进行验证. 取分布参数 $\eta = 1$, 在给定分布参数 m 和样本

量 n 后, 生成 10000 组完全样本, 并利用式 (4.3.5) 求解点估计 $\hat{m}_l$ 和 $\hat{\eta}_l$. 类似地, 给定分布参数 $m=1$ 和 $\eta=1$, 在同样的样本量 n 下, 生成 10000 组完全样本, 再按照同样的方法求解点估计 $\hat{m}_l^1$ 和 $\hat{\eta}_l^1$. 基于同样的样本量 n, 对比统计量 $\hat{m}_l/m$ 与 $\hat{m}_l^1$ 的分布, 如图 4.6 所示, 再对比统计量 $\hat{m}_l \ln(\hat{\eta}_l/\eta)$ 与 $\hat{m}_l^1 \ln \hat{\eta}_l^1$ 的分布, 如图 4.7 所示. 显然, 仿真实验也证明了式 (4.4.5) 的正确性. 继而基于式 (4.4.5) 中的枢轴量, 可得出式 (4.4.6) 中可靠度 $R(t)$ 的枢轴量, 因而此时枢轴量方法也是适用的.

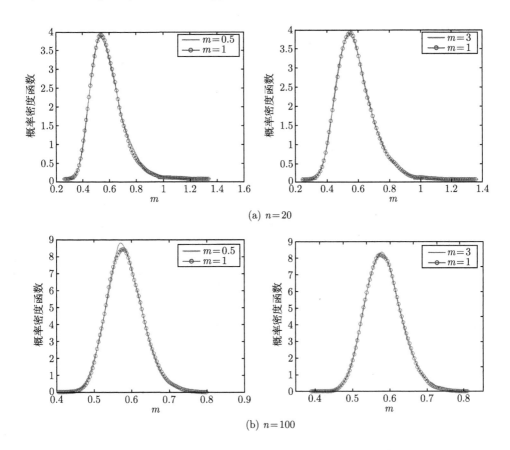

图 4.6 基于分布函数无对数变换后的形状参数点估计的分布

(5) 针对式 (4.3.1) 中点估计 $\hat{m}_l$ 和 $\hat{\eta}_l$ 的求解过程, 将其中的式 (4.2.1) 中的线性模型更改为式 (4.2.3) 中通过分布函数取一次对数变换的线性模型, 其余不变, 此时分布参数 m 和 η 的点估计 $\hat{m}_l$ 和 $\hat{\eta}_l$ 如式 (4.3.6) 所示. 注意到此时 $\hat{m}_l$ 和 $\hat{\eta}_l$ 的求解过程仍然只与样本中的失效数据有关, 因而对照原始样本 (t_i, δ_i), 如果特定样本 (t_i^1, δ_i^1) 满足 $\delta_i = \delta_i^1$, 其中 $i = 1, \cdots, n$, 并且采用同一方法求解特定分布参数

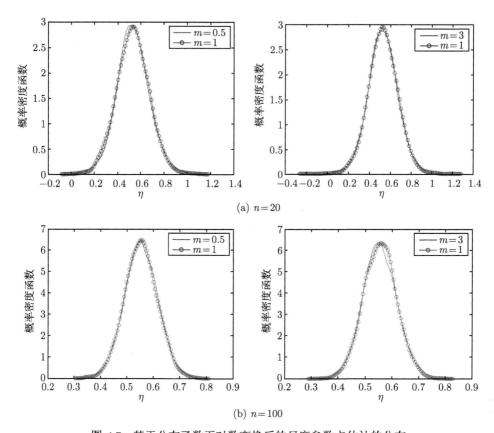

(a) $n=20$

(b) $n=100$

图 4.7　基于分布函数无对数变换后的尺度参数点估计的分布

$m=1$ 和 $\eta=1$ 的点估计 $\hat{m}_l^1$ 和 $\hat{\eta}_l^1$, 类似于式 (4.3.6), 可得 $\hat{m}_l^1$ 和 $\hat{\eta}_l^1$ 满足

$$\left[\sum_{i=1}^{n}\delta_i^1\left(\hat{z}_i^1\right)^{\frac{2}{\hat{m}_l^1}}\ln\hat{z}_i^1\right]\left[\sum_{i=1}^{n}\delta_i^1(t_i^1)^2\right]-\left[\sum_{i=1}^{n}\delta_i^1\left(\hat{z}_i^1\right)^{\frac{1}{\hat{m}_l^1}}t_i^1\ln\hat{z}_i^1\right]\left[\sum_{i=1}^{n}\delta_i^1\left(\hat{z}_i^1\right)^{\frac{1}{\hat{m}_l^1}}t_i^1\right]=0$$

$$\hat{\eta}_l^1=\frac{\displaystyle\sum_{i=1}^{n}\delta_i^1\left(t_i^1\right)^2}{\displaystyle\sum_{i=1}^{n}\delta_i^1\left(\hat{z}_i^1\right)^{\frac{1}{\hat{m}_l^1}}t_i^1}$$

其中 $\hat{z}_i^1=-\ln\left(1-\hat{p}_i^1\right)$. 将式 (4.4.4) 代入式 (4.3.6), 可得

$$\left[\sum_{i=1}^{n}\delta_i\left(\hat{z}_i\right)^{\frac{2}{\hat{m}_l}}\ln\hat{z}_i\right]\left[\sum_{i=1}^{n}\delta_i(t_i^1)^{\frac{2}{m}}\right]$$

$$-\left[\sum_{i=1}^{n}\delta_i\left(\hat{z}_i\right)^{\frac{1}{\hat{m}_l}}\left(t_i^1\right)^{\frac{1}{m}}\ln\hat{z}_i\right]\left[\sum_{i=1}^{n}\delta_i\left(\hat{z}_i\right)^{\frac{1}{\hat{m}_l}}\left(t_i^1\right)^{\frac{1}{m}}\right]=0$$

$$\hat{\eta}_l = \eta \frac{\delta_i \left(t_i^1\right)^{\frac{2}{m}}}{\delta_i \hat{z}_i^{\frac{1}{m_l}} \left(t_i^1\right)^{\frac{1}{m}}}$$

经对比, 不能得出式 (4.4.5) 中分布参数 m 和 η 的枢轴量. 为了进一步说明在通过分布函数取一次对数变换的线性模型拟合分布曲线场合式 (4.4.5) 的不存在性, 以完全样本为例, 通过仿真实验进行验证. 取分布参数 $\eta = 1$ 和 $m = 3$, 在给定样本量 n 后, 生成 10000 组完全样本, 并利用式 (4.3.6) 求解点估计 $\hat{m}_l$ 和 $\hat{\eta}_l$. 类似地, 给定分布参数 $m = 1$ 和 $\eta = 1$, 在同样的样本量 n 下, 生成 10000 组完全样本, 再按照同样的方法求解点估计 $\hat{m}_l^1$ 和 $\hat{\eta}_l^1$. 基于同样的样本量 n, 对比统计量 $\hat{m}_l/m$ 与 $\hat{m}_l^1$ 的分布, 如图 4.8 所示. 显然, 仿真实验也表明了式 (4.4.5) 在这一场合是不成立的. 继而不能得出式 (4.4.6) 中可靠度 $R(t)$ 的枢轴量, 因而此处枢轴量方法是不适用的.

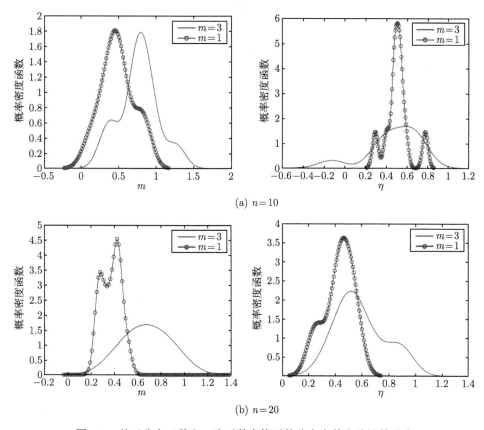

图 4.8 基于分布函数取一次对数变换后的分布参数点估计的分布

通过以上内容分析可知, 基于枢轴量的置信区间构建方法在应用的广泛性上存在一定的局限性, 且在具体运用中需要满足一定的条件, 具体如下.

(1) 对于原始样本 (t_i, δ_i), 特定样本 (t_i^1, δ_i^1) 服从于分布参数为 $m=1$ 和 $\eta=1$ 的韦布尔分布, 且满足 $\delta_i = \delta_i^1$, 其中 $i=1,\cdots,n$.

(2) 对于韦布尔分布参数 m 和 η 的点估计 $\hat{m}_l$ 和 $\hat{\eta}_l$, 以及特定分布参数 $m=1$ 和 $\eta=1$ 的点估计 $\hat{m}_l^1$ 和 $\hat{\eta}_l^1$, 在求解时要利用同一种方法进行.

(3) 对于韦布尔分布参数 m 和 η 的点估计 $\hat{m}_l$ 和 $\hat{\eta}_l$, 以及特定分布参数 $m=1$ 和 $\eta=1$ 的点估计 $\hat{m}_l^1$ 和 $\hat{\eta}_l^1$, 在求解时如果都选择了加权误差函数, 则要保证求解点估计时的权重 w_i 相等, 其中 $i=1,\cdots,n$.

(4) 在求解分布参数的点估计时, 图 4.3 中的方法并非全部适用, 需从图 4.9 中选择方法, 即在失效概率估计方法环节中, 基于 Bayes 的失效概率估计方法不适用; 在构建拟合函数环节中, 对分布函数取一次对数变换这种方法不适用.

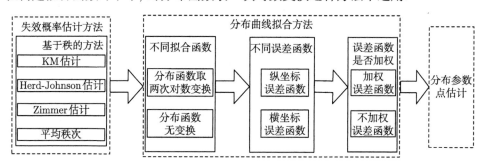

图 4.9　适用于构建枢轴量的基于分布曲线拟合的分布参数估计方法

4.4.2　基于失效概率置信上限曲线拟合的置信区间

从图 4.9 可知, 针对基于枢轴量的置信区间估计方法, 如果在基于分布曲线拟合的分布参数点估计方法中, 选择基于 Bayes 的失效概率估计方法所给出的分布参数点估计是不能构建所需的枢轴量的. 为此, 特别提出一个原创性的置信区间方法[5,12], 主要思路是通过拟合失效概率的置信上限曲线来构建置信区间.

1. 失效概率的置信上限求解

注意到在基于 Bayes 的失效概率估计方法求解失效概率的点估计 $\hat{p}_i$ 的过程中, 已获得了式 (4.1.4) 中失效概率 p_i 的验后分布 $\pi(p_i|s_i,r_i)$, 其中 $i=1,\cdots,k$. 关于验后分布 $\pi(p_i|s_i,r_i)$ 的利用, 只在式 (4.1.5) 中求解了点估计 $\hat{p}_i$. 而事实上获取 $\pi(p_i|s_i,r_i)$ 后, 亦可用以估计失效概率 p_i 的置信上限 p_i^u, 继而再根据点 (t_i, p_i^u) 拟合出失效概率的置信上限曲线, 就等价于拟合出了可靠度 $R(t)$ 的置信下限曲线.

关于失效概率 p_i 置信上限 p_i^u 的估计值 $\hat{p}_i^u$ 的求解, 以改进的 Bayes 估计方法为例, 此时失效概率 p_i 的验后分布 $\pi(p_i|s_i,r_i)$ 为贝塔分布 $\mathrm{Beta}(p_i; a_i+r_i, b_i+s_i-r_i)$,

即式 (4.1.20) 中的贝塔分布, 在置信水平 $(1-\alpha)$ 下, 失效概率置信上限 p_i^u 的估计值 $\hat{p}_i^u$ 即为贝塔分布 $\mathrm{Beta}(p_i; a_i + r_i, b_i + s_i - r_i)$ 的 $(1-\alpha)$ 分位点, 记为

$$\hat{p}_i^u = \mathrm{B}_{1-\alpha}^p \left(p_i; a_i + r_i, b_i + s_i - r_i\right) \tag{4.4.9}$$

其中 $i = 1, \cdots, k$.

若以多层 Bayes 估计方法求解失效概率的置信上限 p_i^u, 此时失效概率 p_i 的验后分布 $\pi(p_i | s_i, r_i)$ 如式 (4.1.14) 所示. 据此定义

$$\begin{aligned}
G(x, s, r) &= \int_0^x \frac{\displaystyle\int_1^c \int_0^1 \frac{p^{a+r-1}(1-p)^{s-r+b-1}}{\mathrm{B}(a,b)}\,dadb}{\displaystyle\int_1^c \int_0^1 \frac{\mathrm{B}(a+r, s+b-r)}{\mathrm{B}(a,b)}\,dadb}\,dp \\
&= \frac{\displaystyle\int_1^c \int_0^1 \frac{\mathrm{B}(x; a+r, s+b-r)}{\mathrm{B}(a,b)}\,dadb}{\displaystyle\int_1^c \int_0^1 \frac{\mathrm{B}(a+r, s+b-r)}{\mathrm{B}(a,b)}\,dadb}
\end{aligned} \tag{4.4.10}$$

其中

$$\mathrm{B}(x; a, s+b) = \int_0^x p^{a-1}(1-p)^{s+b-1}\,dp \tag{4.4.11}$$

为不完全贝塔函数. 根据置信上限的定义, 在置信水平 $(1-\alpha)$ 下求解方程

$$G(x, s_i, r_i) = 1 - \alpha \tag{4.4.12}$$

得到的根即为失效概率置信上限 p_i^u 的估计值 $\hat{p}_i^u$, 其中 $i = 1, \cdots, k$. 注意到式 (4.4.10) 中的函数 $G(x, s, r)$ 是关于 x 的严格增函数, 且 $G(0, s, r) = 0$, $G(1, s, r) = 1$, 故可以利用二分法求解式 (4.4.12), 且 $\hat{p}_i^u$ 必然存在.

若以 E-Bayes 估计方法求解失效概率的置信上限 p_i^u, 此时失效概率 p_i 的验后分布 $\pi(p_i | s_i, r_i)$ 如式 (4.1.9) 所示, 结合超参数 a 和 b 的分布 $\pi(a, b)$, 此时失效概率置信上限的估计值 $\hat{p}_i^u$ 为

$$\hat{p}_i^u = \int_a \int_b \pi(a, b)\, \mathrm{B}_{1-\alpha}^p\left(p_i; a+r_i, b+s_i-r_i\right) dadb \tag{4.4.13}$$

其中 $\mathrm{B}_{1-\alpha}^p\left(p_i; a+r_i, b+s_i-r_i\right)$ 为贝塔分布 $\mathrm{Beta}(p_i; a+r_i, b+s_i-r_i)$ 的 $(1-\alpha)$ 分位点, $i = 1, \cdots, k$. 特别地, 当 $\pi(a, b)$ 为式 (4.1.11) 中的均匀分布时, $\hat{p}_i^u$ 为

$$\hat{p}_i^u = \frac{1}{c-1} \int_a \int_b \mathrm{B}_{1-\alpha}^p\left(p_i; a+r_i, b+s_i-r_i\right) dadb$$

2. 失效概率置信上限的次序性分析

注意到在基于 Bayes 的失效概率点估计方法中, 重点分析了各种失效概率的 Bayes 点估计 $\hat{p}_i$ 是否满足次序性, 即 $\hat{p}_i$ 是否满足 $\hat{p}_1 < \cdots < \hat{p}_k$. 类似地, 也需要考察这些方法所得的失效概率置信上限的估计 $\hat{p}_i^u$ 是否也满足次序性, 即是否存在 $\hat{p}_1^u < \cdots < \hat{p}_k^u$. 下面分别讨论改进的 Bayes 方法、E-Bayes 方法和多层 Bayes 方法.

1) 改进的 Bayes 估计方法的次序性

对于改进的 Bayes 估计方法, 失效概率置信上限 p_i^u 的估计值 $\hat{p}_i^u$ 如式 (4.4.9) 所示, 即为贝塔分布 $\mathrm{Beta}(p_i; a_i + r_i, b_i + s_i - r_i)$ 的 $(1 - \alpha)$ 分位点, 其中 $i = 1, \cdots, k$. 由于在求解超参数 a_i 和 b_i 的过程中保证了失效概率点估计的次序性, 因而贝塔分布 $\mathrm{Beta}(p_i; a_i + r_i, b_i + s_i - r_i)$ 的 $(1 - \alpha)$ 分位点也满足次序性, 即 $\hat{p}_i^u$ 满足次序性, 其中 $i = 1, \cdots, k$. 故改进的 Bayes 估计方法满足失效概率置信上限估计的次序性.

2) E-Bayes 方法的次序性

对于 E-Bayes 方法, 失效概率置信上限 p_i^u 的估计值 $\hat{p}_i^u$ 如式 (4.4.13) 所示, 此时 $\hat{p}_i^u$ 的次序性是否成立, 其关键是贝塔分布 $\mathrm{Beta}(p_i; a + r_i, b + s_i - r_i)$ 的 $(1 - \alpha)$ 分位点 $\mathrm{B}_{1-\alpha}^p (p_i; a + r_i, b + s_i - r_i)$ 是否满足次序性, 若分位点 $\mathrm{B}_{1-\alpha}^p (p_i; a + r_i, b + s_i - r_i)$ 满足次序性, 则 $\hat{p}_i^u$ 的次序性就成立, 其中 $i = 1, \cdots, k$.

3) 多层 Bayes 方法的次序性

对于多层 Bayes 方法, 失效概率置信上限 p_i^u 的估计值 $\hat{p}_i^u$ 如式 (4.4.12) 所示, 即 $\hat{p}_i^u$ 的求解与 s_i 和 r_i 有关, 其中 $i = 1, \cdots, k$. 类似于失效概率点估计的次序性证明方法, 为研究失效概率置信上限的次序性, 先考察式 (4.4.10) 中函数 $G(x, s, r)$ 关于 s 和 r 的一阶偏导数.

函数 $G(x, s, r)$ 关于 s 的一阶偏导数为

$$\frac{\partial G(x, s, r)}{\partial s} = \left[\int_1^c \int_0^1 \frac{\mathrm{B}(a + r, s + b - r)}{\mathrm{B}(a, b)} da\, db \right]^{-2} h(s, r)$$

其中

$$h(s, r) = \int_1^c \int_0^1 \frac{1}{\mathrm{B}(a, b)} \frac{\partial \mathrm{B}(x; a + r, s + b - r)}{\partial s} da\, db \int_1^c \int_0^1 \frac{\mathrm{B}(a + r, s + b - r)}{\mathrm{B}(a, b)} da\, db$$

$$- \int_1^c \int_0^1 \frac{\mathrm{B}(x; a + r, s + b - r)}{\mathrm{B}(a, b)} da\, db \int_1^c \int_0^1 \frac{1}{\mathrm{B}(a, b)} \frac{\partial \mathrm{B}(a + r, s + b - r)}{\partial s} da\, db$$

显然存在

$$\mathrm{B}(x; a + r, s + b - r) \leqslant \mathrm{B}(a + r, s + b - r)$$

于是

$$\int_1^c \int_0^1 \frac{\mathrm{B}(x; a + r, s + b - r)}{\mathrm{B}(a, b)} da\, db \leqslant \int_1^c \int_0^1 \frac{\mathrm{B}(a + r, s + b - r)}{\mathrm{B}(a, b)} da\, db$$

则

$$h\left(s,r\right) \geqslant \int_1^c \int_0^1 \frac{1}{\mathrm{B}\left(a,b\right)} \frac{\partial \mathrm{B}\left(x; a+r, s+b-r\right)}{\partial s} dadb \int_1^c \int_0^1 \frac{\mathrm{B}\left(a+r, s+b-r\right)}{\mathrm{B}\left(a,b\right)} dadb$$

$$- \int_1^c \int_0^1 \frac{\mathrm{B}\left(a+r, s+b-r\right)}{\mathrm{B}\left(a,b\right)} dadb \int_1^c \int_0^1 \frac{1}{\mathrm{B}\left(a,b\right)} \frac{\partial \mathrm{B}\left(a+r, s+b-r\right)}{\partial s} dadb$$

进一步可得

$$h\left(s,r\right)$$
$$\geqslant \left[\int_1^c \int_0^1 \frac{1}{\mathrm{B}\left(a,b\right)} \frac{\partial \mathrm{B}\left(x; a+r, s+b-r\right)}{\partial s} dadb \right.$$
$$\left. - \int_1^c \int_0^1 \frac{1}{\mathrm{B}\left(a,b\right)} \frac{\partial \mathrm{B}\left(a+r, s+b-r\right)}{\partial s} dadb \right]$$
$$\times \int_1^c \int_0^1 \frac{\mathrm{B}\left(a+r, s+b-r\right)}{\mathrm{B}\left(a,b\right)} dadb$$
$$= \int_1^c \int_0^1 \frac{1}{\mathrm{B}\left(a,b\right)} \frac{\partial}{\partial s} \left[\mathrm{B}\left(x; a+r, s+b-r\right) - \mathrm{B}\left(a+r, s+b-r\right)\right] dadb$$
$$\times \int_1^c \int_0^1 \frac{\mathrm{B}\left(a+r, s+b-r\right)}{\mathrm{B}\left(a,b\right)} dadb$$

又由于

$$\mathrm{B}\left(x; a+r, s+b-r\right) - \mathrm{B}\left(a+r, s+b-r\right) = -\int_x^1 p^{a+r-1}\left(1-p\right)^{s-r+b-1} dp$$

故

$$\frac{\partial}{\partial s} \left[\mathrm{B}\left(x; a+r, s+b-r\right) - \mathrm{B}\left(a+r, s+b-r\right)\right]$$
$$= \frac{\partial}{\partial s} \left[-\int_x^1 p^{a+r-1}\left(1-p\right)^{s+b-r-1} dp \right]$$
$$= -\int_x^1 p^{a+r-1}\left(1-p\right)^{s+b-r-1} \ln\left(1-p\right) dp$$
$$> 0$$

最终可得 $h\left(s,r\right) > 0$, 则有

$$\frac{\partial G\left(x,s,r\right)}{\partial s} > 0$$

可知函数 $G\left(x,s,r\right)$ 是关于 s 的严格增函数. 这说明对于样本 (t_i, n_i, r_i), 其中 $i = 1, \cdots, k$, $s_i > s_j$ 当 $r_i = r_j$ 时, 考虑样本数据 t_i 和 t_j 的失效概率置信上限 $\hat{p}_i^u$ 和 $\hat{p}_j^u$, 其中 $G\left(\hat{p}_i^u, s_i, r_i\right) = 1-\alpha$, $G\left(\hat{p}_j^u, s_j, r_j\right) = 1-\alpha$. 由于

$$G\left(\hat{p}_i^u, s_i, r_i\right) = G\left(\hat{p}_j^u, s_j, r_j\right) = 1-\alpha$$

且根据 $G(x, s, r)$ 关于 s 的单调增性质有

$$G(\hat{p}_i^u, s_i, r_i) > G(\hat{p}_i^u, s_j, r_j)$$

故有 $\hat{p}_i^u < \hat{p}_j^u$. 可知当 r_i 不变时, 失效概率的置信上限 $\hat{p}_i^u$ 随着 s_i 的减小而增大, 其中 $i = 1, \cdots, k$.

而函数 $G(x, s, r)$ 关于 r 的一阶偏导数为

$$\frac{\partial G(x, s, r)}{\partial r} = \left[\int_1^c \int_0^1 \frac{B(a+r, s+b-r)}{B(a, b)} dadb \right]^{-2} g(s, r)$$

其中

$$g(s, r) = \int_1^c \int_0^1 \frac{1}{B(a, b)} \frac{\partial B(x; a+r, s+b-r)}{\partial r} dadb \int_1^c \int_0^1 \frac{B(a+r, s+b-r)}{B(a, b)} dadb$$

$$- \int_1^c \int_0^1 \frac{B(x; a+r, s+b-r)}{B(a, b)} dadb \int_1^c \int_0^1 \frac{1}{B(a, b)} \frac{\partial B(a+r, s+b-r)}{\partial r} dadb$$

由于

$$\frac{\partial B(x; a+r, s+b-r)}{\partial r}$$

$$= \frac{\partial}{\partial r} \int_0^x p^{a+r-1} (1-p)^{s+b-r-1} dp$$

$$= \int_0^x \left[p^{a+r-1} (1-p)^{s+b-r-1} \ln p \right] - \left[p^{a+r-1} (1-p)^{s+b-r-1} \ln (1-p) \right] dp$$

$$= \int_0^x p^{a+r-1} (1-p)^{s+b-r-1} \ln \left(\frac{p}{1-p} \right) dp$$

$$\frac{\partial}{\partial r} \frac{B(a+r, s+b-r)}{B(a, b)} = \frac{B(a+r, s+b-r)}{B(a, b)} \left[\varphi^{(1)}(a+r) + \varphi^{(1)}(s+b-r) \right]$$

其中 $\varphi^{(1)}(\cdot)$ 见式 (2.2.9), 则有

$$g(s, r) = \int_1^c \int_0^1 \frac{1}{B(a, b)} \int_0^x p^{a+r-1} (1-p)^{s+b-r-1} \ln \left(\frac{p}{1-p} \right) dpdadb$$

$$\times \int_1^c \int_0^1 \frac{B(a+r, s+b-r)}{B(a, b)} dadb$$

$$- \int_1^c \int_0^1 \frac{1}{B(a, b)} \int_0^x p^{a+r-1} (1-p)^{s+b-r-1} dpdadb$$

$$\times \int_1^c \int_0^1 \frac{B(a+r, s+b-r)}{B(a, b)} \left[\varphi^{(1)}(a+r) + \varphi^{(1)}(s+b-r) \right] dadb$$

进一步有

$$
\begin{aligned}
g\left(s,r\right) &= \int_1^c \int_0^1 \int_1^c \int_0^1 \frac{\mathrm{B}\left(u+r,s+v-r\right)}{\mathrm{B}\left(u,v\right)\mathrm{B}\left(a,b\right)} \int_0^x p^{a+r-1} \\
&\quad \cdot \left(1-p\right)^{s+b-r-1} \ln\left(\frac{p}{1-p}\right) dpdadbdudv \\
&\quad - \int_1^c \int_0^1 \frac{\mathrm{B}\left(u+r,s+v-r\right)}{\mathrm{B}\left(u,v\right)\mathrm{B}\left(a,b\right)} \int_0^x p^{a+r-1}\left(1-p\right)^{s+b-r-1} \\
&\quad \left[\varphi^{(1)}\left(a+r\right)+\varphi^{(1)}\left(s+b-r\right)\right]dpdadb \\
&< 0
\end{aligned}
$$

因而有

$$
\frac{\partial G\left(x,s,r\right)}{\partial r} < 0
$$

可知函数 $G\left(x,s,r\right)$ 是关于 r 的减函数. 类似地, 可知对于样本 (t_i,n_i,r_i), 其中 $i=1,\cdots,k$, 当 $s_i=s_j$ 且 $r_i<r_j$ 时, 考虑样本数据 t_i 和 t_j 的失效概率置信上限 $\hat{p}_i^u$ 和 $\hat{p}_j^u$, 其中 $G\left(\hat{p}_i^u,s_i,r_i\right)=1-\alpha$, $G\left(\hat{p}_j^u,s_j,r_j\right)=1-\alpha$. 由于

$$
G\left(\hat{p}_i^u,s_i,r_i\right)=G\left(\hat{p}_j^u,s_j,r_j\right)=1-\alpha
$$

且根据 $G\left(x,s,r\right)$ 关于 r 的单调减性质有

$$
G\left(\hat{p}_i^u,s_i,r_i\right) > G\left(\hat{p}_i^u,s_j,r_j\right)
$$

故有 $\hat{p}_i^u < \hat{p}_j^u$. 可知当 s_i 不变时, 失效概率的置信上限 $\hat{p}_i^u$ 随着 r_i 的增大而增大, 其中 $i=1,\cdots,k$.

　　另外, 对于样本 (t_i,n_i,r_i), 再考察 s_i 和 r_i 同时变化时 $\hat{p}_i^u$ 的次序性, 其中 $i=1,\cdots,k$. 显然当 $r_i<r_j$ 和 $s_i>s_j$ 时, $\hat{p}_i^u<\hat{p}_j^u$ 也成立. 最后分析 $r_i>r_j$ 和 $s_i>s_j$ 这种变化下 $\hat{p}_i^u$ 的次序性, 此时考虑一种特殊情况, 令 $r_i=1$, $r_j=0$, $s_i=s+1$, $s_j=s$, 可知 $G\left(\hat{p}_i^u,s+1,1\right)=1-\alpha$, $G\left(\hat{p}_j^u,s,0\right)=1-\alpha$. 现分析函数

$$
G\left(x,s+1,1\right) = \frac{\displaystyle\int_1^c \int_0^1 \frac{\mathrm{B}\left(x;a+1,s+b\right)}{\mathrm{B}\left(a,b\right)}dadb}{\displaystyle\int_1^c \int_0^1 \frac{\mathrm{B}\left(a+1,s+b\right)}{\mathrm{B}\left(a,b\right)}dadb}
$$

和函数

$$
G\left(x,s,0\right) = \frac{\displaystyle\int_1^c \int_0^1 \frac{\mathrm{B}\left(x;a,s+b\right)}{\mathrm{B}\left(a,b\right)}dadb}{\displaystyle\int_1^c \int_0^1 \frac{\mathrm{B}\left(a,s+b\right)}{\mathrm{B}\left(a,b\right)}dadb}
$$

二者之差为

$$G\left(x, s+1, 1\right) - G\left(x, s, 0\right)$$

$$= \frac{\int_1^c \int_0^1 \dfrac{\mathrm{B}\left(x; a+1, s+b\right)}{\mathrm{B}\left(a, b\right)} dadb}{\int_1^c \int_0^1 \dfrac{\mathrm{B}\left(a+1, s+b\right)}{\mathrm{B}\left(a, b\right)} dadb} - \frac{\int_1^c \int_0^1 \dfrac{\mathrm{B}\left(x; a, s+b\right)}{\mathrm{B}\left(a, b\right)} dadb}{\int_1^c \int_0^1 \dfrac{\mathrm{B}\left(a, s+b\right)}{\mathrm{B}\left(a, b\right)} dadb}$$

$$= \frac{d\left(x, s\right)}{\left[\int_1^c \int_0^1 \dfrac{\mathrm{B}\left(a+1, s+b\right)}{\mathrm{B}\left(a, b\right)} dadb\right]\left[\int_1^c \int_0^1 \dfrac{\mathrm{B}\left(a, s+b\right)}{\mathrm{B}\left(a, b\right)} dadb\right]}$$

其中

$$d\left(x, s\right) = \int_1^c \int_0^1 \frac{\mathrm{B}\left(x; a+1, s+b\right)}{\mathrm{B}\left(a, b\right)} dadb \int_1^c \int_0^1 \frac{\mathrm{B}\left(a, s+b\right)}{\mathrm{B}\left(a, b\right)} dadb$$

$$- \int_1^c \int_0^1 \frac{\mathrm{B}\left(x; a, s+b\right)}{\mathrm{B}\left(a, b\right)} dadb \int_1^c \int_0^1 \frac{\mathrm{B}\left(a+1, s+b\right)}{\mathrm{B}\left(a, b\right)} dadb$$

由于

$$\frac{\mathrm{B}\left(a+1, s+b\right)}{\mathrm{B}\left(a, b\right)} = \frac{a}{a+s+b} \frac{\mathrm{B}\left(a, s+b\right)}{\mathrm{B}\left(a, b\right)}$$

可化简得

$$d\left(x, s\right) = \int_1^c \int_0^1 \int_1^c \int_0^1 \frac{\mathrm{B}\left(u, s+v\right)}{\mathrm{B}\left(u, v\right)} \frac{\mathrm{B}\left(x; a+1, s+b\right)}{\mathrm{B}\left(a, b\right)} dadbdudv$$

$$- \int_1^c \int_0^1 \int_1^c \int_0^1 \frac{a}{a+s+b} \frac{\mathrm{B}\left(u, s+v\right)}{\mathrm{B}\left(u, v\right)} \frac{\mathrm{B}\left(x; a, s+b\right)}{\mathrm{B}\left(a, b\right)} dadbdudv$$

$$= \int_1^c \int_0^1 \int_1^c \int_0^1 \frac{\mathrm{B}\left(u, s+v\right)}{\mathrm{B}\left(u, v\right) \mathrm{B}\left(a, b\right)} w\left(x, s\right) dadbdudv$$

其中

$$w\left(x, s\right) = \int_0^x p^{a-1}\left(1-p\right)^{s+b-1}\left(p - \frac{a}{a+s+b}\right) dp$$

由 $d\left(x, s\right) < 0$ 可知, 对于同样的 x, 存在

$$G\left(x, s+1, 1\right) < G\left(x, s, 0\right)$$

在 s 的部分取值下, $G\left(x, s+1, 1\right) - G\left(x, s, 0\right)$ 关于 x 的取值如图 4.10 所示, 其中取参数 $c = 5$. 由于

$$G\left(\hat{p}_i^u, s+1, 1\right) = G\left(\hat{p}_j^u, s, 0\right) = 1 - \alpha$$

但 $G\left(\hat{p}_i^u, s+1, 1\right) < G\left(\hat{p}_i^u, s, 0\right)$, 故此时存在 $\hat{p}_i^u > \hat{p}_j^u$, 即失效概率的置信上限不满足次序性. 上述分析表明, 基于多层 Bayes 估计的失效概率置信上限求解结果不能保证失效概率置信上限的次序性恒成立.

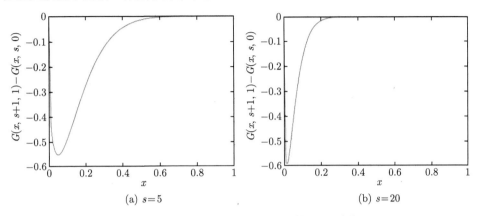

(a) $s=5$ (b) $s=20$

图 4.10 参数 s 的特定取值下函数 G 的差值

3. 失效概率置信上限曲线的拟合方法

在求得失效概率的置信上限估计值 $\hat{p}_i^u$ 后, 可采用类似于图 4.3 中所示的拟合分布曲线的方法, 通过拟合诸点 $\left(t_i, \hat{p}_i^u\right)$ 得到失效概率的置信上限曲线, 其中 $i = 1, \cdots, k$. 以改进的 Bayes 方法为例, 基于式 (4.4.9) 中的失效概率置信上限估计值, 假若利用式 (4.2.1) 中通过分布函数取两次对数变换后构造的线性模型以及式 (4.2.4) 中不加权的纵坐标误差函数, 此时拟合失效概率的置信上限曲线要求

$$\sum_{i=1}^n \left(\hat{y}_i^u - m x_i - b\right)^2$$

最小, 其中 $\hat{y}_i^u = \ln\left[-\ln\left(1 - \hat{p}_i^u\right)\right]$, $x_i = \ln t_i$, $i = 1, \cdots, k$. 注意由于此时可以给出样本中所有数据的失效概率置信上限, 因而误差和函数中包括全部数据的拟合误差, 经过计算可得失效概率置信上限的拟合直线 $y = \hat{m}_l^U x - \hat{m}_l^U \ln \hat{\eta}_l^L$, 其中类似于式 (4.3.2), 可得

$$\begin{aligned}
\hat{m}_l^U &= \frac{n \sum_{i=1}^n x_i \hat{y}_i^u - \sum_{i=1}^n \hat{y}_i^u \sum_{i=1}^n x_i}{n \sum_{i=1}^n x_i^2 - \left(\sum_{i=1}^n x_i\right)^2} \\
\hat{\eta}_l^L &= \exp\left(\sum_{i=1}^n \frac{x_i}{n} - \sum_{i=1}^n \frac{\hat{y}_i^u}{n \hat{m}_l^U}\right)
\end{aligned} \tag{4.4.14}$$

式 (4.4.14) 给出的 $\hat{m}_l^U$ 和 $\hat{\eta}_l^L$ 反映了失效概率置信上限曲线对于分布参数的要求, 进而可求得置信水平 $(1-\alpha)$ 下可靠度 $R(t)$ 的置信下限, 记为 $R_L^f(t)$, 可得

$$R_L^f(t) = R\left(t; \hat{m}_l^U, \hat{\eta}_l^L\right) = \exp\left[-\left(\frac{t}{\hat{\eta}_l^L}\right)^{\hat{m}_l^U}\right] \tag{4.4.15}$$

与式 (4.3.2) 相比, 此时已拟合得到两条直线, 一是关于失效概率点估计的直线 $y = \hat{m}_l x - \hat{m}_l \ln\hat{\eta}_l$, 二是关于失效概率置信上限的直线 $y = \hat{m}_l^U x - \hat{m}_l^U \ln\hat{\eta}_l^L$. 注意到两条直线的斜率和截距都不相同, 下面探讨这两条拟合直线的关系.

首先, 比较斜率 $\hat{m}_l$ 和 $\hat{m}_l^U$. 在应用中, 由于置信水平一般都不低于 0.7, 故可认为 $\hat{p}_i^u > \hat{p}_i$, 等价于 $\hat{y}_i^u > \hat{y}_i$, 则

$$\hat{m}_l^U - \hat{m}_l = \frac{n\sum_{i=1}^n x_i(\hat{y}_i^u - \hat{y}_i) - \sum_{i=1}^n(\hat{y}_i^u - \hat{y}_i)\sum_{i=1}^n x_i}{n\sum_{i=1}^n x_i^2 - \left(\sum_{i=1}^n x_i\right)^2} > 0$$

其次, 比较截距 $-\hat{m}_l\ln\hat{\eta}_l$ 和 $-\hat{m}_l^U\ln\hat{\eta}_l^L$. 由于

$$-\hat{m}_l^U\ln\hat{\eta}_l^L + \hat{m}_l\ln\hat{\eta}_l = -\sum_{i=1}^n \frac{\hat{m}_l^U x_i}{n} + \sum_{i=1}^n \frac{\hat{y}_i^u}{n} + \sum_{i=1}^n \frac{\hat{m}_l x_i}{n} - \sum_{i=1}^n \frac{\hat{y}_i}{n}$$

$$= \frac{\sum_{i=1}^n \hat{y}_i^u \sum_{i=1}^n x_i^2 - \sum_{i=1}^n x_i \sum_{i=1}^n x_i\hat{y}_i^u}{n\sum_{i=1}^n x_i^2 - \left(\sum_{i=1}^n x_i\right)^2} - \frac{\sum_{i=1}^n \hat{y}_i \sum_{i=1}^n x_i^2 - \sum_{i=1}^n x_i \sum_{i=1}^n x_i\hat{y}_i}{n\sum_{i=1}^n x_i^2 - \left(\sum_{i=1}^n x_i\right)^2}$$

于是, $\sum_{i=1}^n \hat{y}_i^u \sum_{i=1}^n x_i^2 - \sum_{i=1}^n x_i \sum_{i=1}^n x_i\hat{y}_i^u$ 和 $\sum_{i=1}^n \hat{y}_i \sum_{i=1}^n x_i^2 - \sum_{i=1}^n x_i \sum_{i=1}^n x_i\hat{y}_i$ 是比较截距 $-\hat{m}_l\ln\hat{\eta}_l$ 和 $-\hat{m}_l^U\ln\hat{\eta}_l^L$ 大小关系的关键. 为此考察

$$\ln\hat{\eta}_l^L - \ln\hat{\eta}_l = \sum_{i=1}^n \frac{x_i}{n} - \sum_{i=1}^n \frac{\hat{y}_i^u}{n\hat{m}_l^U} - \sum_{i=1}^n \frac{x_i}{n} + \sum_{i=1}^n \frac{\hat{y}_i}{n\hat{m}_l}$$

$$= \frac{\sum_{i=1}^n x_i \sum_{i=1}^n x_i\hat{y}_i^u - \sum_{i=1}^n \hat{y}_i^u \sum_{i=1}^n x_i^2}{n\sum_{i=1}^n x_i\hat{y}_i^u - \sum_{i=1}^n \hat{y}_i^u \sum_{i=1}^n x_i} - \frac{\sum_{i=1}^n x_i \sum_{i=1}^n x_i\hat{y}_i - \sum_{i=1}^n \hat{y}_i \sum_{i=1}^n x_i^2}{n\sum_{i=1}^n x_i\hat{y}_i - \sum_{i=1}^n \hat{y}_i \sum_{i=1}^n x_i}$$

根据 $\hat{m}_l^U > \hat{m}_l$, 可知

$$n\sum_{i=1}^n x_i\hat{y}_i^u - \sum_{i=1}^n \hat{y}_i^u \sum_{i=1}^n x_i > n\sum_{i=1}^n x_i\hat{y}_i - \sum_{i=1}^n \hat{y}_i \sum_{i=1}^n x_i$$

则有

$$
\ln \hat{\eta}_l^L - \ln \hat{\eta}_l > \frac{\left(\sum_{i=1}^{n} x_i \sum_{i=1}^{n} x_i \hat{y}_i^u - \sum_{i=1}^{n} \hat{y}_i^u \sum_{i=1}^{n} x_i^2 \right) - \left(\sum_{i=1}^{n} x_i \sum_{i=1}^{n} x_i \hat{y}_i - \sum_{i=1}^{n} \hat{y}_i \sum_{i=1}^{n} x_i^2 \right)}{n \sum_{i=1}^{n} x_i \hat{y}_i^u - \sum_{i=1}^{n} \hat{y}_i^u \sum_{i=1}^{n} x_i}
$$

又由于 $\ln \hat{\eta}_l^L < \ln \hat{\eta}_l$, 故得

$$
\sum_{i=1}^{n} x_i \sum_{i=1}^{n} x_i \hat{y}_i^u - \sum_{i=1}^{n} \hat{y}_i^u \sum_{i=1}^{n} x_i^2 < \sum_{i=1}^{n} x_i \sum_{i=1}^{n} x_i \hat{y}_i - \sum_{i=1}^{n} \hat{y}_i \sum_{i=1}^{n} x_i^2
$$

最终有 $-\hat{m}_l^U \ln \hat{\eta}_l^L > -\hat{m}_l \ln \hat{\eta}_l$.

这说明拟合得到的失效概率置信上限直线 $y = \hat{m}_l^U x - \hat{m}_l^U \ln \hat{\eta}_l^L$, 其斜率和截距都大于失效概率点估计直线 $y = \hat{m}_l x - \hat{m}_l \ln \hat{\eta}_l$, 因而两条直线会相交, 但交点的横坐标 $x < 0$, 而当 $x > 0$ 时两条直线永不相交. 这说明在任务时刻 $t > 1$ 时, 根据这种思路求得的可靠度 $R(t)$ 的置信下限曲线永远在点估计曲线的下侧, 即可靠度 $R(t)$ 的置信下限小于点估计. 但当任务时刻 $t < 1$ 时, $R(t)$ 的置信下限曲线与点估计曲线除了相交于起点 $(0, 1)$ 外, 还有一个交点. 大量的数值实验表明这个交点非常接近起点, 可以近似忽略不计. 因此, 按照这种方法得到的可靠度置信下限 $R_L^f(t)$ 是可行的.

4. 失效概率置信上限曲线拟合方法的适用性

上述分析表明, 为了保证采用基于失效概率置信上限曲线拟合的方法所构建的可靠度置信下限结果的适用性和可信性, 应保证以下几方面.

(1) 如果通过拟合失效概率置信上限曲线的方法构建可靠度的置信下限, 需要在估计失效概率时采用基于 Bayes 的失效概率估计方法, 这样才可以同时给出失效概率的置信上限.

(2) 为了进一步保证失效概率置信上限的次序性, 应采用同一种 Bayes 估计方法同时给出失效概率的点估计和置信上限. 例如, 如果采用改进的 Bayes 方法求解失效概率的点估计, 需要同时采用改进的 Bayes 方法给出失效概率的置信上限.

(3) 考虑到在拟合分布曲线给出可靠度点估计和拟合失效概率置信上限曲线给出可靠度置信下限的过程中, 都采用的是图 4.3 中所示的方法, 为了保证拟合曲线后给出的可靠度点估计曲线和可靠度置信下限曲线满足实际要求, 应保证采用同一种方法同时拟合分布曲线和失效概率置信上限曲线. 例如, 如果利用式 (4.2.1) 中通过分布函数取两次对数变换后构造的线性模型以及式 (4.2.4) 中不加权的纵坐标误差函数拟合分布曲线给出可靠度的点估计, 需要同时利用这个方法拟合失效概率置信上限曲线从而给出可靠度的置信下限.

4.4.3 基于 bootstrap 方法的置信区间

从图 4.9 可知, 针对基于枢轴量的置信区间估计方法, 如果选择基于分布函数取一次对数变换构造拟合模型来拟合分布曲线, 所给出的分布参数点估计也不能构建所需的枢轴量. 此时, 可利用 bootstrap 方法构建置信区间, 其中基于 BCa bootstrap 方法构建置信区间的方法如下.

算法 4.2　给定原始样本 (t_i, δ_i), 其中 $i = 1, \cdots, n$, 抽样的样本量为 B.

步骤 1: 利用原始样本, 根据式 (4.3.6) 给出分布参数 m 和 η 的点估计 $\hat{m}_l$ 和 $\hat{\eta}_l$, 再利用式 (4.3.7) 计算可靠度 $R(t)$ 的点估计 $\hat{R}_l(t)$;

步骤 2: 从分布参数为 $\hat{m}_l$ 和 $\hat{\eta}_l$ 的韦布尔分布中生成 n 个随机数, 并升序排列为 $T_1 < \cdots < T_n$. 根据原始样本的寿命试验类型, 生成 bootstrap 样本 (t_i^b, δ_i^b), 例如, 若原始样本为不等定时截尾样本, 则对应原始样本有 n 个截止时刻 $\tau_1 \leqslant \cdots \leqslant \tau_n$, 则此时 $t_i^b = \min(T_i, \tau_i)$, 其中 $i = 1, \cdots, n$;

步骤 3: 若 $r_b = \sum_{i=1}^n \delta_i^b > 1$, 则认为步骤 2 中的 (t_i^b, δ_i^b) 为所需的 bootstrap 样本, 其中 $i = 1, \cdots, n$, 否则返回步骤 2;

步骤 4: 根据 bootstrap 样本 (t_i^b, δ_i^b), 其中 $i = 1, \cdots, n$, 根据式 (4.3.6) 算得一组分布参数的 bootstrap 估计值 $\hat{m}_l^b$ 和 $\hat{\eta}_l^b$;

步骤 5: 根据 m 和 η 的 bootstrap 估计值 $\hat{m}_l^b$ 和 $\hat{\eta}_l^b$, 利用式 (4.3.7) 算得可靠度 $R(t)$ 的一个 bootstrap 估计值 $\hat{R}_l^b(t)$;

步骤 6: 重复步骤 2—步骤 5 共 B 次, 直到获得了 B 个 m 和 η 以及 $R(t)$ 的 bootstrap 估计值, 再升序排列为 $\hat{m}_{l,1}^b < \cdots < \hat{m}_{l,B}^b$, $\hat{\eta}_{l,1}^b < \cdots < \hat{\eta}_{l,B}^b$ 和 $\hat{R}_{l,1}^b(t) < \cdots < \hat{R}_{l,B}^b(t)$.

在置信水平 $(1 - \alpha)$ 下可得分布参数 m 和 η 的置信区间为

$$\left[\hat{\theta}_{l,\lceil Bp_l \rceil}^b, \hat{\theta}_{l,\lceil Bp_u \rceil}^b\right] \tag{4.4.16}$$

其中 θ 统一代表分布参数 m 和 η,

$$p_l = \Phi\left(Z_0 + \frac{Z_0 - U_{\alpha/2}}{1 - a(Z_0 - U_{\alpha/2})}\right)$$

$$p_u = \Phi\left(Z_0 + \frac{Z_0 + U_{\alpha/2}}{1 - a(Z_0 + U_{\alpha/2})}\right)$$

$$Z_0 = \Phi^{-1}\left[\frac{\sum_{i=1}^B I\left(\hat{\theta}_{l,i}^b \leqslant \hat{\theta}_l\right)}{B}\right]$$

$$a = \frac{\frac{1}{B} \sum_{i=1}^{B} \left(\hat{\theta}_{l,i}^{b} - \bar{\theta} \right)^{3}}{6 \left[\frac{1}{B} \sum_{i=1}^{B} \left(\hat{\theta}_{l,i}^{b} - \bar{\theta} \right)^{2} \right]^{3/2}}$$

$$\bar{\theta} = \frac{1}{B} \sum_{i=1}^{B} \hat{\theta}_{l,i}^{b}$$

而 $R(t)$ 的置信下限为

$$R_L^B (t) = \hat{R}_{l, \lceil p_l B \rceil}^{b} (t) \tag{4.4.17}$$

其中

$$p_l = \Phi \left(Z_0 + \frac{Z_0 - U_{\alpha}}{1 - a \left(Z_0 - U_{\alpha} \right)} \right)$$

$$Z_0 = \Phi^{-1} \left[\frac{\sum_{i=1}^{B} I \left(\hat{R}_{l,i}^{b} (t) \leqslant \hat{R}_l (t) \right)}{B} \right]$$

$$a = \frac{\frac{1}{B} \sum_{i=1}^{B} \left(\hat{R}_{l,i}^{b} (t) - \bar{R} (t) \right)^{3}}{6 \left[\frac{1}{B} \sum_{i=1}^{B} \left(\hat{R}_{l,i}^{b} (t) - \bar{R} (t) \right)^{2} \right]^{3/2}}$$

$$\bar{R} (t) = \frac{1}{B} \sum_{i=1}^{B} \hat{R}_{l,i}^{b} (t)$$

式 (4.4.16) 中分布参数 m 和 η 的置信区间以及式 (4.4.17) 中可靠度 $R(t)$ 的置信下限都是基于式 (4.3.6) 中分布参数 m 和 η 的点估计 $\hat{m}_l$ 和 $\hat{\eta}_l$ 得到的. 而针对分布参数 m 和 η 的点估计 $\hat{m}_l$ 和 $\hat{\eta}_l$, 可以利用图 4.3 中的任意一种方法求得, 如果将步骤 1 中所用的式 (4.3.6) 中的点估计 $\hat{m}_l$ 和 $\hat{\eta}_l$ 替换为其他任意一种点估计, 其余步骤不变, 即可给出不同的基于 BCa bootstrap 方法的置信区间结果, 在此不再详述.

4.5 算 例 分 析

本节仍以 3.3 节中的蓄电池为对象, 说明基于分布曲线拟合的可靠性统计方法的应用过程, 求解可靠性指标的点估计和置信区间, 具体的样本数据见图 3.7.

4.5.1   可靠性指标的点估计

首先介绍可靠性指标的点估计求解过程, 按照图 4.3 中的方法步骤, 包括失效概率的点估计、分布曲线的拟合方法以及可靠性指标的估计等内容, 具体如下.

1. 失效概率的点估计

首先分别利用基于秩的失效概率估计方法和基于 Bayes 的失效概率估计方法求解失效概率的点估计.

关于基于秩的失效概率估计方法, 由于图 3.7 中的样本数据是截尾样本, 且只有 2 个失效数据, 故只能得到 2 个失效数据的失效概率点估计. 若采用式 (4.1.2) 中的 Herd-Johnson 法求解失效概率的点估计, 所得结果如图 4.11 所示.

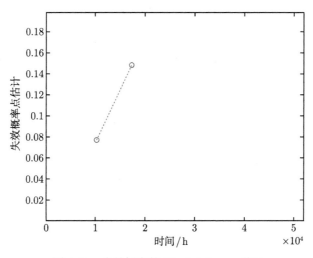

图 4.11   失效概率的 Herd-Johnson 估计

采用基于 Bayes 的失效概率估计方法, 可给出图 3.7 中所有样本数据的失效概率点估计. 针对失效概率的 E-Bayes 估计, 取参数 $c = 5$, 根据式 (4.1.12) 求得的结果如图 4.12 所示. 显然, 失效概率的 E-Bayes 估计不满足次序性, 这是由图 3.7 中的样本数据属于不等定时截尾数据造成的.

针对失效概率的多层 Bayes 估计, 同样取参数 $c = 5$, 根据式 (4.1.15) 求得的结果如图 4.13 所示. 类似地, 由于图 3.7 中的样本数据属于不等定时截尾数据, 失效概率的多层 Bayes 估计也不满足次序性.

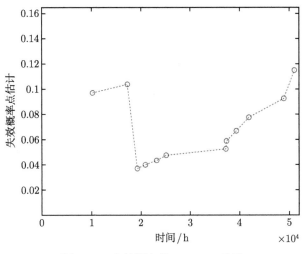

图 4.12　失效概率的 E-Bayes 估计

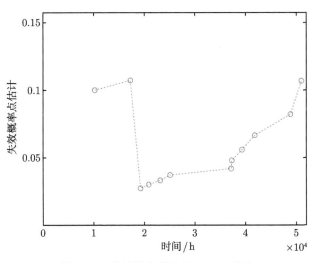

图 4.13　失效概率的多层 Bayes 估计

针对失效概率的改进 Bayes 估计, 根据式 (4.1.21) 求得的结果如图 4.14 所示, 显然改进的 Bayes 估计满足次序性, 其中超参数 a_i 和 b_i 的求解结果如表 4.3 所示, $i = 1, \cdots, 12.$

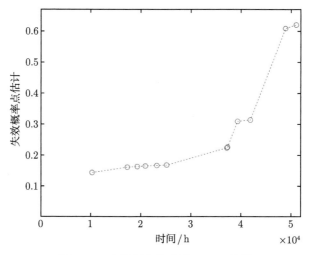

图 4.14　失效概率的改进 Bayes 估计

表 4.3　失效概率的改进 Bayes 估计求解所得的超参数

i	1	2	3	4	5	6
a	1	1.0691	2.2466	2.0220	1.7973	1.5727
b	1	0.8449	1.59799	1.29439	1.0355	0.8154
i	7	8	9	10	11	12
a	2.0238	1.6865	2.2572	1.6929	6.0989	3.0494
b	1.0466	0.7850	1.0482	0.7075	1.9028	0.8563

2. 分布曲线的拟合方法

接下来讨论分布曲线的拟合方法. 基于图 4.14 中失效概率的改进 Bayes 估计, 利用式 (4.2.1) 中通过分布函数取两次对数变换后构造的线性模型, 分别考虑式 (4.2.4) 中不加权的纵坐标误差函数和式 (4.2.5) 中不加权的横坐标误差函数, 拟合后的分布曲线如图 4.15 所示.

基于图 4.14 中失效概率的改进 Bayes 估计, 利用式 (4.2.2) 中通过分布函数无对数变换的非线性模型, 分别考虑式 (4.2.4) 中不加权的纵坐标误差函数和式 (4.2.5) 中不加权的横坐标误差函数, 拟合后的分布曲线如图 4.16 所示.

基于图 4.14 中失效概率的改进 Bayes 估计, 利用式 (4.2.3) 中通过分布函数取一次对数变换的线性模型, 分别考虑式 (4.2.4) 中不加权的纵坐标误差函数和式 (4.2.5) 中不加权的横坐标误差函数, 拟合后的分布曲线如图 4.17 所示.

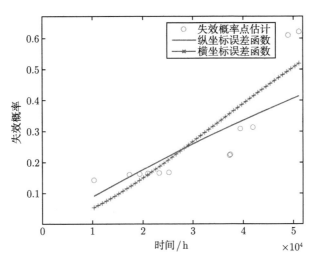

图 4.15 基于改进 Bayes 估计和分布函数取两次对数变换的拟合分布曲线

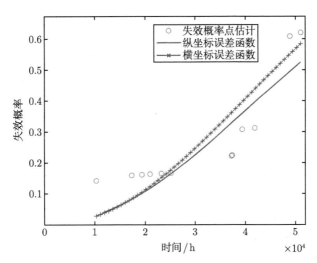

图 4.16 基于改进 Bayes 估计和分布函数无对数变换的拟合分布曲线

为了更清楚地说明不同分布曲线拟合方法的差异, 基于图 4.14 中失效概率的改进 Bayes 估计, 利用式 (4.2.4) 中不加权的纵坐标误差函数, 将式 (4.2.1) 中通过分布函数取两次对数变换后构造的线性模型、式 (4.2.2) 中通过分布函数无对数变换的非线性模型、式 (4.2.3) 中通过分布函数取一次对数变换的线性模型所拟合得到的分布曲线对比在图 4.18 中. 此外, 基于式 (4.2.1) 中通过分布函数取两次对数变换后构造的线性模型和式 (4.2.4) 中不加权的纵坐标误差函数, 将通过图 4.11 中失效概率的 Herd-Johnson 估计和图 4.14 中失效概率的改进 Bayes 估计所拟合得到的分布曲线对比在图 4.19 中.

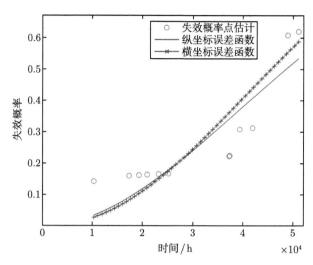

图 4.17　基于改进 Bayes 估计和分布函数取一次对数变换的拟合分布曲线

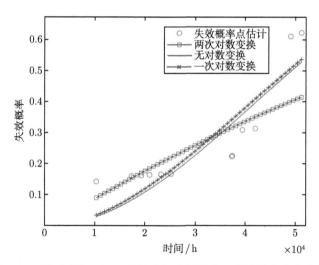

图 4.18　基于改进 Bayes 估计和纵坐标误差函数的拟合分布曲线

3. 可靠度和平均剩余寿命的点估计

在求得失效概率的点估计, 并利用分布曲线拟合方法拟合得到分布曲线后, 可确定分布参数 m 和 η 的点估计, 再将其代入式 (1.1.3) 中的可靠度函数 $R(t; m, \eta)$ 中, 即可得可靠度的点估计. 类似地, 将 m 和 η 的点估计代入式 (1.3.3) 中的平均剩余寿命函数, 即可给出平均剩余寿命的点估计. 因此, 可靠度和平均剩余寿命的点估计关键是基于分布曲线拟合方法确定分布参数 m 和 η 的点估计.

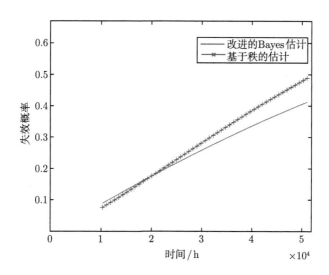

图 4.19　基于分布函数取两次对数变换和纵坐标误差函数的拟合分布曲线

　　基于图 4.14 中失效概率的改进 Bayes 估计和式 (4.2.4) 中不加权的纵坐标误差函数, 分别利用式 (4.2.1) 中通过分布函数取两次对数变换后构造的线性模型、式 (4.2.2) 中通过分布函数无对数变换的非线性模型、式 (4.2.3) 中通过分布函数取一次对数变换的线性模型, 可拟合得到相应的分布曲线, 并确定相应的分布参数 m 和 η 的点估计, 此时所得的可靠度点估计如图 4.20 所示, 所得的平均剩余寿命点估计如图 4.21 所示.

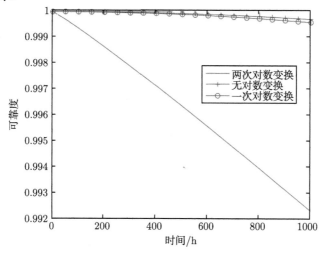

图 4.20　基于改进 Bayes 估计和纵坐标误差函数的可靠度点估计

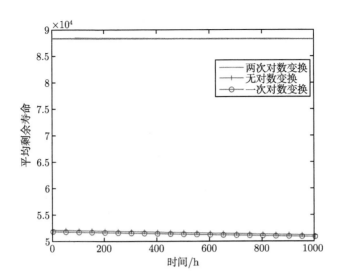

图 4.21　基于改进 Bayes 估计和纵坐标误差函数的平均剩余寿命点估计

为了增强对比性, 基于式 (4.2.1) 中通过分布函数取两次对数变换后构造的线性模型和式 (4.2.4) 中不加权的纵坐标误差函数, 分别通过图 4.11 中失效概率的 Herd-Johnson 估计和图 4.14 中失效概率的改进 Bayes 估计, 可拟合得到相应的分布曲线, 并确定相应的分布参数 m 和 η 的点估计, 此时所得的可靠度点估计如图 4.22 所示, 所得的平均剩余寿命点估计如图 4.23 所示.

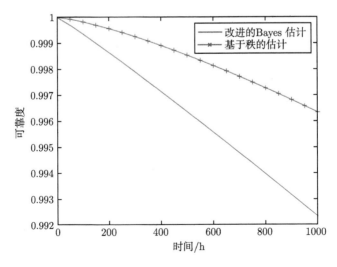

图 4.22　基于分布函数取两次对数变换和纵坐标误差函数的可靠度点估计

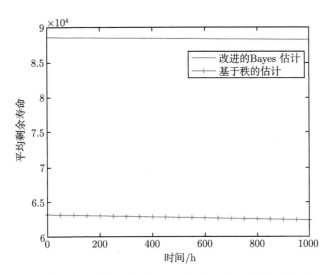

图 4.23 基于分布函数取两次对数变换和纵坐标误差函数的平均剩余寿命点估计

4.5.2 可靠性指标的置信区间

最后应用可靠性指标的置信区间构建方法, 包括基于枢轴量的置信区间、基于失效概率置信上限曲线的置信区间和基于 bootstrap 方法的置信区间等方法, 具体如下.

1. 基于枢轴量的可靠度置信下限

基于枢轴量的可靠度置信下限构建过程, 关键是基于特定的分布参数 $m = 1$ 和 $\eta = 1$ 的点估计构建可靠度的枢轴量. 以图 4.11 中失效概率的 Herd-Johnson 估计、式 (4.2.1) 中通过分布函数取两次对数变换后构造的线性模型和式 (4.2.4) 中不加权的纵坐标误差函数拟合分布曲线这种方法为例, 利用分布参数 m 和 η 的点估计, 运行算法 4.1, 从可靠度的枢轴量分布中生成样本, 并根据式 (4.4.8), 可得基于枢轴量的可靠度置信下限, 如图 4.24 所示.

2. 基于失效概率置信上限曲线的可靠度置信下限

基于失效概率置信上限曲线的可靠度置信下限方法适用于利用 Bayes 方法估计失效概率的点估计这种场合. 以改进的 Bayes 估计方法为例, 可根据式 (4.4.9), 在置信水平 0.9 下求得失效概率的置信上限, 其与图 4.14 中失效概率的改进 Bayes 估计的对比如图 4.25 所示. 显然, 与失效概率的改进 Bayes 估计相同, 失效概率的置信上限也满足次序性.

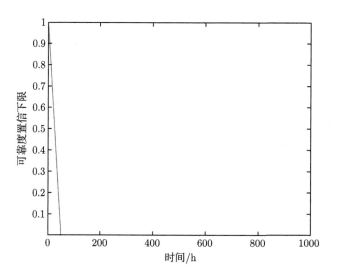

图 4.24　基于枢轴量的可靠度置信下限

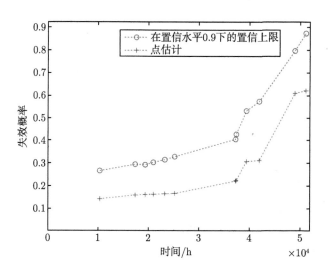

图 4.25　基于改进 Bayes 的失效概率置信上限

　　再以多层 Bayes 估计方法为例进一步说明基于失效概率置信上限曲线的可靠度置信下限构建方法. 类似地, 可根据式 (4.4.12), 在置信水平 0.9 下求得失效概率的置信上限, 其与图 4.13 中失效概率的多层 Bayes 估计的对比如图 4.26 所示. 显然, 与失效概率的多层 Bayes 估计相同, 失效概率的置信上限也不满足次序性.

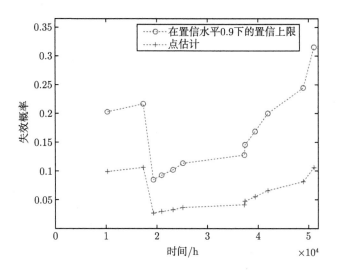

图 4.26 基于多层 Bayes 的失效概率置信上限估计值

基于改进的 Bayes 估计方法求得失效概率的置信上限后, 利用式 (4.2.2) 中通过分布函数无对数变换的非线性模型和式 (4.2.4) 中不加权的纵坐标误差函数, 可拟合得到失效概率的置信上限曲线, 如图 4.27 所示, 经过转化, 即可建立可靠度在置信水平 0.9 下的置信下限, 如图 4.28 所示.

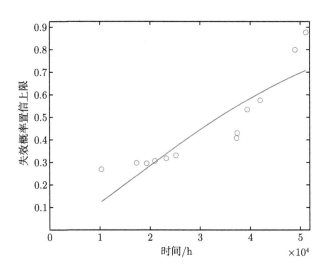

图 4.27 改进 Bayes 的失效概率置信上限拟合曲线

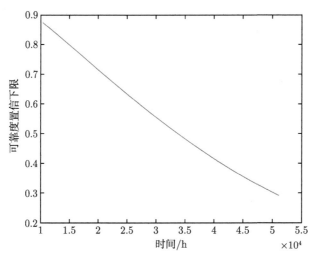

图 4.28　基于失效概率置信上限曲线的可靠度置信下限

3. 基于 bootstrap 方法的可靠度置信下限

基于 bootstrap 方法的可靠度置信下限方法的关键是利用分布参数 m 和 η 的点估计生成可靠度的 bootstrap 样本. 基于图 4.14 中失效概率的改进 Bayes 估计, 利用式 (4.2.3) 中通过分布函数取一次对数变换的线性模型和式 (4.2.4) 中不加权的纵坐标误差函数拟合分布曲线, 确定 m 和 η 的点估计, 并进一步运行算法 4.2, 生成可靠度的 bootstrap 样本, 可根据式 (4.4.17) 构建可靠度在置信水平 0.9 下的 BCa bootstrap 置信下限, 如图 4.29 所示.

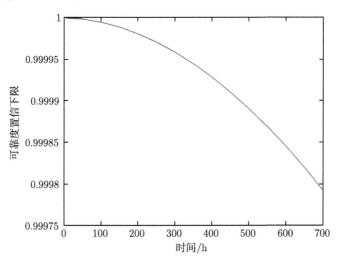

图 4.29　基于 bootstrap 的可靠度置信下限

4. 剩余寿命的置信区间

基于图 4.14 中失效概率的改进 Bayes 估计, 利用式 (4.2.2) 中通过分布函数无对数变换的非线性模型和式 (4.2.4) 中不加权的纵坐标误差函数, 拟合得到分布曲线并确定分布参数 m 和 η 的点估计, 再代入式 (1.3.6), 可根据式 (4.4.2) 求得剩余寿命在置信水平 0.9 下的置信区间, 如图 4.30 所示.

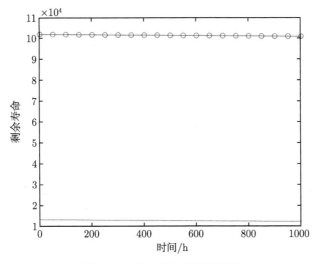

图 4.30   剩余寿命的置信区间

参 考 文 献

[1] Davies I J. Unbiased estimation of Weibull modulus using linear least squares analysis: A systematic approach [J]. Journal of the European Ceramic Society, 2017, 37(1): 369-380.

[2] Skinner K R, Keats J B, Zimmer W J. A comparison of three estimators of the Weibull parameters [J]. Quality and Reliability Engineering International, 2001, 17(4): 249-256.

[3] Jia X, Nadarajah S, Guo B. Exact inference on Weibull parameters with multiply Type-I censored data [J]. IEEE Transactions on Reliability, 2018, 67(2): 432-445.

[4] Genschel U, Meeker W Q. A comparison of maximum likelihood and median-rank regression for Weibull estimation [J]. Quality Engineering, 2010, 22(4): 236-255.

[5] 贾祥. 不等定时截尾数据下的卫星平台可靠性评估方法研究 [D]. 长沙: 国防科技大学, 2017.

[6] 贾祥, 蒋平, 郭波. 威布尔分布场合无失效数据的失效概率估计方法 [J]. 机械强度, 2015, 37(2): 288-294.

[7] Jia X. Reliability analysis for Weibull distribution with homogeneous heavily censored

data based on Bayesian and least-squares methods[J]. Applied Mathematical Modelling, 2020, 83: 169-188.

[8]　贾祥, 程志君, 郭波. 基于信息熵和 Bayes 理论的高可靠性产品可靠性评估[J]. 系统工程理论与实践, 2020, 40(7): 1918-1926.

[9]　Jia X. A comparison of different least-squares methods for reliability of Weibull distribution based on right censored data[J]. Journal of Statistical Computation and Simulation, 2020, doi: 10.1080/00949655.2020.1839466.

[10]　贾祥, 程志君, 郭波. 基于分布函数取对数变换的威布尔分布参数估计方法[P]. 国家发明专利, CN109101466B, 2019-03-22.

[11]　Jia X, Jiang P, Guo B. Reliability evaluation for Weibull distribution under multiply Type-I censoring[J]. Journal of Central South University, 2015, 22(9): 3506-3511.

[12]　贾祥, 王小林, 郭波. 极少失效数据和无失效数据的可靠性评估[J]. 机械工程学报, 2016, 52(2): 182-188.

第5章 基于 Bayes 的可靠性统计方法

本章针对双参数韦布尔分布, 介绍另外一类典型的可靠性统计方法, 即基于 Bayes 的可靠性统计方法, 求解可靠性指标的 Bayes 点估计和置信区间. 当收集到产品不同类型的可靠性信息后, 采用 Bayes 理论, 可以融合这些可靠性信息, 提高可靠性评估结果的精度. 基于 Bayes 的可靠性统计方法主要步骤如图 5.1 所示.

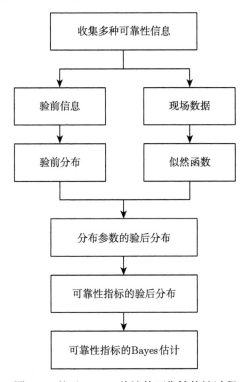

图 5.1 基于 Bayes 估计的可靠性统计过程

(1) 收集各类可靠性数据, 并将其分为验前信息和现场数据.

(2) 根据验前信息确定验前分布.

(3) 根据现场数据确定似然函数, 再利用 Bayes 公式与验前分布结合, 推断分布参数的验后分布.

(4) 针对要求解的可靠性指标, 将分布参数的验后分布转化为可靠性指标的验后分布, 并进一步给出可靠性指标的 Bayes 估计.

利用 Bayes 方法开展韦布尔分布场合的研究时, 为了便于数学分析, 采用式 (1.1.6) 中的概率密度函数, 即取分布参数为 m 和 λ. 此时, 任务时刻 t 处的可靠度见式 (1.1.7). 下面依次对图 5.1 中各个步骤的方法进行分析.

5.1　验 前 分 布

本节分析图 5.1 中如何从不同类型的可靠性信息中选择验前信息, 以及如何将验前信息转化为验前分布的方法.

5.1.1　验前信息的类型

根据 Bayes 理论的要求, 通常将待评估产品的寿命数据视为现场信息; 将其他类型的可靠性信息视为验前信息, 作为现场信息的补充, 用以提高可靠性评估的精度. 这也是验前信息和现场信息的分类原则. 对于验前信息而言, 从信息的性质、表现形式和来源等不同角度, 又具有各自的特点.

1) 从信息的性质来看, 可将验前信息分为

(1) 主观信息: 主要指一些来自主观判断的可靠性信息, 例如, 专家在工程实践中积累起来的经验判断等.

(2) 客观信息: 主要指与待评估产品有关的试验信息, 例如, 相似产品信息、历史产品信息、性能参数监测信息、仿真信息等.

2) 从信息的表现形式来看, 验前信息包括

(1) 可靠性参数的矩: 主要指可靠性参数的预计值、点估计或者经验值等.

(2) 可靠性参数的置信区间: 主要指特定置信水平下可靠性参数的置信区间, 反映了可靠性参数的不确定性.

(3) 可靠性参数的分位数: 主要指概率度量下可靠性参数的数值, 反映了可靠性参数的分布信息.

(4) 可靠性参数的数值: 主要指可靠性参数的数值表现形式, 例如, 相似产品的寿命数据等.

3) 从信息的来源来看, 验前信息来自

(1) 产品组成部分的可靠性信息: 主要指从系统论的角度, 对产品进行结构分解收集到的各组成部分的可靠性信息. 例如, 动量轮是航天装备的关键组成部分, 动量轮的可靠性信息也可以用于评估航天装备全系统的可靠性.

(2) 产品在不同工作环境下的可靠性信息: 主要指改变产品的工作环境后在产品运行过程中收集到的可靠性信息, 可用于评估产品在正常工作环境中的可靠性.

(3) 专家经验信息: 主要依靠专家判断给出的产品可靠性信息, 例如, 产品在特定时刻的可靠度预计值等.

(4) **仿真试验信息**: 主要指通过分析产品组成机理和工作原理所建立的仿真模型开展仿真试验所收集到的可靠性信息, 在一定的可信度下, 可用于产品可靠性信息的补充.

(5) **相似产品信息**: 主要指与待评估产品结构类似、功能类似、原理类似的产品可靠性信息, 例如, 对于某产品进行结构改进后研发形成了待评估产品, 那么这个产品的寿命数据就是待评估产品的相似产品信息.

(6) **历史产品信息**: 主要指与待评估产品属于同一类型的产品在报废后所积累的运行过程中产生的可靠性信息, 例如, 历史产品的寿命数据等.

(7) **性能参数监测信息**: 主要指通过布置传感器所收集到的产品在运行过程中的性能参数实时监测数据, 例如, 温度数据等.

5.1.2 验前信息的相容性检验

验前信息的相容性检验用于分析验前信息和现场信息的两个母体是否有显著差异, 当差异不显著时, 可认为这两个母体为同一母体, 此时可以利用验前信息; 否则, 就不能利用验前信息. 相容性检验方法总体上可以分为参数检验和非参数检验两类.

1. 参数检验

参数检验方法适用于总体的分布形式已知这种情况. 此处介绍一种应用范围比较广泛的检验方法, 即 Bayes 置信区间法[1], 具体步骤如下.

(1) 由第 i 种验前信息得到参数 θ 的验前分布 $\pi_i(\theta)$, 结合现场数据 D, 得到参数 θ 的验后分布 $\pi_i(\theta|D)$, 进一步在显著性水平 γ 下给出参数 θ 的置信区间, 并记为 $[\theta_l^i, \theta_u^i]$, 其中 θ_l^i 和 θ_u^i 满足

$$
\begin{cases}
\displaystyle\int_{\theta \leqslant \theta_l^i} \pi_i(\theta|D)d\theta = \frac{\gamma}{2}, \\
\displaystyle\int_{\theta \geqslant \theta_u^i} \pi_i(\theta|D)d\theta = \frac{\gamma}{2}
\end{cases}
\tag{5.1.1}
$$

(2) 由现场数据 D 得到参数 θ 在无信息验前分布下的 Bayes 点估计, 并记为 $\hat{\theta}$.

(3) 如果 $\hat{\theta} \in [\theta_l^i, \theta_u^i]$, 则认为两总体无显著性差异, 可判定验前信息 i 与现场数据 D 是相容的, 通过一致性检验, 否则一致性检验未通过.

在相关方法步骤中涉及的验前分布确定、无信息验前分布、Bayes 点估计求解等问题, 可参看本章后续内容.

2. 非参数检验

非参数检验方法适用于总体的分布形式未知这种情况, 在具体应用时也有不同的思路[2]. 例如, 可以利用 Kolmogorov-Smirnov 检验和 χ^2 检验方法分别分析验

前信息和现场数据的总体分布, 再查看是否属于同一类型; 也可以利用秩和检验和 Mood 检验方法直接检验验前信息和现场数据所服从的总体分布的差异性. 下面介绍其中应用较为广泛的秩和检验方法[3].

设现场数据为 $t_1, \cdots, t_n$ 且来自总体 T, 验前数据为 $t'_1, \cdots, t'_k$ 且来自总体 T', 其中 $n > 1$, $k > 1$, 且 $n < k$. 对验前数据进行一致性检验, 就是要检验 $t_1, \cdots, t_n$ 和 $t'_1, \cdots, t'_k$ 是否服从同一总体. 为此, 构建假设

$$H_0 : T \text{ 和 } T' \text{ 是同一总体}$$
$$H_1 : T \text{ 和 } T' \text{ 不是同一总体}$$

将验前样本数据 $t'_1, \cdots, t'_k$ 和现场样本数据 $t_1, \cdots, t_n$ 混合并从小到大排序, 构建次序统计量

$$Z_1 \leqslant Z_2 \leqslant \cdots \leqslant Z_{k+n}$$

若 $Z_j = t_i$, 表示现场样本数据 $t_1, \cdots, t_n$ 中的第 i 个子样本在混合排序样本中为第 j 个, 称 t_i 的秩为 j, 记为

$$r(t_i) = j$$

另外, 若出现了样本值相同的情况, 例如, $Z_j = Z_{j+1} = t_i$, 则给秩赋值为

$$r(t_i) = \frac{j + j + 1}{2} = j + 0.5$$

针对这个假设检验问题, 定义检验统计量为

$$T_H = \sum_{i=1}^{n} r(t_i)$$

即为现场样本数据 $t_1, \cdots, t_n$ 在混合排序样本中的秩和. 在原假设 H_0 成立的条件下, 则检验统计量 T_H 的值不能过大也不能过小, 为此在显著性水平 γ 下给定临界值 T_H^1 和 T_H^2, 当 $T_H < T_H^1$ 或 $T_H > T_H^2$ 时, 拒绝原假设 H_0, 否则不能拒绝 H_0. 下面在不同情况下讨论 T_H^1 和 T_H^2 的确定方法.

(1) 当 $n \leqslant 10$ 和 $k \leqslant 10$ 时, 基于给定的显著性水平 γ, 通过查阅秩和检验表确定 T_H^1 和 T_H^2.

(2) 当 $n > 10$ 和 $k > 10$ 时, 在原假设 H_0 成立的条件下, 检验统计量 T_H 近似服从于正态分布, 且正态分布的均值为

$$E(T_H) = \frac{n(n+k+1)}{2}$$

方差为

$$D(T_H) = \frac{nk(n+k+1)}{12}$$

进一步若排序后的混合样本中存在 l 个秩相等的组, 其中秩为 r_i 的样本个数有 d_i 个, $i = 1, \cdots, l, r_1 < \cdots < r_l$, 此时修正方差 $D(T_H)$ 为

$$D(T_H) = \frac{nk\left[(n+k)^3 - (n+k) - \sum_{i=1}^{l}\left(d_i^3 - d_i\right)\right]}{12(n+k)(n+k-1)}$$

于是可根据该正态分布确定 T_H^1 和 T_H^2.

(3) 当 $n \leqslant 10$ 且 $k > 10$ 时, 既无法查阅秩和检验表, 也无法利用正态分布, 可采用随机加权法来增大样本. 具体步骤是: 从 n 元 Dirichlet 分布 $D(1, \cdots, 1)$ 中产生 d 组随机向量, 其中第 i 组随机向量为 $V_{(i)} = (V_{i1}, \cdots, V_{in})$, $i = 1, \cdots, d$, 进一步可得 d 个再生样本, 其中第 i 个再生样本为

$$t_i^+ = \sum_{j=1}^{n} V_{ij} t_i$$

再将 d 个再生样本视为现场数据, 并基于 d 和 k 的个数, 利用 (1) 和 (2) 中所述方法确定 T_H^1 和 T_H^2.

5.1.3 验前分布的类型

明确了验前信息后, 需要根据验前信息确定验前分布, 这在 Bayes 信息融合中是极其重要的内容. 确定验前分布时需要考虑两个问题, 一是验前分布的形式, 二是验前分布中的分布参数.

应用最广泛的验前分布形式包括无信息验前分布、共轭分布和其他验前分布等. 下面具体分析在韦布尔分布场合各种验前分布的形式. 为了便于 Bayes 理论在韦布尔分布中的应用, 考虑式 (1.1.6) 中的概率密度函数以及式 (1.1.7) 中的可靠度函数, 即记韦布尔分布的分布参数为 m 和 λ, 其验前分布为 $\pi(m, \lambda)$.

1) 无信息验前分布

典型的无信息验前分布形式主要包括 Jeffery 验前分布和 Reference 验前分布. Jeffery 验前分布是

$$\pi(m, \lambda) = |I(m, \lambda)|^{\frac{1}{2}}$$

其中

$$I(m, \lambda) = E\left(-\frac{\partial^2 L}{\partial m \partial \lambda}\right)$$

是分布参数 m 和 λ 的信息矩阵. 经化简, 可知此时[4]

$$\pi(m, \lambda) \propto \lambda^{\frac{1}{m}}$$

Reference 验前分布的基本思路是将其中一个参数作为感兴趣的参数, 其余参数作为讨厌的参数, 然后分步计算出无信息验前分布[3]. 具体地, 此时有[4]

$$\pi(m, \lambda) \propto m\lambda^{\frac{1}{m}}$$

在实践中, 也可以根据实际情况构建其他形式的无信息验前分布.

2) 共轭分布

所谓共轭分布, 是指验前分布与验后分布属于同一分布类型. 在韦布尔分布下, 已有研究证明不存在分布参数 m 和 λ 的联合共轭连续验前分布[5], 为此常用的做法是认为 m 和 λ 的验前分布独立, 即

$$\pi(m, \lambda) = \pi(m) \cdot \pi(\lambda) \tag{5.1.2}$$

进一步, 取 λ 的验前分布 $\pi(\lambda)$ 为共轭分布, 即伽马分布 $\Gamma(\lambda; \alpha, \beta)$, 具体为

$$\pi(\lambda; \alpha, \beta) = \frac{\beta^{\alpha}}{\Gamma(\alpha)} \lambda^{\alpha-1} \exp(-\beta\lambda) \tag{5.1.3}$$

关于 m 的验前分布 $\pi(m)$, 可根据实际情况进行确定, 例如, 贝塔分布、无信息验前分布、伽马分布和均匀分布等[5].

3) 其他验前分布

除了无信息验前分布和共轭分布外, 还可根据具体问题提出其他类型的验前分布, 例如, 离散验前分布等.

在明确验前分布的形式后, 再根据具体的验前信息确定验前分布中的参数即超参数, 即可完全确定验前分布.

5.1.4　单一信息下验前分布的确定

此处假定只有专家数据这一类验前信息, 说明如何根据验前信息确定验前分布的方法. 假定专家数据是指时刻 t_p^i 处的可靠度预计值 $\hat{R}_p^i$, 其中 $i = 1, \cdots, N$. 可能只有 1 个可靠度预计值, 即 $N = 1$, 也可能存在多个可靠度预计值, 即 $N \geqslant 2$. 根据不同个数的可靠度预计值确定验前分布时, 可以采用不同的方法.

1. 直接确定分布参数的验前分布

考虑直接确定分布参数的验前分布的方法[6]. 关于 m 和 λ 的验前分布形式, 假定 $\pi(m, \lambda)$ 为式 (5.1.2), 其中 λ 的验前分布 $\pi(\lambda)$ 见式 (5.1.3), 而关于 m 的验前分布 $\pi(m)$, 在此先不明确其具体形式, 只记为 $\pi(m; \theta_m)$, 其中 θ_m 为 $\pi(m; \theta_m)$ 的分布参数, 随后需要根据专家数据确定验前分布中的分布参数, 即超参数 α, β 和 θ_m.

针对时刻 t_p^i 处的可靠度预计值 $\hat{R}_p^i$, 其中 $i = 1, \cdots, N$, 基于 m 和 λ 的验前分布, 可知可靠度 R_p^i 的期望为

$$E\left(R_p^i\right) = \int_m \int_0^{+\infty} R_p^i \cdot \pi\left(m, \lambda\right) d\lambda dm$$

根据式 (1.1.7) 中的可靠度函数可知

$$R_p^i = \exp[-\lambda\left(t_p^i\right)^m]$$

再代入式 (5.1.2) 中的 $\pi\left(m, \lambda\right)$ 及式 (5.1.3) 的 $\pi\left(\lambda\right)$, 可得

$$E\left(R_p^i\right) = \int_m \int_0^{+\infty} \pi\left(m; \theta_m\right) \cdot \frac{\beta^\alpha}{\Gamma\left(\alpha\right)} \cdot \lambda^{a-1} \cdot \exp[-\beta\lambda - \lambda\left(t_p^i\right)^m] d\lambda dm$$

经过化简有

$$E\left(R_p^i\right) = \int_m \pi\left(m; \theta_m\right) \cdot \frac{\beta^\alpha}{\left[\beta + \left(t_p^i\right)^m\right]^\alpha} dm \qquad (5.1.4)$$

针对验前信息中的专家数据 $\hat{R}_p^i$, 可令

$$E\left(R_p^i\right) = \hat{R}_p^i \qquad (5.1.5)$$

当 $N = 1$ 时, 此时只有时刻 t_p^1 处的可靠度预计值 $\hat{R}_p^1$, 式 (5.1.5) 不能完全确定超参数 α 和 β 以及 θ_m. 为此, 引入验前分布 $\pi\left(m, \lambda\right)$ 的信息熵 $H\left(\alpha, \beta, \theta_m\right)$, 并要求超参数 α, β 和 θ_m 在式 (5.1.5) 的条件下使熵 $H\left(\alpha, \beta, \theta_m\right)$ 最大. 根据熵的定义可知, $\pi\left(m, \lambda\right)$ 的信息熵 $H\left(\alpha, \beta, \theta_m\right)$ 为

$$H\left(\alpha, \beta, \theta_m\right) = -\int_m \int_0^{+\infty} \pi\left(m, \lambda\right) \cdot \ln \pi\left(m, \lambda\right) d\lambda dm$$

由于式 (5.1.2) 中的 $\pi\left(m\right)$ 和 $\pi\left(\lambda\right)$ 独立, 可化简 $H\left(\alpha, \beta, \theta_m\right)$ 为

$$H\left(\alpha, \beta, \theta_m\right) = -\int_m \int_0^{+\infty} \pi\left(m\right) \cdot \pi\left(\lambda\right) \cdot \ln \pi\left(m\right) d\lambda dm$$
$$- \int_m \int_0^{+\infty} \pi\left(m\right) \cdot \pi\left(\lambda\right) \cdot \ln \pi\left(\lambda\right) d\lambda dm$$
$$= -\int_m \pi\left(m\right) \cdot \ln \pi\left(m\right) dm - \int_0^{+\infty} \pi\left(\lambda\right) \cdot \ln \pi\left(\lambda\right) d\lambda$$

针对式 (5.1.3) 中的 $\pi\left(\lambda\right)$, 可得

$$\int_0^{+\infty} \pi\left(\lambda\right) \cdot \ln \pi\left(\lambda\right) d\lambda$$

$$= \alpha \ln \beta - \ln \Gamma\left(\alpha\right) - \alpha + \left(\alpha - 1\right) \int_0^{+\infty} \frac{\beta^\alpha}{\Gamma\left(\alpha\right)} \cdot \lambda^{\alpha-1} \cdot \exp\left(-\beta\lambda\right) \cdot \ln \lambda d\lambda$$

又因为

$$\int_0^{+\infty} \frac{\beta^\alpha}{\Gamma\left(\alpha\right)} \cdot \lambda^{\alpha-1} \cdot \exp\left(-\beta\lambda\right) \cdot \ln \lambda d\lambda$$

$$= \int_0^{+\infty} \frac{1}{\Gamma\left(\alpha\right)} \cdot \left(\beta\lambda\right)^{\alpha-1} \cdot \exp\left(-\beta\lambda\right) \cdot \left[\ln\left(\beta\lambda\right) - \ln \beta\right] d\left(\beta\lambda\right)$$

$$= \varphi^{(1)}\left(\alpha\right) - \ln \beta$$

其中 $\varphi^{(1)}\left(\alpha\right)$ 见式 (2.2.9). 最终求得

$$\int_0^{+\infty} \pi\left(\lambda\right) \cdot \ln \pi\left(\lambda\right) d\lambda = \ln \beta - \ln \Gamma\left(\alpha\right) - \alpha + \left(\alpha - 1\right) \varphi^{(1)}\left(\alpha\right) \tag{5.1.6}$$

于是确定 $\pi\left(m, \lambda\right)$ 的熵 $H\left(\alpha, \beta, \theta_m\right)$ 为

$$H\left(\alpha, \beta, \theta_m\right) = -\int_m \pi\left(m; \theta_m\right) \cdot \ln \pi\left(m; \theta_m\right) dm - \ln \beta$$
$$+ \ln \Gamma\left(\alpha\right) + \alpha - \left(\alpha - 1\right) \varphi^{(1)}\left(\alpha\right) \tag{5.1.7}$$

当在式 (5.1.5) 的条件下要求熵 $H\left(\alpha, \beta, \theta_m\right)$ 最大时, 即可给出未知的超参数 α, β 和 θ_m 的估计值. 为此, 可将求解 α, β 和 θ_m 转化为优化问题

$$\max \quad H\left(\alpha, \beta, \theta_m\right) = -\int_m \pi\left(m; \theta_m\right) \cdot \ln \pi\left(m; \theta_m\right) dm - \ln \beta$$
$$+ \ln \Gamma\left(\alpha\right) + \alpha - \left(\alpha - 1\right) \varphi^{(1)}\left(\alpha\right)$$

$$\text{s.t.} \quad \begin{cases} \int_m \pi\left(m; \theta_m\right) \cdot \dfrac{\beta^\alpha}{\left[\beta + \left(t_p^1\right)^m\right]^\alpha} dm = \hat{R}_p^1, \\ \alpha > 0, \beta > 0 \end{cases} \tag{5.1.8}$$

通过式 (5.1.8) 求得超参数 α, β 和 θ_m 后, 即可确定验前分布 $\pi\left(m, \lambda\right)$. 下面针对 $\pi\left(m\right)$ 分别为均匀分布和伽马分布这两种特定情形, 说明式 (5.1.8) 的具体形式.

当 $\pi\left(m\right)$ 为均匀分布 $U\left(m_l, m_u\right)$ 时, 此时 $\pi\left(m\right)$ 为

$$\pi\left(m\right) = \frac{1}{m_u - m_l}, \quad m_l \leqslant m \leqslant m_u$$

而式 (5.1.4) 具体为

$$E\left(R_p^1\right) = \int_{m_l}^{m_u} \frac{1}{m_u - m_l} \cdot \frac{\beta^\alpha}{\left[\beta + \left(t_p^1\right)^m\right]^\alpha} dm$$

令 $x = \dfrac{\beta}{\beta + \left(t_p^1\right)^m}$, 于是 $dm = -\dfrac{1}{x\left(1-x\right)\ln t_p^1}dx$, 可得

$$E\left(R_p^1\right) = -\frac{1}{\left(m_u - m_l\right)\ln t_p^1}\int_{\frac{\beta}{\beta + \left(t_p^1\right)^{m_l}}}^{\frac{\beta}{\beta + \left(t_p^1\right)^{m_u}}}\frac{x^\alpha}{x\left(1-x\right)}dx$$

$$= \frac{1}{\left(m_u - m_l\right)\ln t_p^1}\int_{\frac{\beta}{\beta + \left(t_p^1\right)^{m_u}}}^{\frac{\beta}{\beta + \left(t_p^1\right)^{m_l}}}\frac{x^{\alpha-1}}{1-x}dx$$

根据泰勒公式可知

$$\int\frac{x^{\alpha-1}}{1-x}dx = \int x^{\alpha-1}\sum_{k=0}^\infty x^k dx$$

进一步化简可得

$$\int\frac{x^{\alpha-1}}{1-x}dx = \sum_{k=0}^\infty\frac{1}{k+\alpha}x^{k+\alpha}$$

$$= x^\alpha\sum_{k=0}^\infty\frac{k!\left(\alpha\right)_k}{\left(k+\alpha\right)\cdot\left(\alpha\right)_k}\cdot\frac{x^k}{k!}$$

$$= \frac{x^\alpha}{\alpha}\sum_{k=0}^\infty\frac{\left(1\right)_k\left(\alpha\right)_k}{\left(\alpha+1\right)_k}\cdot\frac{x^k}{k!}$$

其中 $\left(1\right)_k$, $\left(\alpha\right)_k$ 和 $\left(\alpha+1\right)_k$ 的定义见式 (4.1.17). 引入超几何函数 (hypergeometric function)

$$_kF_w\left(a_1,\cdots,a_k;b_1,\cdots,b_w;z\right) = \sum_{i=0}^\infty\frac{\left(a_1\right)_i\cdots\left(a_k\right)_i}{\left(b_1\right)_i\cdots\left(b_w\right)_i}\cdot\frac{z^i}{i!} \tag{5.1.9}$$

最终可得

$$\int\frac{x^{\alpha-1}}{1-x}dx = {_2F_1}\left(1,\alpha;\alpha+1,x\right)\frac{x^\alpha}{\alpha}$$

于是当 $\pi\left(m\right)$ 为 $U\left(m_l,m_u\right)$ 时, 求得式 (5.1.4) 的解析式为

$$E\left(R_p^1\right) = \frac{{_2F_1}\left(1,\alpha;\alpha+1,x_1^u\right)\left(x_1^u\right)^\alpha - {_2F_1}\left(1,\alpha;\alpha+1,x_1^l\right)\left(x_1^l\right)^\alpha}{\alpha\left(m_u - m_l\right)\ln t_p^1} \tag{5.1.10}$$

其中

$$x_1^l = \frac{\beta}{\beta + \left(t_p^1\right)^{m_u}}, \quad x_1^u = \frac{\beta}{\beta + \left(t_p^1\right)^{m_l}}$$

又由于

$$\int_m\pi\left(m\right)\cdot\ln\pi\left(m\right)dm = \int_{m_l}^{m_u}\frac{1}{m_u - m_l}\cdot\ln\frac{1}{m_u - m_l}dm$$

$$= -\ln\left(m_u - m_l\right)$$

此时熵函数 $H\left(\alpha, \beta, \theta_m\right)$ 具体为

$$H\left(\alpha, \beta\right) = \ln\left(m_u - m_l\right) - \ln\beta + \ln\Gamma\left(\alpha\right) + \alpha - \left(\alpha - 1\right)\varphi^{(1)}\left(\alpha\right)$$

于是确定验前分布 $\pi\left(m, \lambda\right)$ 的超参数主要是求解 $\pi\left(\lambda\right)$ 中的分布参数 α 和 β, 式 (5.1.8) 中的优化问题具体为

$$
\begin{aligned}
\max\quad & H\left(\alpha, \beta\right) = \ln\left(m_u - m_l\right) - \ln\beta + \ln\Gamma\left(\alpha\right) + \alpha - \left(\alpha - 1\right)\varphi^{(1)}\left(\alpha\right) \\
\text{s.t.}\quad & \begin{cases} {}_2F_1\left(1, \alpha; \alpha+1, x_1^u\right)\left(x_1^u\right)^{\alpha} - {}_2F_1\left(1, \alpha; \alpha+1, x_1^l\right)\left(x_1^l\right)^{\alpha} = \hat{R}_p^1\alpha\left(m_u - m_l\right)\ln t_p^1, \\ x_1^u = \dfrac{\beta}{\beta + \left(t_p^1\right)^{m_l}}, \quad x_1^l = \dfrac{\beta}{\beta + \left(t_p^1\right)^{m_u}}, \\ \alpha > 0, \quad \beta > 0 \end{cases}
\end{aligned}
$$

$$(5.1.11)$$

通过式 (5.1.11) 求得超参数 α 和 β, 即可在 $\pi\left(m\right)$ 为均匀分布 $U\left(m_l, m_u\right)$ 时, 确定验前分布 $\pi\left(m, \lambda\right)$.

若取 $\pi\left(m\right)$ 为伽马分布 $\Gamma\left(m; \alpha_1, \beta_1\right)$ 时, 此时 $\pi\left(m\right)$ 为

$$\pi\left(m\right) = \frac{\left(\beta_1\right)^{\alpha_1}}{\Gamma\left(\alpha_1\right)}m^{\alpha_1 - 1}\exp\left(-\beta_1 m\right)$$

在这种情况下, 式 (5.1.4) 具体为

$$E\left(R_p^1\right) = \int_0^{+\infty}\frac{\left(\beta_1\right)^{\alpha_1}}{\Gamma\left(\alpha_1\right)}m^{\alpha_1 - 1}\exp\left(-\beta_1 m\right)\cdot\frac{\beta^{\alpha}}{\left[\beta + \left(t_p^1\right)^m\right]^{\alpha}}dm$$

此时熵函数 $H\left(\alpha, \beta, \theta_m\right)$ 具体为 $H\left(\alpha, \beta, \alpha_1, \beta_1\right)$, 根据式 (5.1.6), 可得

$$
\begin{aligned}
H\left(\alpha, \beta, \alpha_1, \beta_1\right) = & -\ln\beta_1 + \ln\Gamma\left(\alpha_1\right) + \alpha_1 - \left(\alpha_1 - 1\right)\varphi^{(1)}\left(\alpha_1\right) \\
& -\ln\beta + \ln\Gamma\left(\alpha\right) + \alpha - \left(\alpha - 1\right)\varphi^{(1)}\left(\alpha\right)
\end{aligned}
$$

由于验前分布 $\pi\left(m, \lambda\right)$ 中未知的超参数包括 $\alpha_1, \beta_1, \alpha$ 及 β, 于是式 (5.1.8) 中的优化问题具体为

$$
\begin{aligned}
\max\quad & H\left(\alpha, \beta, \alpha_1, \beta_1\right) = -\ln\beta_1 + \ln\Gamma\left(\alpha_1\right) + \alpha_1 - \left(\alpha_1 - 1\right)\varphi^{(1)}\left(\alpha_1\right) \\
& \qquad\qquad\qquad\quad -\ln\beta + \ln\Gamma\left(\alpha\right) + \alpha - \left(\alpha - 1\right)\varphi^{(1)}\left(\alpha\right) \\
\text{s.t.}\quad & \begin{cases} \displaystyle\int_0^{+\infty}\frac{\beta_1^{\alpha_1}}{\Gamma\left(\alpha_1\right)}m^{\alpha_1 - 1}\exp\left(-\beta_1 m\right)\cdot\frac{\beta^{\alpha}}{\left[\beta + \left(t_p^1\right)^m\right]^{\alpha}}dm = \hat{R}_p^1, \\ \alpha_1 > 0, \beta_1 > 0, \alpha > 0, \beta > 0 \end{cases}
\end{aligned}
$$

$$(5.1.12)$$

通过式 (5.1.12) 求出超参数 α_1, β_1, α 及 β 后, 即可在 $\pi(m)$ 为 $\Gamma(m;\alpha_1,\beta_1)$ 时, 确定验前分布 $\pi(m,\lambda)$.

当 $N \geqslant 2$, 即验前信息中存在多个专家数据时, 类似于式 (5.1.8), 可根据优化模型

$$\max \quad H(\alpha,\beta,\theta_m) = -\int_m \pi(m;\theta_m) \cdot \ln\pi(m;\theta_m)dm - \ln\beta$$
$$+ \ln\Gamma(\alpha) + \alpha - (\alpha-1)\varphi^{(1)}(\alpha)$$

$$\text{s.t.} \quad \begin{cases} \int_m \pi(m;\theta_m) \cdot \dfrac{\beta^\alpha}{\left[\beta+\left(t_p^i\right)^m\right]^\alpha}dm = \hat{R}_p^i, \quad i=1,\cdots,N, \\ \alpha>0, \quad \beta>0 \end{cases} \tag{5.1.13}$$

求解超参数 α, β 和 θ_m, 从而确定验前分布 $\pi(m,\lambda)$. 特别地, 当 $\pi(m)$ 为均匀分布 $U(m_l,m_u)$ 时, 根据式 (5.1.11)、式 (5.1.13) 具体为

$$\max \quad H(\alpha,\beta) = \ln(m_u-m_l) - \ln\beta + \ln\Gamma(\alpha) + \alpha - (\alpha-1)\varphi^{(1)}(\alpha)$$

$$\text{s.t.} \quad \begin{cases} {}_2F_1\left(1,\alpha;\alpha+1,x_i^u\right)(x_i^u)^\alpha - {}_2F_1\left(1,\alpha;\alpha+1,x_i^l\right)(x_i^l)^\alpha \\ = \hat{R}_p^i\alpha(m_u-m_l)\ln t_p^i, \\ x_i^u = \dfrac{\beta}{\beta+\left(t_p^i\right)^{m_l}}, \ x_i^l = \dfrac{\beta}{\beta+\left(t_p^i\right)^{m_u}}, \quad i=1,\cdots,N, \\ \alpha>0, \quad \beta>0 \end{cases} \tag{5.1.14}$$

通过式 (5.1.14) 求出超参数 α 和 β 后, 即可确定验前分布 $\pi(m,\lambda)$. 而当 $\pi(m)$ 为伽马分布 $\Gamma(m;\alpha_1,\beta_1)$ 时, 式 (5.1.13) 具体为

$$\max \quad H(\alpha,\beta,\alpha_1,\beta_1) = -\ln\beta_1 + \ln\Gamma(\alpha_1) + \alpha_1 - (\alpha_1-1)\varphi^{(1)}(\alpha_1)$$
$$- \ln\beta + \ln\Gamma(\alpha) + \alpha - (\alpha-1)\varphi^{(1)}(\alpha)$$

$$\text{s.t.} \quad \begin{cases} \int_0^{+\infty} \dfrac{\beta_1^{\alpha_1}}{\Gamma(\alpha_1)}m^{\alpha_1-1}\exp(-\beta_1 m) \cdot \dfrac{\beta^\alpha}{\left[\beta+\left(t_p^i\right)^m\right]^\alpha}dm = \hat{R}_p^i, \\ i=1,\cdots,N, \\ \alpha_1>0, \quad \beta_1>0, \quad \alpha>0, \quad \beta>0 \end{cases} \tag{5.1.15}$$

在求出超参数 α_1, β_1, α 及 β 后, 即可确定验前分布 $\pi(m,\lambda)$.

另外, 记验前分布 $\pi(m,\lambda)$ 中超参数 α, β 和 θ_m 的个数为 n_p. 在 $N \geqslant 2$ 的情况下, 若进一步有 $N \geqslant n_p$, 除了式 (5.1.13) 中求解超参数的方法, 还可根据式 (5.1.5), 建立 N 个以超参数为未知变量的方程, 并通过解方程组的方式求解未知的超参数. 为了简化方程组求解的运算量, 可利用最小二乘法, 将求解方程组转化为目标为拟

合误差和最小的优化问题

$$\min \quad \sum_{i=1}^{N} [E\left(R_p^i\right) - \hat{R}_p^i]^2$$

基于式 (5.1.4) 中 $E\left(R_p^i\right)$ 的具体形式, 该优化函数具体为

$$\min \quad \sum_{i=1}^{N} \left\{ \int_m \pi\left(m; \theta_m\right) \cdot \frac{\beta^\alpha}{\left[\beta + \left(t_p^i\right)^m\right]^\alpha} dm - \hat{R}_p^i \right\}^2 \tag{5.1.16}$$
$$\text{s.t.} \quad \alpha > 0, \quad \beta > 0$$

特别地, 当 $\pi\left(m\right)$ 为均匀分布 $U\left(m_l, m_u\right)$ 时, 此时未知的超参数个数 $n_p = 2$, 式 (5.1.16) 具体为

$$\min \quad \sum_{i=1}^{N} \left\{ \frac{{}_2F_1\left(1, \alpha; \alpha+1, x_i^u\right)\left(x_i^u\right)^\alpha - {}_2F_1\left(1, \alpha; \alpha+1, x_i^l\right)\left(x_i^l\right)^\alpha}{\alpha\left(m_u - m_l\right)\ln t_p^i} - \hat{R}_p^i \right\}^2$$
$$\text{s.t.} \quad \begin{cases} x_i^u = \dfrac{\beta}{\beta + \left(t_p^i\right)^{m_l}}, \quad x_i^l = \dfrac{\beta}{\beta + \left(t_p^i\right)^{m_u}}, \quad i = 1, \cdots, N, \\ \alpha > 0, \quad \beta > 0 \end{cases} \tag{5.1.17}$$

通过式 (5.1.17) 求出超参数 α 和 β 后, 即可确定验前分布 $\pi\left(m, \lambda\right)$. 而当 $\pi\left(m\right)$ 为伽马分布 $\Gamma\left(m; \alpha_1, \beta_1\right)$ 时, 此时未知的超参数个数 $n_p = 4$, 在 $N \geqslant 4$ 的条件下, 式 (5.1.16) 具体为

$$\min \quad \sum_{i=1}^{N} \left\{ \int_0^{+\infty} \frac{\beta_1^{\alpha_1}}{\Gamma\left(\alpha_1\right)} m^{\alpha_1 - 1} \exp\left(-\beta_1 m\right) \cdot \frac{\beta^\alpha}{\left[\beta + \left(t_p^i\right)^m\right]^\alpha} dm - \hat{R}_p^i \right\}^2 \tag{5.1.18}$$
$$\text{s.t.} \quad \alpha > 0, \quad \beta > 0, \quad \alpha_1 > 0, \quad \beta_1 > 0$$

通过式 (5.1.18) 求得超参数 $\alpha_1, \beta_1, \alpha$ 及 β 后, 即可确定验前分布 $\pi\left(m, \lambda\right)$.

2. 间接确定分布参数的验前分布

注意到专家数据的存在形式是时刻 t_p 处的可靠度预计值 R_p, 可考虑先假定可靠度的验前分布, 再转化为分布参数的验前分布, 从而间接确定分布参数的验前分布[1].

假设 t_p 时刻的可靠度 R_p 服从负对数伽马分布, 其概率密度函数为

$$\pi(R_p) = \frac{b^a}{\Gamma(a)}\left(R_p\right)^{b-1}\left(-\ln R_p\right)^{a-1} \tag{5.1.19}$$

则可靠度 R_p 的期望为

$$E\left(R_p\right) = \int_0^1 R_p \pi(R_p) dR_p$$
$$= \left(\frac{b}{b+1}\right)^a$$

当 $N = 1$, 即验前信息只有 1 个专家数据时, 记其为时刻 t_p^1 处可靠度 R_p^1 的预计值 $\hat{R}_p^1$, 此时根据式 (5.1.5) 可得未知的超参数 a 和 b 满足

$$a = \frac{\ln \hat{R}_p^1}{\ln b - \ln (b+1)} \tag{5.1.20}$$

显然仍不能完全确定超参数 a 和 b. 类似地, 引入信息熵, 可得验前分布 $\pi(R_p^1)$ 的熵函数为

$$H = -\frac{(a-1)b^a}{\Gamma(a)} \int_0^1 \left(R_p^1\right)^{b-1} \left(-\ln R_p^1\right)^{a-1} \ln\left[-\ln\left(R_p^1\right)\right] d(R_p^1)$$
$$+ \frac{a(b-1)}{b} - a\ln b + \ln\left[\Gamma(a)\right] \tag{5.1.21}$$

要求超参数 a 和 b 在满足式 (5.1.20) 的基础上, 令信息熵最大, 即可给出超参数 a 和 b 的估计. 综合式 (5.1.20) 和式 (5.1.21) 可得

$$\max \quad H = -\frac{(a-1)b^a}{\Gamma(a)} \int_0^1 \left(R_p^1\right)^{b-1} \left(-\ln R_p^1\right)^{a-1} \ln\left[-\ln\left(R_p^1\right)\right] d\left(R_p^1\right)$$
$$+ \frac{a(b-1)}{b} - a\ln b + \ln\left[\Gamma(a)\right]$$

$$\text{s.t.} \quad \begin{cases} a = \dfrac{\ln \hat{R}_p^1}{\ln b - \ln (b+1)}, \\ b > 0 \end{cases} \tag{5.1.22}$$

当给出超参数 a 和 b 的估计后, 即可确定可靠度 R_p^1 的验前分布 $\pi(R_p^1)$. 接下来需要将可靠度的先验分布 $\pi(R_p^1)$ 转化为韦布尔分布参数 m 和 λ 的先验分布. 根据式 (1.1.7) 中的可靠度函数, 对 R_p^1 关于分布参数 λ 求导可得

$$\frac{dR_p^1}{d\lambda} = -\left(t_p^1\right)^m \exp\left[-\lambda\left(t_p^1\right)^m\right] < 0$$

可知 R_p^1 是关于 λ 的单调函数, 进一步可得 λ 的分布满足

$$P(\lambda < x) = P\left[R_p^1 > \exp\left(-x\left(t_p^1\right)^m\right)\right] = \int_{\exp\left(-x\left(t_p^1\right)^m\right)}^1 \pi(R_p^1) d(R_p^1)$$

再关于 x 求导, 可得分布参数 λ 关于分布参数 m 的条件分布为

$$f_\lambda(x\,|m) = \frac{1}{\Gamma(a)} \left[b \left(t_p^1 \right)^m \right]^a x^{a-1} \exp\left[-b \left(t_p^1 \right)^m x \right]$$

当给定分布参数 m 的验前分布 $\pi(m)$ 后, 即可给出分布参数 m 和 λ 的验前分布

$$\pi(m,\lambda) = \frac{\pi(m)}{\Gamma(a)} \left[b \left(t_p^1 \right)^m \right]^a \lambda^{a-1} \exp\left[-b \left(t_p^1 \right)^m \lambda \right] \tag{5.1.23}$$

例如, 当 $\pi(m)$ 为均匀分布 $U(m_l, m_u)$ 时, 分布参数 m 和 λ 的验前分布为

$$\pi(m,\lambda) = \frac{1}{(m_u - m_l)\,\Gamma(a)} \left[b \left(t_p^1 \right)^m \right]^a \lambda^{a-1} \exp\left[-b \left(t_p^1 \right)^m \lambda \right] \tag{5.1.24}$$

3. 分布参数的离散验前样本

当不要求给出分布参数的连续验前分布时, 可提出一种离散验前样本的确定方法[7].

以验前信息存在 2 个专家数据为例进行说明, 即存在时刻 t_p^i 处可靠度 R_p^i 的预计值 $\hat{R}_p^i$, 其中 $i = 1, 2$. 根据式 (1.1.7) 可知存在

$$\begin{aligned} \hat{R}_p^1 &= \exp\left[-\hat{\lambda} \left(t_p^1 \right)^{\hat{m}} \right] \\ \hat{R}_p^2 &= \exp\left[-\hat{\lambda} \left(t_p^2 \right)^{\hat{m}} \right] \end{aligned} \tag{5.1.25}$$

其中 $\hat{m}$ 和 $\hat{\lambda}$ 为分布参数 m 和 λ 的一组点估计. 针对 2 个可靠度预计值 $\hat{R}_p^1$ 和 $\hat{R}_p^2$, 当 $(\hat{R}_p^1 - \hat{R}_p^2)(t_p^1 - t_p^2) < 0$ 时, 根据图 4.3 中基于分布曲线拟合的可靠性估计思想, 对式 (5.1.25) 进行两次取对数运算, 可得

$$\ln\left(-\ln \hat{R}_p^1 \right) = \hat{m} \ln t_p^1 + \ln \hat{\lambda}$$
$$\ln\left(-\ln \hat{R}_p^2 \right) = \hat{m} \ln t_p^2 + \ln \hat{\lambda}$$

于是可利用 $\hat{R}_p^1$ 和 $\hat{R}_p^2$, 通过式 (5.1.25) 求得 $\hat{m}$ 和 $\hat{\lambda}$ 为

$$\begin{aligned} \hat{m} &= \frac{\ln\left(-\ln \hat{R}_p^1 \right) - \ln\left(-\ln \hat{R}_p^2 \right)}{\ln t_p^1 - \ln t_p^2} \\ \hat{\lambda} &= -\left(t_p^1 \right)^{-\hat{m}} \ln \hat{R}_p^1 \end{aligned} \tag{5.1.26}$$

注意到此处的 $\hat{R}_p^1$ 和 $\hat{R}_p^2$ 是已知的, 且 $(\hat{R}_p^1 - \hat{R}_p^2)(t_p^1 - t_p^2) < 0$, 故必有 $\hat{m} > 0$. 式 (5.1.26) 中的 $\hat{m}$ 和 $\hat{\lambda}$ 可视为来自 m 和 λ 的验前分布的一组样本. 注意到根据一组

$\hat{R}_p^1$ 和 $\hat{R}_p^2$ 只能确定一组 m 和 λ 的验前分布的样本, 如果设法根据 $\hat{R}_p^1$ 和 $\hat{R}_p^2$ 生成更多的可靠度预计值, 就可以获得更多来自 m 和 λ 的验前分布的样本. 下面讨论如何根据 $\hat{R}_p^1$ 和 $\hat{R}_p^2$ 生成更多的可靠度预计值.

记 $\hat{R}_p$ 为可靠度预计值. 考虑到 $\hat{R}_p$ 本质上是可靠度 R_p 的估计值, 则 $\hat{R}_p$ 必然与真值 R_p 之间存在误差 ε, 即

$$\hat{R}_p = R_p + \varepsilon$$

对于误差 ε, 通常假定其服从均值为 0 的正态分布 $N(0, \sigma^2)$, 这说明 $\hat{R}_p$ 服从均值为 R_p 的正态分布 $N(R_p, \sigma^2)$. 由于真值 R_p 未知, 可以用 R_p 的原始预计值 $\hat{R}_p$ 代替. 进一步, 若方差 σ^2 已知, 就可基于正态分布 $N(\hat{R}_p, \sigma^2)$ 生成更多的可靠度预计值. 因此, 接下来需要确定 σ. 关于方差 σ^2, 主要与误差 ε 有关. 由于可靠度 R_p 的取值区间为 $[0,1]$, 则误差 ε 的最大值 $\varepsilon_{\max}$ 为 $\hat{R}_p$ 和 $1 - \hat{R}_p$ 的最小值, 即

$$\varepsilon_{\max} = \min\left(\hat{R}_p, 1 - \hat{R}_p\right)$$

又由于 ε 服从对称的正态分布 $N\left(0, \sigma^2\right)$, 则 ε 的取值就限定在区间 $[-\varepsilon_{\max}, \varepsilon_{\max}]$ 中. 根据正态分布的性质, 可认为几乎所有的 ε 取值都在区间 $[-3\sigma, 3\sigma]$ 中. 如此可知 σ 的最大值满足

$$\sigma_{\max} = \frac{\varepsilon_{\max}}{3}$$

进一步认为标准差 σ 服从均匀分布 $U\left(0, \sigma_{\max}\right)$. 通过以上分析, 可以从 $U\left(0, \sigma_{\max}\right)$ 中生成随机数作为 σ 的取值. 通过这种方式, 可以保证生成的可靠度预计值取值都接近 $\hat{R}_p$, 且取值范围在 $[0,1]$ 中.

在以上分析的基础上, 以存在 2 个专家数据为例设计以下算法获得来自 m 和 λ 的验前分布的离散样本.

算法 5.1 给定对应时刻 t_p^1 和 t_p^2 的可靠度预计值 $\hat{R}_p^1$ 和 $\hat{R}_p^2$(要求 $(\hat{R}_p^1 - \hat{R}_p^2)$$(t_p^1 - t_p^2) < 0$) 以及样本量 D.

步骤 1: 令

$$\sigma_{\max}^i = \min\left[\frac{\hat{R}_p^i}{3}, \frac{1 - \hat{R}_p^i}{3}\right]$$

其中 $i = 1, 2$, 并初始化 $j = 1$.

步骤 2: 从均匀分布 $U(0, \sigma_{\max}^i)$ 中生成 σ_i, 进一步从正态分布 $N(\hat{R}_p^i, \sigma_i^2)$ 中生成 $\hat{R}_e^i$, 其中 $i = 1, 2$.

步骤 3: 将 $\hat{R}_e^1$ 和 $\hat{R}_e^2$ 代入式 (5.1.26) 算得 m_j^p 和 λ_j^p, 并更新 $j = j + 1$.

步骤 4: 重复步骤 2 和步骤 3 直到 $j = D$.

如此获得的

$$\left(m_j^p, \lambda_j^p\right) \tag{5.1.27}$$

即为来自 m 和 λ 的验前分布的离散样本, 其中 $j = 1, \cdots, D$. 另外还需要强调以下两点.

(1) 只有当存在的 2 个可靠度预计值满足 $(\hat{R}_p^1 - \hat{R}_p^2)(t_p^1 - t_p^2) < 0$ 时才能应用算法 5.1.

(2) 该方法也可推广到验前信息存在 $N > 2$ 个专家数据的场合.

5.1.5　多源信息下验前分布的确定

当存在多种不同类型的验前信息, 且各种验前信息都通过了相容性检验时, 为了融合利用所有的验前信息, 就需要考虑多源验前信息下的验前分布确定方法. 设共有 M 种验前信息, 可先利用第 i 种验前信息确定验前分布 $\pi_i(m, \lambda)$, 再为验前分布 $\pi_i(m, \lambda)$ 引入权重 w_i, 其中 $i = 1, \cdots, M$,

$$\sum_{i=1}^{M} w_i = 1$$

进一步把 M 个验前分布加权综合成一个验前分布. 综合验前分布的关键有两个问题, 一是确定权重 w_i, 二是选择加权方法.

关于验前分布 $\pi_i(m, \lambda)$ 的权重, 具体方法包括基于可信度的权重、基于边缘分布密度的权重、基于第二类极大似然估计 (ML-II) 的权重等. 以 ML-II 方法为例[1], 介绍权重的求解方法.

给定验前分布 $\pi_i(m, \lambda)$, 其中 $i = 1, \cdots, M$, 将寿命样本 (t_j, δ_j) 视为现场信息, 其中 $j = 1, \cdots, n$, 可得寿命样本的边缘似然函数为

$$L_i(D) = \prod_{j=1}^{n} [f_i(t_j)]^{\delta_j} [R_i(t_j)]^{1-\delta_j} \tag{5.1.28}$$

其中

$$f_i(t) = \int_m \int_\lambda f(t; m, \lambda) \pi_i(m, \lambda) d\lambda dm \tag{5.1.29}$$

为边缘概率密度函数, $f(t; m, \lambda)$ 为式 (1.1.6) 中的概率密度函数,

$$R_i(t) = \int_m \int_\lambda R(t; m, \lambda) \pi_i(m, \lambda) d\lambda dm \tag{5.1.30}$$

为边缘可靠度函数, $R(t; m, \lambda)$ 为式 (1.1.7) 中的可靠度函数. 边缘似然函数 $L_i(D)$ 与验前分布 $\pi_i(m, \lambda)$ 有关, 其大小反映了第 i 种验前信息的重要性, 因而引入验前

分布 $\pi_i(m, \lambda)$ 的权重为

$$w_i = \frac{L_i(D)}{\sum_{i=1}^{M} L_i(D)} \tag{5.1.31}$$

其中 $i = 1, \cdots, M$.

以验前分布 π 为例, 其分布形式如式 (5.1.2) 所示, 说明式 (5.1.31) 中权重 w_i 的具体形式, 其中 $i = 1, \cdots, M$, λ 的验前分布 $\pi(\lambda)$ 见式 (5.1.3) 并记为 $\Gamma(\lambda; \alpha_i, \beta_i)$, m 的验前分布记为 $\pi(m)$, 此时式 (5.1.29) 中的边缘概率密度函数具体为

$$
\begin{aligned}
f_i(t) &= \int_m \int_\lambda f(t; m, \lambda) \pi_i(m, \lambda) d\lambda dm \\
&= \int_m \int_\lambda \lambda m t^{m-1} \exp(-\lambda t^m) \cdot \frac{\beta_i^{\alpha_i}}{\Gamma(\alpha_i)} \lambda^{\alpha_i-1} \exp(-\beta_i \lambda) \cdot \pi(m) d\lambda dm \\
&= \int_m m t^{m-1} \cdot \pi(m) \int_\lambda \cdot \frac{\beta_i^{\alpha_i}}{\Gamma(\alpha_i)} \lambda^{\alpha_i} \exp[-(\beta_i + t^m)\lambda] d\lambda dm \\
&= \int_m m t^{m-1} \cdot \pi(m) \frac{\alpha_i \beta_i^{\alpha_i}}{(\beta_i + t^m)^{\alpha_i+1}} dm
\end{aligned}
$$

特别地, 当 $\pi(m)$ 为均匀分布 $U(m_l, m_u)$ 时, 进一步有

$$
\begin{aligned}
f_i(t) &= \frac{1}{m_u - m_l} \int_{m_l}^{m_u} m t^{m-1} \frac{\alpha_i \beta_i^{\alpha_i}}{(\beta_i + t^m)^{\alpha_i+1}} dm \\
&= \frac{1}{m_u - m_l} \int_{m_l}^{m_u} \frac{\alpha_i \beta_i^{\alpha_i}}{(\beta_i + t^m)^{\alpha_i+1}} dt^m \\
&= \frac{1}{m_u - m_l} \int_{\beta_i + t^{m_l}}^{\beta_i + t^{m_u}} \frac{\alpha_i \beta_i^{\alpha_i}}{x^{\alpha_i+1}} dx \\
&= -\frac{1}{m_u - m_l} \frac{\beta_i^{\alpha_i}}{x^{\alpha_i}} \Big|_{\beta_i + t^{m_l}}^{\beta_i + t^{m_u}} \\
&= \frac{1}{m_u - m_l} \left[\frac{\beta_i^{\alpha_i}}{(\beta_i + t^{m_l})^{\alpha_i}} - \frac{\beta_i^{\alpha_i}}{(\beta_i + t^{m_u})^{\alpha_i}} \right]
\end{aligned} \tag{5.1.32}
$$

根据式 (5.1.4), 可知式 (5.1.30) 中的边缘可靠度函数具体为

$$R_i(t) = \int_m \pi(m) \frac{\beta_i^{\alpha_i}}{(\beta_i + t^m)^{\alpha_i}} dm$$

其中 $i = 1, \cdots, M$, 特别地, 当 $\pi(m)$ 为均匀分布 $U(m_l, m_u)$ 时, 根据式 (5.1.10), 进一步有

$$R_i(t) = \frac{{}_2F_1(1, \alpha_i; \alpha_i+1, x_i^u)(x_i^u)^{\alpha_i} - {}_2F_1(1, \alpha_i; \alpha_i+1, x_i^l)(x_i^l)^{\alpha_i}}{\alpha_i(m_u - m_l)\ln t}$$

其中

$$x_i^l = \frac{\beta_i}{\beta_i + t^{m_u}}, \quad x_i^u = \frac{\beta_i}{\beta_i + t^{m_l}}$$

于是式 (5.1.28) 中的边缘似然函数为

$$L_i(D) = \prod_{j=1}^{n} [f_i(t_j)]^{\delta_j} [R_i(t_j)]^{1-\delta_j}$$

$$= \prod_{j=1}^{n} \left[\int_m \pi(m) \frac{\alpha_i \beta_i^{\alpha_i} m t_j^{m-1}}{(\beta_i + t_j^m)^{\alpha_i+1}} dm \right]^{\delta_j} \left[\int_m \pi(m) \frac{\beta_i^{\alpha_i}}{(\beta_i + t_j^m)^{\alpha_i}} dm \right]^{1-\delta_j}$$

可得式 (5.1.31) 中的权重 w_i 为

$$w_i = \frac{\displaystyle\prod_{j=1}^{n} \left[\int_m \pi(m) \frac{\alpha_i \beta_i^{\alpha_i} m t_j^{m-1}}{(\beta_i + t_j^m)^{\alpha_i+1}} dm \right]^{\delta_j} \left[\int_m \pi(m) \frac{\beta_i^{\alpha_i}}{(\beta_i + t_j^m)^{\alpha_i}} dm \right]^{1-\delta_j}}{\displaystyle\sum_{i=1}^{M} \prod_{j=1}^{n} \left[\int_m \pi(m) \frac{\alpha_i \beta_i^{\alpha_i} m t_j^{m-1}}{(\beta_i + t_j^m)^{\alpha_i+1}} dm \right]^{\delta_j} \left[\int_m \pi(m) d\frac{\beta_i^{\alpha_i}}{(\beta_i + t_j^m)^{\alpha_i}} dm \right]^{1-\delta_j}}$$

其中 $i = 1, \cdots, M$. 特别地, 当 $\pi(m)$ 为均匀分布 $U(m_l, m_u)$ 时, 进一步有

$$L_i(D)$$

$$= \prod_{j=1}^{n} [f_i(t_j)]^{\delta_j} [R_i(t_j)]^{1-\delta_j}$$

$$= \prod_{j=1}^{n} \frac{\left[(x_{ij}^u)^{\alpha_i} - (x_{ij}^l)^{\alpha_i} \right]^{\delta_j} \left[\dfrac{{}_2F_1\left(1, \alpha_i; \alpha_i+1, x_{ij}^u\right)(x_{ij}^u)^{\alpha_i} - {}_2F_1\left(1, \alpha_i; \alpha_i+1, x_{ij}^l\right)(x_{ij}^l)^{\alpha_i}}{\alpha_i \ln t_j} \right]^{1-\delta_j}}{m_u - m_l}$$

其中

$$x_{ij}^l = \frac{\beta_i}{\beta_i + t_j^{m_u}}, \quad x_{ij}^u = \frac{\beta_i}{\beta_i + t_j^{m_l}}$$

此时式 (5.1.31) 中的权重 w_i 为

$$w_i = \frac{\displaystyle\prod_{j=1}^{n} \left[(x_{ij}^u)^{\alpha_i} - (x_{ij}^l)^{\alpha_i} \right]^{\delta_j} (k_{ij})^{1-\delta_j}}{\displaystyle\sum_{i=1}^{M} \prod_{j=1}^{n} \left[(x_{ij}^u)^{\alpha_i} - (x_{ij}^l)^{\alpha_i} \right]^{\delta_j} (k_{ij})^{1-\delta_j}} \tag{5.1.33}$$

其中

$$k_{ij} = \frac{{}_2F_1\left(1, \alpha_i; \alpha_i+1, x_{ij}^u\right)(x_{ij}^u)^{\alpha_i} - {}_2F_1\left(1, \alpha_i; \alpha_i+1, x_{ij}^l\right)(x_{ij}^l)^{\alpha_i}}{\alpha_i \ln t_j}$$

关于加权方法, 可分为验前分布线性加权、验前分布非线性加权和超参数加权三类. 其中, 线性加权综合验前分布就是

$$\pi\left(m,\lambda\right)=\sum_{i=1}^{M}w_i\pi_i\left(m,\lambda\right) \tag{5.1.34}$$

非线性加权综合验前分布是

$$\pi\left(m,\lambda\right)=\left[\sum_{i=1}^{M}w_i\pi_i^{p}\left(m,\lambda\right)\right]^{\frac{1}{p}}$$

或

$$\pi\left(m,\lambda\right)=\prod_{i=1}^{M}\pi_i^{w_i}\left(m,\lambda\right)$$

超参数加权综合验前分布是

$$\pi\left(m,\lambda\right)=\pi_i\left(m,\lambda;\sum_{i=1}^{M}w_i\theta_i\right)$$

其中 θ_i 是验前分布 $\pi_i\left(m,\lambda\right)$ 的超参数, $i=1,\cdots,M$.

5.2　验后分布

本节分析图 5.1 中似然函数的确定和验后分布的推导方法. 根据 Bayes 理论的要求, 要用似然函数描述现场信息, 再与验前分布结合推导验后分布, 进而对可靠性指标进行 Bayes 推断. 将产品的寿命数据视为现场信息, 并记为式 (1.2.1) 中的一般形式 (t_i,δ_i), 其中 $i=1,\cdots,n$. 在韦布尔分布场合, 取分布参数 m 和 λ 时基于式 (1.1.6) 中的概率密度函数 $f\left(t;m,\lambda\right)$ 和式 (1.1.7) 中的可靠度函数 $R\left(t;m,\lambda\right)$, 类似于式 (3.1.1) 中的似然函数, 可得似然函数为

$$L\left(D\left|m,\lambda\right.\right)=(m\lambda)^{\sum\limits_{i=1}^{n}\delta_i}\cdot\prod_{i=1}^{n}t_i^{(m-1)\delta_i}\cdot\exp\left(-\lambda\sum_{i=1}^{n}t_i^{m}\right) \tag{5.2.1}$$

下面分别考虑单个验前分布和综合验前分布下的验后分布推导.

5.2.1　单一验前分布下验后分布的推导

以 5.1.4 节中给出的不同形式的验前分布, 说明验后分布的推导.

1. 式 (5.1.2) 的验前分布 $\pi(m, \lambda)$

在验前分布 $\pi(m, \lambda)$ 中, λ 的验前分布 $\pi(\lambda)$ 见式 (5.1.3), m 的验前分布 $\pi(m)$ 为 $\pi(m; \theta_m)$, 其中 θ_m 为 $\pi(m; \theta_m)$ 的分布参数. 根据 Bayes 公式, 可得 m 和 λ 的验后分布为 $\pi(m, \lambda | D)$ 为

$$\pi(m, \lambda | D) \propto \pi(m, \lambda) \cdot L(D | m, \lambda) \tag{5.2.2}$$

代入式 (5.1.2) 中的 $\pi(m, \lambda)$、式 (5.1.3) 中的 $\pi(\lambda)$ 及式 (5.2.1) 中的 $L(D | m, \lambda)$, 可得

$$\pi(m, \lambda | D) \propto m^{\sum_{i=1}^{n} \delta_i} \cdot \prod_{i=1}^{n} t_i^{(m-1)\delta_i} \cdot \lambda^{\alpha + \sum_{i=1}^{n} \delta_i - 1} \cdot \exp\left[-\left(\beta + \sum_{i=1}^{n} t_i^m\right)\lambda\right] \cdot \pi(m)$$

进一步可将 $\pi(m, \lambda | D)$ 转化为分布参数 m 的验后分布 $\pi(m | D)$ 与给定 m 时分布参数 λ 的验后分布 $\pi(\lambda | m, D)$ 的乘积, 即为

$$\pi(m, \lambda | D) \propto \pi(m | D) \cdot \pi(\lambda | m, D) \tag{5.2.3}$$

其中

$$\pi(m | D) \propto \frac{m^{\sum_{i=1}^{n} \delta_i} \cdot \prod_{i=1}^{n} t_i^{(m-1)\delta_i}}{\left(\beta + \sum_{i=1}^{n} t_i^m\right)^{\alpha + \sum_{i=1}^{n} \delta_i}} \cdot \pi(m) \tag{5.2.4}$$

另外

$$\pi(\lambda | m, D) = \frac{\left(\beta + \sum_{i=1}^{n} t_i^m\right)^{\alpha + \sum_{i=1}^{n} \delta_i}}{\Gamma\left(\alpha + \sum_{i=1}^{n} \delta_i\right)} \cdot \lambda^{\alpha + \sum_{i=1}^{n} \delta_i - 1} \cdot \exp\left[-\left(\beta + \sum_{i=1}^{n} t_i^m\right)\lambda\right] \tag{5.2.5}$$

即伽马分布 $\Gamma(\lambda; \alpha + \sum_{i=1}^{n} \delta_i, \beta + \sum_{i=1}^{n} t_i^m)$.

下面分析式 (5.2.4) 中 m 的验后分布 $\pi(m | D)$ 的数学性质, 其对数为

$$\ln \pi(m | D) = \sum_{i=1}^{n} \delta_i \ln m + (m-1)\sum_{i=1}^{n} \delta_i \ln t_i - \left(\alpha + \sum_{i=1}^{n} \delta_i\right)\ln\left(\beta + \sum_{i=1}^{n} t_i^m\right) + \ln \pi(m)$$

进一步, 求得 $\ln \pi(m | D)$ 的一阶导数为

$$\frac{d\ln \pi(m | D)}{dm} = \frac{\sum_{i=1}^{n} \delta_i}{m} + \sum_{i=1}^{n} \delta_i \ln t_i - \left(\alpha + \sum_{i=1}^{n} \delta_i\right)\frac{\sum_{i=1}^{n} t_i^m \ln t_i}{\beta + \sum_{i=1}^{n} t_i^m} + \frac{d\ln \pi(m)}{dm}$$

而其二阶导数为

$$\frac{d^2 \ln \pi\left(m\left|D\right.\right)}{dm^2} = -\left(\alpha + \sum_{i=1}^{n} \delta_i\right) \frac{\left(\sum_{i=1}^{n} t_i^m \ln^2 t_i\right)\left(\beta + \sum_{i=1}^{n} t_i^m\right) - \left(\sum_{i=1}^{n} t_i^m \ln t_i\right)^2}{\left(\beta + \sum_{i=1}^{n} t_i^m\right)^2}$$

$$-\frac{\sum_{i=1}^{n} \delta_i}{m^2} + \frac{d^2 \ln \pi\left(m\right)}{dm^2}$$

根据柯西不等式, 可知

$$\left(\sum_{i=1}^{n} t_i^m \ln^2 t_i\right)\left(\sum_{i=1}^{n} t_i^m\right) \geqslant \left(\sum_{i=1}^{n} t_i^m \ln t_i\right)^2$$

因而当

$$\frac{d^2 \ln \pi\left(m\right)}{dm^2} \leqslant 0 \tag{5.2.6}$$

时必有

$$\frac{d^2 \ln \pi\left(m\left|D\right.\right)}{dm^2} < 0$$

根据凸函数的定义可知, 在式 (5.2.6) 的条件下, 对于 m 的验前分布 $\pi\left(m\right)$, 其对数 $\ln \pi\left(m\right)$ 是凸函数. 此时验后分布 $\pi\left(m\left|D\right.\right)$ 的对数 $\ln \pi\left(m\left|D\right.\right)$ 也是凸函数. 这是关于验后分布 $\pi\left(m\left|D\right.\right)$ 的重要数学性质.

2. 式 (5.1.23) 中的验前分布 $\pi\left(m, \lambda\right)$

同理, 类似于式 (5.2.2), 将式 (5.1.23) 中的验前分布 $\pi\left(m, \lambda\right)$ 和式 (5.2.1) 中的似然函数 $L\left(D\left|m, \lambda\right.\right)$ 结合, 可得验后分布

$$\pi\left(m, \lambda\left|D\right.\right) \propto \pi\left(m\left|D\right.\right) \cdot \pi\left(\lambda\left|m, D\right.\right) \tag{5.2.7}$$

其中

$$\pi\left(m\left|D\right.\right) \propto \frac{m^{\sum_{i=1}^{n} \delta_i} \cdot \prod_{i=1}^{n} t_i^{(m-1)\delta_i}}{\left[b\left(t_p^1\right)^m + \sum_{i=1}^{n} t_i^m\right]^{a + \sum_{i=1}^{n} \delta_i}} \cdot \pi(m) \tag{5.2.8}$$

$$\pi\left(\lambda\left|m, D\right.\right) = \frac{\left[b\left(t_p^1\right)^m + \sum_{i=1}^{n} t_i^m\right]^{a + \sum_{i=1}^{n} \delta_i}}{\Gamma\left(a + \sum_{i=1}^{n} \delta_i\right)} \lambda^{a + \sum_{i=1}^{n} \delta_i - 1} \exp\left[-\lambda\left(b\left(t_p^1\right)^m + \sum_{i=1}^{n} t_i^m\right)\right]$$

即 λ 的验后分布为伽马分布 $\Gamma\left(\lambda; a + \sum_{i=1}^n \delta_i, b\left(t_p^1\right)^m + \sum_{i=1}^n t_i^m\right)$.

3. 式 (5.1.27) 中的离散验前样本

将验前信息转化为离散验前样本 $\left(m_j^p, \lambda_j^p\right)$ 时, 可直接基于验前样本生成验后样本 $\left(m_j^d, \lambda_j^d\right)$, 其中 $j = 1, \cdots, D$, 具体算法如下[7].

算法 5.2

步骤 1: 初始化 $j = 1$, 令 m 和 λ 的抽样序列初值为点估计 $\hat{m}$ 和 $\hat{\lambda}$, 如极大似然估计, 即令 $m_1^d = \hat{m}$, $\lambda_1^d = \hat{\lambda}$.

步骤 2: 更新 $j = j + 1$, 根据式 (5.2.1), 计算

$$\rho_d = \min\left(\frac{L\left(D\left|m_j^p, \lambda_j^p\right.\right)}{L\left(D\left|m_{j-1}^d, \lambda_{j-1}^d\right.\right)}, 1\right)$$

步骤 3: 从均匀分布 $U(0,1)$ 中生成随机数 u, 并与 ρ_d 相比. 如果 $u \leqslant \rho_d$, 则令 $m_j^d = m_j^p$, $\lambda_j^d = \lambda_j^p$; 反之则令 $m_j^d = m_{j-1}^d$, $\lambda_j^d = \lambda_{j-1}^d$.

步骤 4: 重复步骤 2—步骤 3, 直到 $j = D$.

获得的样本

$$\left(m_j^d, \lambda_j^d\right) \tag{5.2.9}$$

其中 $j = 1, \cdots, D$, 可视为分布参数 m 和 λ 的验后样本.

5.2.2 综合验前分布下验后分布的推导

当综合验前分布 $\pi(m, \lambda)$ 为式 (5.1.34) 中各个验前分布的线性加权形式时, 根据式 (5.2.2), 结合式 (5.2.1) 中的似然函数 $L(D|m, \lambda)$, 可得

$$
\begin{aligned}
&\pi(m, \lambda|D) \\
&= \frac{\pi(m, \lambda) \cdot L(D|m, \lambda)}{\int_m \int_\lambda \pi(m, \lambda) \cdot L(D|m, \lambda) d\lambda dm} \\
&= \frac{\left[\sum_{i=1}^M w_i \pi_i(m, \lambda)\right] \cdot L(D|m, \lambda)}{\int_m \int_\lambda \left[\sum_{i=1}^M w_i \pi_i(m, \lambda)\right] \cdot L(D|m, \lambda) d\lambda dm} \\
&= \frac{\sum_{i=1}^M w_i \pi_i(m, \lambda) L(D|m, \lambda)}{\int_m \int_\lambda \sum_{i=1}^M w_i \pi_i(m, \lambda) L(D|m, \lambda) d\lambda dm}
\end{aligned}
$$

$$= \sum_{i=1}^{M} w_i \left[\frac{\int_m \int_\lambda \pi_i(m,\lambda) L(D|m,\lambda) d\lambda dm}{\sum_{i=1}^{M} \int_m \int_\lambda w_i \pi_i(m,\lambda) L(D|m,\lambda) d\lambda dm} \right.$$

$$\left. \cdot \frac{\pi_i(m,\lambda) L(D|m,\lambda)}{\int_m \int_\lambda \pi_i(m,\lambda) L(D|m,\lambda) d\lambda dm} \right]$$

注意到

$$\frac{\pi_i(m,\lambda) L(D|m,\lambda)}{\int_m \int_\lambda \pi_i(m,\lambda) L(D|m,\lambda) d\lambda dm} = \pi_i(m,\lambda|D)$$

是验前信息 i 对应的验前分布 $\pi_i(m,\lambda)$ 所确定的验后分布, 其中 $i=1,\cdots,M$. 再引入验后权重

$$\rho_i = \frac{w_i \int_m \int_\lambda \pi_i(m,\lambda) L(D|m,\lambda) d\lambda dm}{\sum_{i=1}^{M} w_i \int_m \int_\lambda \pi_i(m,\lambda) L(D|m,\lambda) d\lambda dm} \qquad (5.2.10)$$

可得

$$\pi(m,\lambda|D) = \sum_{i=1}^{M} \rho_i \pi_i(m,\lambda|D) \qquad (5.2.11)$$

式 (5.2.11) 说明基于综合验前分布所确定的综合验后分布, 实际上为各个验前分布对应验后分布的加权[1], 只是验后分布的权重与验前分布的权重不同, 从而可以将综合验后分布的推导转化成各个验前分布对应验后分布的推导再进行加权综合即可.

5.3 可靠性指标的 Bayes 估计

本节分析图 5.1 中可靠性指标的验后分布及其 Bayes 估计方法. 根据 Bayes 理论, 在推导得到分布参数的验后分布 $\pi(m,\lambda|D)$ 后, 对于待估的可靠性指标, 需要将分布参数的验后分布 $\pi(m,\lambda|D)$ 转化成该可靠性指标的验后分布, 进一步在特定损失函数下即可对该可靠性指标的 Bayes 估计进行推断, 给出该可靠性指标的 Bayes 点估计和置信区间. 下面先介绍损失函数, 再具体地分析可靠性指标的 Bayes 推断方法.

5.3.1   损失函数

对于待估参数 θ 的 Bayes 估计 $\hat{\theta}$, 损失函数 $L(\hat{\theta},\theta)$ 是指衡量 $\hat{\theta}$ 与 θ 之间的偏差所造成的损失的函数. 当要求平均损失, 即风险函数

$$E[L(\hat{\theta},\theta)] = \int_{\theta} L(\hat{\theta},\theta) \cdot \pi(\theta\,|D)d\theta$$

最小时, 即可给出 $\hat{\theta}$. 现有的损失函数有以下类型[8].

1) 平方损失函数

$$L(\hat{\theta},\theta) = (\hat{\theta}-\theta)^2$$

平方损失函数是 Bayes 估计中应用最为广泛的损失函数. 此时, 当风险函数

$$E = \int_{\theta} (\hat{\theta}-\theta)^2 \cdot \pi(\theta\,|D)d\theta$$

最小时, 可得 Bayes 估计 $\hat{\theta}$ 为

$$\hat{\theta} = \int_{\theta} \theta \cdot \pi(\theta\,|D)d\theta \tag{5.3.1}$$

即 θ 的验后期望.

2) 绝对损失函数

$$L(\hat{\theta},\theta) = |\hat{\theta}-\theta|$$

此时, 当风险函数

$$E = \int_{\theta} |\hat{\theta}-\theta| \cdot \pi(\theta\,|D)d\theta$$

最小时, 可得 $\hat{\theta}$ 为验后分布的中位数.

3) 线性指数损失函数

$$L(\hat{\theta},\theta) = \exp[v(\hat{\theta}-\theta)] - v(\hat{\theta}-\theta) - 1$$

其中 $v \neq 0$. 此时, 当风险函数

$$E = \int_{\theta} \{\exp[v(\hat{\theta}-\theta)] - v(\hat{\theta}-\theta) - 1\} \cdot \pi(\theta\,|D)d\theta$$

最小时, 可得 Bayes 估计为

$$\hat{\theta} = -\frac{1}{v}\ln\left[\int_{\theta} \exp(-v\theta) \cdot \pi(\theta\,|D)d\theta\right]$$

4) 熵损失函数

$$L(\hat{\theta},\theta) = \left(\frac{\hat{\theta}}{\theta}\right)^v - v\ln\left(\frac{\hat{\theta}}{\theta}\right) - 1$$

其中 $v \neq 0$. 此时, 当风险函数

$$E = \int_{\theta} \left[\left(\frac{\hat{\theta}}{\theta} \right)^{v} - v \ln \left(\frac{\hat{\theta}}{\theta} \right) - 1 \right] \cdot \pi \left(\theta \,|\, D \right) d\theta$$

最小时, 可得 Bayes 估计为

$$\hat{\theta} = \left[\int_{\theta} \theta^{-v} \cdot \pi \left(\theta \,|\, D \right) d\theta \right]^{-\frac{1}{v}}$$

5) 预防损失函数

$$L(\hat{\theta}, \theta) = \frac{(\hat{\theta} - \theta)^2}{\hat{\theta}}$$

此时, 当风险函数

$$E = \int_{\theta} \frac{(\hat{\theta} - \theta)^2}{\hat{\theta}} \cdot \pi \left(\theta \,|\, D \right) d\theta$$

最小时, 可得 Bayes 估计为

$$\hat{\theta} = \sqrt{\int_{\theta} \theta^2 \cdot \pi \left(\theta \,|\, D \right) d\theta}$$

5.3.2 平方损失函数下可靠性指标的 Bayes 估计

平方损失函数是 Bayes 估计中应用最为广泛的损失函数, 接下来基于平方损失函数具体地分析分布参数和可靠度以及剩余寿命的 Bayes 估计.

首先讨论分布参数 m 和 λ 的 Bayes 估计. 针对单一验前信息, 此时可得单一验前分布下 m 和 λ 的验后分布 $\pi(m, \lambda|D)$. 在平方损失函数下, m 和 λ 的 Bayes 点估计是验后分布 $\pi(m, \lambda|D)$ 的期望, 可得

$$\hat{m}_b = \int_{m} \int_{\lambda} m \cdot \pi \left(m, \lambda \,|\, D \right) dm d\lambda$$

$$\hat{\lambda}_b = \int_{m} \int_{\lambda} \lambda \cdot \pi \left(m, \lambda \,|\, D \right) dm d\lambda \tag{5.3.2}$$

针对 M 类多源验前信息, 此时可得综合验前分布下分布参数 m 和 λ 的验后分布, 如式 (5.2.11) 所示, 即 M 个验前信息源下各个验后分布 $\pi_i(m, \lambda|D)$ 的加权, 其中 $i = 1, \cdots, M$. 在平方损失函数下, m 和 λ 的 Bayes 点估计是综合验后分布的期望, 可得

$$\hat{m} = \int_{m} \int_{\lambda} m \cdot \pi \left(m, \lambda \,|\, D \right) dm d\lambda$$

$$= \int_m \int_\lambda m \cdot \sum_{i=1}^M \rho_i \pi_i(m, \lambda|D) dm d\lambda$$

$$= \sum_{i=1}^M \rho_i \int_m \int_\lambda m \cdot \pi_i(m, \lambda|D) dm d\lambda$$

$$= \sum_{i=1}^M \rho_i \hat{m}_b^i \tag{5.3.3}$$

类似地, 存在

$$\hat{\lambda} = \sum_{i=1}^M \rho_i \hat{\lambda}_b^i \tag{5.3.4}$$

其中 $\hat{m}_b^i$ 和 $\hat{\lambda}_b^i$ 是基于验前信息源 i 所得的 m 和 λ 的 Bayes 点估计, $i = 1, \cdots, M$. 在韦布尔分布场合, 由于验后分布 $\pi(m, \lambda|D)$ 的复杂性, 很难给出 m 和 λ 的 Bayes 点估计的解析式. 为此, 考虑基于抽样的统计方法, 即利用分布参数的验后分布 $\pi(m, \lambda|D)$, 抽样生成大量的样本, 从而近似连续的验后分布, 再基于验后样本给出 分布参数 m 和 λ 的 Bayes 点估计和置信区间. 具体方法将在 5.3.3 节中进行讨论.

1. 平方损失函数下的可靠度 Bayes 估计

接下来讨论可靠度 $R(t)$ 的 Bayes 估计. 关于单一验前信息, 此时可得单一验 前分布下 m 和 λ 的验后分布 $\pi(m, \lambda|D)$. 根据 Bayes 理论的要求, 为了推断可靠度 的 Bayes 估计, 需要将分布参数 m 和 λ 的验后分布转化成 $R(t)$ 的验后分布. 在韦 布尔分布场合, 由于验后分布 $\pi(m, \lambda|D)$ 本身已十分复杂, 故无法给出转化后的验 后分布 $\pi(R(t)|D)$ 的具体形式, 由此也难以进一步求得 $R(t)$ 的 Bayes 点估计和置 信下限的解析式. 考虑到在平方损失函数下, $R(t)$ 的 Bayes 点估计 $\hat{R}_b(t)$ 是 $R(t)$ 的验后分布的期望, 即

$$\hat{R}_b(t) = \int_m \int_\lambda R(t; m, \lambda) \cdot \pi(m, \lambda|D) dm d\lambda \tag{5.3.5}$$

因而也可采用抽样的思路进行计算, 即利用分布参数的验后分布 $\pi(m, \lambda|D)$, 抽样 生成大量的样本, 再将分布参数的验后样本转化成可靠度的验后样本, 并求解可靠 度的 Bayes 点估计和置信下限.

针对 M 类多源验前信息, 此时可得综合验前分布下分布参数 m 和 λ 的验后 分布, 如式 (5.2.11) 所示, 即各验前信息源下的验后分布 $\pi_i(m, \lambda|D)$ 的加权, 其中 $i = 1, \cdots, M$. 此时仍然无法给出 $R(t)$ 的 Bayes 点估计和置信下限的解析式. 对于 $R(t)$ 的 Bayes 点估计, 在平方损失函数下, 可得

$$\hat{R}_b(t) = \int_m \int_\lambda R(t; m, \lambda) \cdot \pi(m, \lambda|D) dm d\lambda$$

$$= \int_m \int_\lambda R(t; m, \lambda) \cdot \sum_{i=1}^M \rho_i \pi_i(m, \lambda|D) dm d\lambda$$

$$= \sum_{i=1}^M \rho_i \int_m \int_\lambda R(t; m, \lambda) \cdot \pi_i(m, \lambda|D) dm d\lambda$$

$$= \sum_{i=1}^M \rho_i \hat{R}_b^i(t) \tag{5.3.6}$$

其中 $\hat{R}_b^i(t)$ 是基于验前信息源 i 所得的可靠度 $R(t)$ 的 Bayes 点估计, $i = 1, \cdots, M$, 即在多源验前信息下, 可靠度的 Bayes 估计是各个验后分布所对应的可靠度 Bayes 估计的加权, 从而可以简化为各个验后分布所对应的可靠度 Bayes 估计的统计分析.

2. 平方损失函数下的剩余寿命 Bayes 估计

最后考虑剩余寿命的 Bayes 估计. 针对单一验前信息, 此时可得单一验前分布下分布参数 m 和 λ 的验后分布 $\pi(m, \lambda|D)$. 类似地, 如果需要求解剩余寿命 L 的 Bayes 估计, 需要基于 m 和 λ 的验后分布 $\pi(m, \lambda|D)$ 以及式 (1.3.2) 中 L 的概率密度函数 $f_\tau(l; m, \lambda)$ 给出 L 的边缘概率密度函数

$$f(l) = \int_m \int_\lambda f_\tau(l; m, \lambda) \cdot \pi(m, \lambda|D) d\lambda dm \tag{5.3.7}$$

进一步在平方损失函数下即可给出 L 的 Bayes 点估计

$$\hat{L}_b = \int_l l \cdot f(l) dl$$

通过化简, 可知[1]

$$\hat{L}_b = \int_l l \cdot \int_m \int_\lambda f_\tau(l; m, \lambda) \cdot \pi(m, \lambda|D) d\lambda dm dl$$

$$= \int_m \int_\lambda \int_l l \cdot f_\tau(l; m, \lambda) dl \cdot \pi(m, \lambda|D) d\lambda dm$$

$$= \int_m \int_\lambda L(m, \lambda, \tau) \cdot \pi(m, \lambda|D) d\lambda dm \tag{5.3.8}$$

其中 $L(m, \lambda, \tau)$ 是式 (1.3.3) 中韦布尔分布场合平均剩余寿命的变换形式

$$L(m, \lambda, \tau) = \lambda^{-\frac{1}{m}} \exp(\lambda \tau^m) \Gamma\left(\frac{1}{m} + 1, \lambda \tau^m\right) - \tau \tag{5.3.9}$$

记 $[L_l^b, L_u^b]$ 为置信水平 $(1 - \alpha)$ 下剩余寿命 L 的 Bayes 置信区间. 根据式 (5.3.7)

中剩余寿命 L 的边缘概率密度函数, 可得

$$\int_{l \leqslant L_l^b} f(l)dl = \frac{\alpha}{2}$$

$$\int_{l \geqslant L_u^b} f(l)dl = \frac{\alpha}{2}$$

代入式 (5.3.7) 中的边缘概率密度函数 $f(l)$, 可进一步得到

$$\int_{l \leqslant L_l^b} \int_m \int_\lambda f_\tau(l; m, \lambda) \cdot \pi(m, \lambda \,|\, D)d\lambda dmdl = \frac{\alpha}{2}$$

$$\int_{l \geqslant L_u^b} \int_m \int_\lambda f_\tau(l; m, \lambda) \cdot \pi(m, \lambda \,|\, D)d\lambda dmdl = \frac{\alpha}{2}$$

经化简得

$$\int_m \int_\lambda \int_{l \leqslant L_l^b} f_\tau(l; m, \lambda)dl \cdot \pi(m, \lambda \,|\, D)\,d\lambda dm = \frac{\alpha}{2}$$

$$\int_m \int_\lambda \int_{l \geqslant L_u^b} f_\tau(l; m, \lambda)dl \cdot \pi(m, \lambda \,|\, D)\,d\lambda dm = \frac{\alpha}{2}$$

记

$$\int_0^{L_l(m,\lambda,\tau)} f_\tau(l; m, \lambda)dl = \frac{\alpha}{2}$$

$$\int_{L_u(m,\lambda,\tau)}^{+\infty} f_\tau(l; m, \lambda)dl = \frac{\alpha}{2}$$

根据式 (1.3.6), 可得

$$L_l(m, \lambda, \tau) = \left[\tau^m - \frac{1}{\lambda}\ln\left(1 - \frac{\alpha}{2}\right) \right]^{\frac{1}{m}} - \tau$$

$$L_u(m, \lambda, \tau) = \left[\tau^m - \frac{1}{\lambda}\ln\left(\frac{\alpha}{2}\right) \right]^{\frac{1}{m}} - \tau \tag{5.3.10}$$

由于

$$\int_m \int_\lambda \pi(m, \lambda \,|\, D)d\lambda dm = 1$$

最终可得

$$L_l^b = \int_m \int_\lambda L_l(m, \lambda, \tau) \cdot \pi(m, \lambda \,|\, D)d\lambda dm$$

$$L_u^b = \int_m \int_\lambda L_u(m, \lambda, \tau) \cdot \pi(m, \lambda \,|\, D)d\lambda dm \tag{5.3.11}$$

根据式 (5.3.8) 和式 (5.3.11), 类似于可靠度的 Bayes 估计, 也可利用抽样算法进行剩余寿命 L 的 Bayes 推断.

针对 M 类多源验前信息, 此时可得综合验前分布下分布参数 m 和 λ 的验后分布, 如式 (5.2.11) 所示, 即各验前信息源下的验后分布 $\pi_i(m, \lambda|D)$ 的加权, 其中 $i = 1, \cdots, M$. 对于剩余寿命 L 的 Bayes 点估计, 类似于式 (5.3.8), 可得

$$
\begin{aligned}
\hat{L}_b &= \int_l l \cdot \int_m \int_\lambda f_\tau\left(l; m, \lambda\right) \cdot \pi\left(m, \lambda\,|D\right) d\lambda\, dm\, dl \\
&= \int_l l \cdot \int_m \int_\lambda f_\tau\left(l; m, \lambda\right) \cdot \sum_{i=1}^{M} \rho_i \pi_i(m, \lambda|D) d\lambda\, dm\, dl \\
&= \sum_{i=1}^{M} \rho_i \int_m \int_\lambda \int_l l \cdot f_\tau\left(l; m, \lambda\right) dl \cdot \pi_i\left(m, \lambda\,|D\right) d\lambda\, dm \\
&= \sum_{i=1}^{M} \rho_i \int_m \int_\lambda L(m, \lambda, \tau) \cdot \pi_i\left(m, \lambda\,|D\right) d\lambda\, dm \\
&= \sum_{i=1}^{M} \rho_i \hat{L}_b^i
\end{aligned}
$$

其中 $\hat{L}_b^i$ 是基于验前信息源 i 所得的剩余寿命 L 的 Bayes 点估计, $i = 1, \cdots, M$. 对于 L 的 Bayes 置信区间, 可得

$$
\int_{l \leqslant L_l^b} \int_m \int_\lambda f_\tau\left(l; m, \lambda\right) \cdot \pi\left(m, \lambda\,|D\right) d\lambda\, dm\, dl = \frac{\alpha}{2}
$$

$$
\int_{l \geqslant L_u^b} \int_m \int_\lambda f_\tau\left(l; m, \lambda\right) \cdot \pi\left(m, \lambda\,|D\right) d\lambda\, dm\, dl = \frac{\alpha}{2}
$$

其中

$$
\pi(m, \lambda|D) = \sum_{i=1}^{M} \rho_i \pi_i(m, \lambda|D)
$$

则有

$$
\int_{l \leqslant L_l^b} \int_m \int_\lambda f_\tau\left(l; m, \lambda\right) \cdot \sum_{i=1}^{M} \rho_i \pi_i(m, \lambda|D) d\lambda\, dm\, dl = \frac{\alpha}{2}
$$

$$
\int_{l \geqslant L_u^b} \int_m \int_\lambda f_\tau\left(l; m, \lambda\right) \cdot \sum_{i=1}^{M} \rho_i \pi_i(m, \lambda|D) d\lambda\, dm\, dl = \frac{\alpha}{2}
$$

类似于式 (5.3.11), 记

$$
L_{l,i}^b = \int_m \int_\lambda L_l(m, \lambda, \tau) \cdot \pi_i\left(m, \lambda\,|D\right) d\lambda\, dm
$$

$$
L_{u,i}^b = \int_m \int_\lambda L_u(m, \lambda, \tau) \cdot \pi_i\left(m, \lambda\,|D\right) d\lambda\, dm
$$

由于

$$\int_{l \leqslant L_{l,i}^b} \int_m \int_\lambda f_\tau \left(l; m, \lambda \right) \cdot \pi_i \left(m, \lambda \,|\, D \right) d\lambda dm dl = \frac{\alpha}{2}$$

$$\int_{l \geqslant L_{u,i}^b} \int_m \int_\lambda f_\tau \left(l; m, \lambda \right) \cdot \pi_i \left(m, \lambda \,|\, D \right) d\lambda dm dl = \frac{\alpha}{2}$$

故

$$L_l^b = \sum_{i=1}^M \rho_i L_{l,i}^b, \quad L_u^b = \sum_{i=1}^M \rho_i L_{u,i}^b$$

其中 $[L_{l,i}^b, L_{u,i}^b]$ 是基于验前信息源 i 所得的 L 的 Bayes 置信区间, $i = 1, \cdots, M$. 由此可知, 在多源验前信息下, 剩余寿命 L 的 Bayes 估计是各个验后分布所对应的 L 的 Bayes 估计的加权, 从而可以简化为各个验后分布所对应的 L 的 Bayes 估计的统计分析.

　　从本节的分析可知, 在韦布尔分布场合, 很难给出可靠性指标的 Bayes 估计的解析表达式, 而可靠性指标的 Bayes 推断的关键是基于分布参数的验后分布的抽样. 针对这个问题, 目前应用最为广泛的抽样算法是蒙特卡罗马尔可夫链 (Monte Carlo Markov Chain, MCMC) 算法. 下面进行具体介绍.

5.3.3　基于 MCMC 算法的 Bayes 估计

　　MCMC 算法是一种典型的抽样算法, 按照不同的规则, 又可分为 Gibbs 算法和 Metropolis-Hastings (MH) 算法. 二者的不同在于, MH 算法通过设置取舍规则, 对不同的候选值进行选择, 并作出拒绝或接受的判断, 而 Gibbs 算法却要求参数的分布或条件分布相互独立, 并以全概率接受所有的候选值. 下面针对分布参数 m 和 λ 的单一验后分布 $\pi (m, \lambda \,|\, D)$, 以可靠度和剩余寿命这两种可靠性指标的 Bayes 估计为例, 说明 MCMC 算法的应用过程.

　　当分布参数 m 和 λ 的验前分布 $\pi (m, \lambda)$ 为式 (5.1.2) 时, 可得式 (5.2.3) 中的验后分布 $\pi (m, \lambda \,|\, D)$. 根据式 (5.2.3) 可知, 分布参数 m 和 λ 的验后分布 $\pi (m, \lambda \,|\, D)$ 可拆分为式 (5.2.4) 中分布参数 m 的验后分布 $\pi (m \,|\, D)$, 以及式 (5.2.5) 中分布参数 λ 的验后分布 $\pi (\lambda \,|\, m, D)$. 这满足 Gibbs 算法的条件, 因此可采用 Gibbs 算法先利用式 (5.2.4) 对分布参数 m 抽样, 再基于 m 的抽样值利用式 (5.2.5) 对分布参数 λ 抽样. 但注意到式 (5.2.4) 中分布参数 m 的验后分布 $\pi (m \,|\, D)$ 不是常见的分布, 考虑到 MH 算法对分布没有要求, 可再利用 MH 算法对分布参数 m 进行抽样. 进一步, 基于抽取的分布参数 m 和 λ 的验后样本生成可靠度 $R(t)$ 的验后样本, 即可给出 $R(t)$ 的点估计与置信下限. 综合这些考虑, 可提出以下算法[9,10].

算法 5.3 给定验前分布 $\pi(m)$、验后分布 $\pi(m|D)$ 和 $\pi(\lambda|m, D)$、样本量 S.

步骤 1: 初始化 $j = 1$, 对 m 的验后样本序列初值赋值为 m_1^b, 并基于 m_1^b 利用式 (5.2.5) 中 λ 的验后分布 $\pi(\lambda|m_1^b, D)$ 生成 λ_1^b.

步骤 2: 更新 $j = j + 1$, 从验前分布 $\pi(m)$ 中抽样得到 m_c.

步骤 3: 根据式 (5.2.4), 计算

$$
\rho = \frac{\pi(m_c|D)}{\pi(m_{j-1}^b|D)}
$$

$$
= \left(\frac{m_c}{m_{j-1}^b}\right)^{\sum\limits_{i=1}^{n} \delta_i} \left(\frac{\beta + \sum\limits_{i=1}^{n} t_i^{m_{j-1}^b}}{\beta + \sum\limits_{i=1}^{n} t_i^{m_c}}\right)^{\alpha + \sum\limits_{i=1}^{n} \delta_i} \frac{\pi(m_c)}{\pi(m_{j-1}^b)} \prod_{i=1}^{n} t_i^{(m_c - m_{j-1}^b)\delta_i}
$$

步骤 4: 从均匀分布 $U(0, 1)$ 中生成随机数 u, 并与 ρ 和 1 的最小值相比, 令

$$
m_j^b = \begin{cases} m_c, & u \leqslant \min(\rho, 1), \\ m_{j-1}^b, & u > \min(\rho, 1) \end{cases}
$$

步骤 5: 基于 m_j^b 利用式 (5.2.5) 中 λ 的验后分布 $\pi(\lambda|m_j^b, D)$ 生成 λ_j^b.

步骤 6: 重复步骤 2—步骤 5, 直到 $j = S$.

在生成抽样序列 (m_j^b, λ_j^b) 后, 其中 $j = 1, \cdots, S$, 还需根据初值 m_1^b 的取值, 决定是否舍弃初始序列, 即前 n_b 个样本. 如果初值 m_1^b 是随机赋值的, 根据 MCMC 算法的要求, 需要舍弃初始序列只保留后续的稳定序列, 此时 $n_b > 0$. 如果初值 m_1^b 是分布参数 m 的某个估计值, 如极大似然估计, 此时无需舍弃初始序列[7], 可令 $n_b = 0$. 最终所得的样本序列

$$
(m_j^b, \lambda_j^b) \tag{5.3.12}
$$

其中 $j = n_b + 1, \cdots, S$, 可视为来自分布参数 m 和 λ 的验后分布 $\pi(m, \lambda|D)$ 的样本. 进一步将样本升序排列为 $m_{n_b+1}^b < \cdots < m_S^b$ 和 $\lambda_{n_b+1}^b < \cdots < \lambda_S^b$, 在平方损失函数下, 可得分布参数 m 和 λ 的 Bayes 点估计为

$$
\begin{aligned}
\hat{m}_b &= \frac{1}{S - n_b} \sum_{j=n_b+1}^{S} m_j^b \\
\hat{\lambda}_b &= \frac{1}{S - n_b} \sum_{j=n_b+1}^{S} \lambda_j^b
\end{aligned} \tag{5.3.13}
$$

在置信水平 $(1 - \alpha)$ 下, 分布参数 m 和 λ 的 Bayes 置信区间为

$$\left[m^b_{\frac{(S-n_b)\alpha}{2}}, m^b_{(S-n_b)\left(1-\frac{\alpha}{2}\right)}\right]$$

$$\left[\lambda^b_{\frac{(S-n_b)\alpha}{2}}, \lambda^b_{(S-n_b)\left(1-\frac{\alpha}{2}\right)}\right] \tag{5.3.14}$$

针对可靠度的 Bayes 估计, 利用式 (5.3.12) 中的验后样本, 根据式 (1.1.7) 中的可靠度函数, 可求得

$$\hat{R}^b_j = \exp\left(-\lambda^b_j t^{m^b_j}\right)$$

其中 $j = n_b+1, \cdots, S$, 可视为来自可靠度 $R(t)$ 的验后分布 $\pi(R(t)|D)$ 的样本. 进一步将样本升序排列为 $\hat{R}^b_{n_b+1} < \cdots < \hat{R}^b_S$, 在平方损失函数下, 可得 $R(t)$ 的 Bayes 点估计为

$$\hat{R}_b(t) = \frac{1}{S-n_b}\sum_{j=n_b+1}^{S}\hat{R}^b_j \tag{5.3.15}$$

在置信水平 $(1-\alpha)$ 下, $R(t)$ 的 Bayes 置信下限为

$$R^b_L(t) = \hat{R}^b_{(S-n_b)\alpha} \tag{5.3.16}$$

针对剩余寿命 L 的置信区间, 利用 MCMC 算法生成的式 (5.3.12) 中的验后样本 (m^b_j, λ^b_j), 可根据式 (5.3.9) 中韦布尔分布场合的平均剩余寿命函数, 求得

$$L^b_j = L(m^b_j, \lambda^b_j, \tau)$$

其中 $j = n_b+1, \cdots, S$. 进一步将样本升序排列为 $L^b_{n_b+1} < \cdots < L^b_S$, 在平方损失函数下, 可得 L 的 Bayes 点估计为

$$\hat{L}_b = \frac{1}{S-n_b}\sum_{j=n_b+1}^{S}L^b_j \tag{5.3.17}$$

同样利用 MCMC 算法求解 $[L^b_l, L^b_u]$, 在生成式 (5.3.12) 中的验后样本 (m^b_j, λ^b_j) 后, 再根据式 (5.3.10), 求得

$$L^b_{l,j} = L_l(m^b_j, \lambda^b_j, \tau)$$
$$L^b_{u,j} = L_u(m^b_j, \lambda^b_j, \tau)$$

其中 $j = n_b+1, \cdots, S$. 进一步将其升序排列为 $L_{l,n_b+1}^b < \cdots < L_{l,S}^b$ 和 $L_{u,n_b+1}^b < \cdots < L_{u,S}^b$, 在平方损失函数下, 可得 L 的 Bayes 置信区间 $[L_l^b, L_u^b]$ 为

$$L_l^b = \frac{1}{S-n_b} \sum_{j=n_b+1}^{S} L_{l,j}^b$$

$$L_u^b = \frac{1}{S-n_b} \sum_{j=n_b+1}^{S} L_{u,j}^b$$

(5.3.18)

当验前分布 $\pi(m,\lambda)$ 为式 (5.1.23) 时, 分布参数 m 和 λ 的验后分布 $\pi(m,\lambda|D)$ 如式 (5.2.7) 所示, 易知与式 (5.2.3) 中的验后分布 $\pi(m,\lambda|D)$ 具有相似的形式, 因而也可以抽得类似于式 (5.3.12) 的验后样本, 从而根据式 (5.3.15) 和式 (5.3.16) 给出可靠度 $R(t)$ 的 Bayes 点估计和置信下限, 根据式 (5.3.17) 和式 (5.3.18) 给出剩余寿命 L 的 Bayes 点估计和置信区间.

当验前信息转化为式 (5.1.27) 中的离散验前样本时, 由于已生成式 (5.2.9) 中的验后样本 (m_j^d, λ_j^d), 其中 $j = 1, \cdots, D$, 对于可靠度 $R(t)$ 的 Bayes 估计, 可类似地生成可靠度 $R(t)$ 的验后样本 $\hat{R}_j^d$, 并升序排列为 $\hat{R}_1^d < \cdots < \hat{R}_D^d$, 再类似于式 (5.3.15) 和式 (5.3.16), 在平方损失函数下给出 $R(t)$ 的 Bayes 点估计和置信下限. 对于剩余寿命 L 的 Bayes 点估计和置信区间, 可类似地生成平均剩余寿命函数、剩余寿命置信区间下侧和置信区间上侧的验后样本, 并类似于式 (5.3.17) 和式 (5.3.18) 给出剩余寿命 L 的 Bayes 点估计和置信区间, 在此不再详述.

5.4 算 例 分 析

本节通过算例分析, 说明基于 Bayes 的可靠性统计方法的应用过程. 为了增强本书不同方法应用的对比性, 此处仍以 3.3 节中的蓄电池为对象, 具体的样本数据见图 3.7. 算例分析的重点是可靠性指标的 Bayes 估计过程, 故假定所有的验前信息都已通过了一致性检验.

5.4.1 单一验前信息下的可靠性分析

考虑只有专家数据和寿命数据两种信息下的可靠性统计过程. 将专家数据视为验前信息, 将寿命数据归为现场信息, 其中专家数据的形式是专家给出的蓄电池在特定时刻 t_p^i 处的可靠度预计值 $\hat{R}_p^i$, $i = 1, \cdots, N$. 进一步, 分别考虑 $N = 1$ 和 $N = 2$ 共 2 种不同的情况.

1. 只有一个专家数据时的可靠性分析

当专家数据只有一个数据时, 记其为 $t_p^1 = 5$ 年处的可靠度预计值 $\hat{R}_p^1 = 0.986$. 接下来, 分别考虑不同形式的验前分布, 开展可靠性的 Bayes 估计.

1) 式 (5.1.2) 中的验前分布

首先, 考虑验前分布为式 (5.1.2) 中的 $\pi(m, \lambda)$, 其中 λ 的验前分布 $\pi(\lambda)$ 见式 (5.1.3), 超参数为 α 和 β, m 的验前分布统一记为 $\pi(m; \theta_m)$, 超参数为 θ_m. 基于专家数据 $\hat{R}_p^1 = 0.986$, 可利用式 (5.1.8) 求解超参数 α, β 和 θ_m, 从而确定验前分布 $\pi(m, \lambda)$, 再进一步开展可靠性评估.

具体地, 当验前分布 $\pi(m; \theta_m)$ 为均匀分布 $U(m_l, m_u)$ 时, 其中 $m_l = 1$, $m_u = 10$, 此时只需确定超参数 α 和 β, 可具体利用式 (5.1.11) 求得超参数 $\alpha = 4.2586 \times 10^{-4}$ 和 $\beta = 4.9026 \times 10^{11}$, 再将图 5.7 中的数据作为现场信息, 从而确定式 (5.2.3) 中的验后分布 $\pi(m, \lambda | D)$, 进一步运行算法 5.3, 从 $\pi(m, \lambda | D)$ 中生成式 (5.3.12) 中的验后样本, 如图 5.2(a) 所示, 其中 $S = 5000$, 并将步骤 1 中分布参数 m 的验后样本序列初值 m_1^b 赋值为 m 的极大似然估计, 此时 $n_b = 0$. 从图 5.2(a) 中发现, 分布参数 m 的验后样本取值集中在 $m = 3$ 附近, 考虑到 m 的验后样本对分布参数的验后抽样质量非常重要, 利用 m 的验后样本绘制概率密度函数, 再与式 (5.2.4) 中 m 的验后分布 $\pi(m | D)$ 进行对比, 如图 5.3(a) 所示, 显然样本的概率密度函数与分布 $\pi(m | D)$ 高度吻合. 在此基础上, 利用式 (5.3.12) 中分布参数的验后样本, 基于可靠度函数生成可靠度 $R(t)$ 的验后分布 $\pi(R(t) | D)$ 的样本, 可根据式 (5.3.15) 和式 (5.3.16) 给出可靠度的 Bayes 点估计和在置信水平 0.9 下的置信下限, 如图 5.4(a) 所示. 类似地, 利用式 (5.3.12) 中的验后样本, 分别基于式 (5.3.9) 和式 (5.3.11) 生成平均剩余寿命函数、剩余寿命置信下限和剩余寿命置信上限的样本, 可根据式 (5.3.17) 和式 (5.3.18) 给出剩余寿命 L 的 Bayes 点估计和在置信水平 0.9 下的置信区间, 如图 5.5(a) 所示.

而当验前分布 $\pi(m; \theta_m)$ 为伽马分布 $\Gamma(m; \alpha_1, \beta_1)$ 时, 此时需确定超参数 α_1, β_1, α 和 β, 可利用式 (5.1.12) 求得超参数 $\alpha_1 = 0.98$, $\beta_1 = 152.5745$, $\alpha = 1.5357$ 及 $\beta = 26.1026$, 再将图 3.7 中的数据作为现场信息, 从而确定式 (5.2.3) 中的验后分布 $\pi(m, \lambda | D)$, 进一步运行算法 5.3, 从 $\pi(m, \lambda | D)$ 中生成式 (5.3.12) 中的验后样本, 如图 5.2(b) 所示, 其中 $S = 5000$, 并将步骤 1 中分布参数 m 的验后样本序列初值 m_1^b 赋值为 m 的极大似然估计, 此时 $n_b = 0$. 从图 5.2(b) 中发现, 分布参数 m 的验后样本取值集中在区间 $(0, 0.1)$ 内. 类似地, 利用 m 的验后样本绘制概率密度函数, 再与式 (5.2.4) 中 m 的验后分布 $\pi(m | D)$ 进行对比, 如图 5.3(b) 所示, 发现样本的概率密度函数与分布 $\pi(m | D)$ 比较吻合. 在此基础上, 利用式 (5.3.12) 中分布参数的验后样本, 基于可靠度函数生成来自可靠度 $R(t)$ 的验后分布 $\pi(R(t) | D)$ 的样本, 可根据式 (5.3.15) 和式 (5.3.16) 给出可靠度的 Bayes 点估计和在置信水平 0.9 下的置信下限, 如图 5.4(b) 所示. 类似地, 利用式 (5.3.12) 中的验后样本, 分别基于式 (5.3.9) 和式 (5.3.11) 生成平均剩余寿命函数、剩余寿命置信下限和剩余寿命置信上限的样本, 可根据式 (5.3.17) 和式 (5.3.18) 给出剩余寿命 L 的 Bayes 点估

计和在置信水平 0.9 下的置信区间, 如图 5.5(b) 所示. 由于 m 的验后样本取值都小于 0, 因而剩余寿命 L 的预测结果随着 τ 的增加而增加.

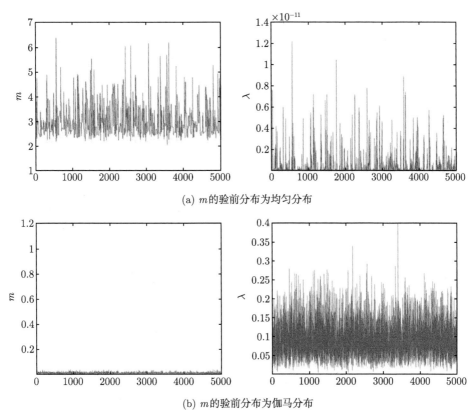

(a) m的验前分布为均匀分布

(b) m的验前分布为伽马分布

图 5.2 单专家数据时基于分布参数的验前分布所得的分布参数验后样本

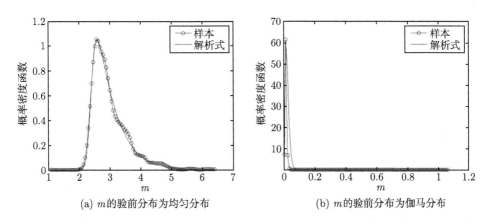

(a) m的验前分布为均匀分布   (b) m的验前分布为伽马分布

图 5.3 单专家数据时基于分布参数的验前分布所得的形状参数验后样本的概率密度函数

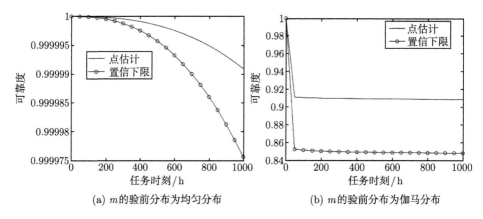

图 5.4　单专家数据时基于分布参数的验前分布所得的可靠度评估结果

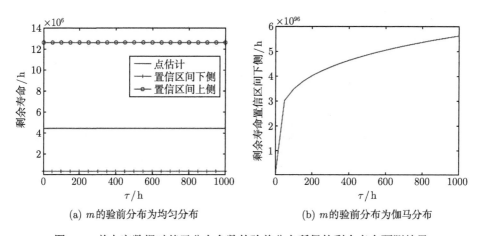

图 5.5　单专家数据时基于分布参数的验前分布所得的剩余寿命预测结果

2) 式 (5.1.23) 中的验前分布

其次, 考虑验前分布为式 (5.1.23) 中的 $\pi(m,\lambda)$, 此时的验前分布 $\pi(m,\lambda)$ 是由式 (5.1.19) 中可靠度的验前分布 $\pi(R_p)$ 推导而来的, 超参数为 a 和 b. 基于专家数据 $\hat{R}_p^1 = 0.986$, 利用式 (5.1.22) 求得超参数 $a = 0.0026$ 和 $b = 0.0046$, 从而可确定式 (5.1.23) 中的验前分布 $\pi(m,\lambda)$, 再进一步开展可靠性评估. 具体地, 当验前分布 $\pi(m)$ 为均匀分布 $U(m_l, m_u)$ 时, 其中 $m_l = 1$, $m_u = 10$, 可明确式 (5.1.24) 中的验前分布 $\pi(m,\lambda)$, 再将图 3.7 中的数据作为现场信息, 从而确定式 (5.2.7) 中的验后分布 $\pi(m,\lambda|D)$, 进一步运行算法 5.3, 从 $\pi(m,\lambda|D)$ 中生成式 (5.3.12) 中的验后样本, 如图 5.6 所示, 其中 $S = 5000$, 并将步骤 1 中分布参数 m 的验后样本序列初值 m_1^b 赋值为 m 的极大似然估计, 此时 $n_b = 0$. 从图 5.6 中发现, 分布参数 m 的验后样本取值集中在 $m = 2$ 附近, 类似地, 利用 m 的验后样本绘制概率密度函数, 再

与式 (5.2.8) 中 m 的验后分布 $\pi(m|D)$ 进行对比, 如图 5.7 所示. 在此基础上, 利用式 (5.3.12) 中分布参数的验后样本, 基于可靠度函数生成可靠度 $R(t)$ 的验后分布 $\pi(R(t)|D)$ 的样本, 可根据式 (5.3.15) 和式 (5.3.16) 给出可靠度的 Bayes 点估计和在置信水平 0.9 下的置信下限, 如图 5.8 所示. 类似地, 利用式 (5.3.12) 中的验后样本, 分别基于式 (5.3.9) 和式 (5.3.11) 生成平均剩余寿命函数、剩余寿命置信下限和剩余寿命置信上限的样本, 可根据式 (5.3.17) 和式 (5.3.18) 给出剩余寿命 L 的 Bayes 点估计和在置信水平 0.9 下的置信区间, 如图 5.9 所示.

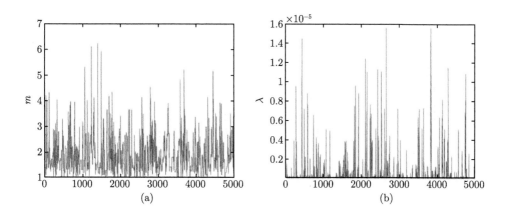

图 5.6 单专家数据时基于可靠度的验前分布所得的分布参数验后样本

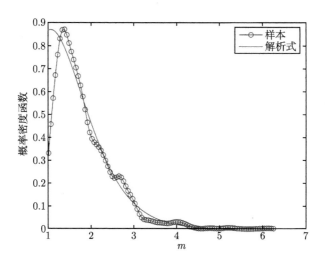

图 5.7 单专家数据时基于可靠度的验前分布所得的形状参数验后样本的概率密度函数

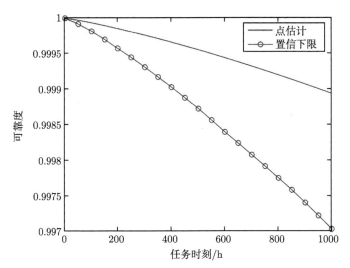

图 5.8　单专家数据时基于可靠度的验前分布所得的可靠度评估结果

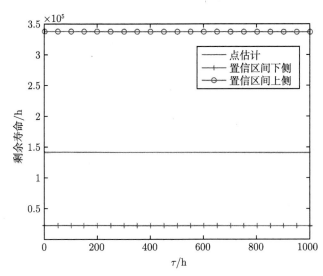

图 5.9　单专家数据时基于可靠度的验前分布所得的剩余寿命预测结果

2. 有两个专家数据时的可靠性分析

当专家数据有两个数据时, 记其为 $t_p^1 = 2$ 年处的可靠度预计值 $\hat{R}_p^1 = 0.988$ 和 $t_p^2 = 5$ 年处的可靠度预计值 $\hat{R}_p^2 = 0.986$. 接下来, 分别考虑不同形式的验前分布, 开展可靠性的 Bayes 估计.

1) 式 (5.1.2) 中的验前分布

首先, 考虑验前分布为式 (5.1.2) 中的 $\pi(m, \lambda)$, 其中 λ 的验前分布 $\pi(\lambda)$ 见式 (5.1.3), 超参数为 α 和 β, m 的验前分布统一记为 $\pi(m; \theta_m)$, 超参数为 θ_m. 基于专家数据 $\hat{R}_p^1 = 0.988$ 和 $\hat{R}_p^2 = 0.986$, 利用式 (5.1.13) 求解超参数 α, β 和 θ_m, 从而确定验前分布 $\pi(m, \lambda)$, 再进一步开展可靠性评估. 此处, 统一设验前分布 $\pi(m; \theta_m)$ 为均匀分布 $U(m_l, m_u)$, 其中 $m_l = 1$, $m_u = 10$, 此时只需确定超参数 α 和 β. 接下来讨论不同的确定超参数的方法.

当采用基于最大熵方法的超参数确定方法时, 可具体利用式 (5.1.14) 求得超参数 $\alpha = 4.2311 \times 10^{-4}$ 和 $\beta = 2.1328 \times 10^{12}$, 再将图 3.7 中的数据作为现场信息, 从而确定式 (5.2.3) 中的验后分布 $\pi(m, \lambda | D)$, 进一步运行算法 5.3, 从 $\pi(m, \lambda | D)$ 中生成式 (5.3.12) 中的验后样本, 如图 5.10(a) 所示, 其中 $S = 5000$, 并将步骤 1 中分布参数 m 的验后样本序列初值 m_1^b 赋值为 m 的极大似然估计, 此时 $n_b = 0$. 从图 5.10(a) 中发现, 分布参数 m 的验后样本取值集中在 $m = 3.5$ 附近. 类似地, 利用 m 的验后样本绘制概率密度函数, 再与式 (5.2.4) 中 m 的验后分布 $\pi(m | D)$ 进行对比, 如图 5.11(a) 所示, 显然样本的概率密度函数与分布 $\pi(m | D)$ 高度吻合. 在此基础上, 利用式 (5.3.12) 中分布参数的验后样本, 基于可靠度函数生成可靠度 $R(t)$ 的验后分布 $\pi(R(t) | D)$ 的样本, 可根据式 (5.3.15) 和式 (5.3.16) 给出可靠度的 Bayes 点估计和在置信水平 0.9 下的置信下限, 如图 5.12(a) 所示. 类似地, 利用式 (5.3.12) 中的验后样本, 分别基于式 (5.3.9) 和式 (5.3.11) 生成平均剩余寿命函数、剩余寿命置信下限和剩余寿命置信上限的样本, 可根据式 (5.3.17) 和式 (5.3.18) 给出剩余寿命 L 的 Bayes 点估计和在置信水平 0.9 下的置信区间, 如图 5.13(a) 所示.

当采用基于最小二乘法的超参数确定方法时, 可具体利用式 (5.1.17) 求得超参数 $\alpha = 4.0516 \times 10^{-4}$ 和 $\beta = 4.0951 \times 10^4$, 再将图 3.7 中的数据作为现场信息, 从而确定式 (5.2.3) 中的验后分布 $\pi(m, \lambda | D)$, 进一步运行算法 5.3, 从 $\pi(m, \lambda | D)$ 中生成式 (5.3.12) 中的验后样本, 如图 5.10(b) 所示, 其中 $S = 5000$, 并将步骤 1 中分布参数 m 的验后样本序列初值 m_1^b 赋值为 m 的极大似然估计, 此时 $n_b = 0$. 从图 5.10(b) 中发现, 分布参数 m 的验后样本取值集中在 $m = 2$ 附近. 类似地, 利用 m 的验后样本绘制概率密度函数, 再与式 (5.2.4) 中 m 的验后分布 $\pi(m | D)$ 进行对比, 如图 5.11(b) 所示. 在此基础上, 利用式 (5.3.12) 中分布参数的验后样本, 基于可靠度函数生成 $R(t)$ 的验后分布 $\pi(R(t) | D)$ 的样本, 可根据式 (5.3.15) 和式 (5.3.16) 给出可靠度的 Bayes 点估计和在置信水平 0.9 下的置信下限, 如图 5.12(b) 所示. 类似地, 利用式 (5.3.12) 中的验后样本, 分别基于式 (5.3.9) 和式 (5.3.11) 生成平均剩余寿命函数、剩余寿命置信下限和剩余寿命置信上限的样本, 可根据式 (5.3.17) 和式 (5.3.18) 给出剩余寿命 L 的 Bayes 点估计和在置信水平 0.9 下的置信区间, 如图 5.13(b) 所示.

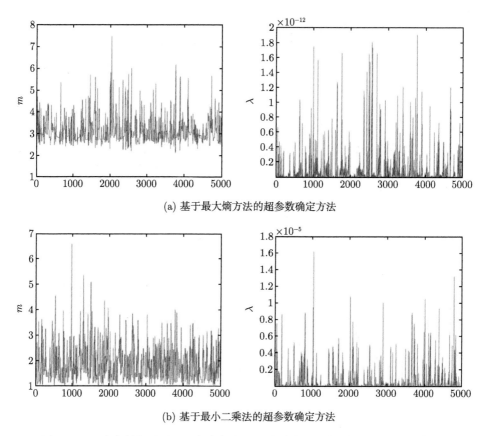

(a) 基于最大熵方法的超参数确定方法

(b) 基于最小二乘法的超参数确定方法

图 5.10 双专家数据时基于形状参数的均匀验前分布所得的分布参数验后样本

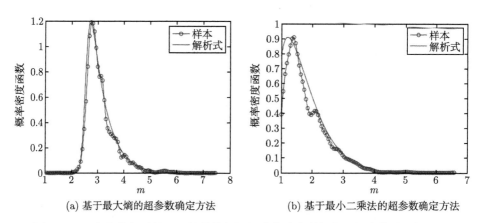

(a) 基于最大熵的超参数确定方法   (b) 基于最小二乘法的超参数确定方法

图 5.11 双专家数据时基于形状参数的均匀验前分布所得的形状参数验后样本的
概率密度函数

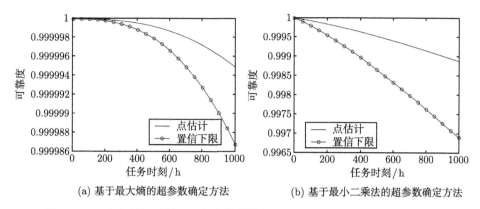

(a) 基于最大熵的超参数确定方法 (b) 基于最小二乘法的超参数确定方法

图 5.12 双专家数据时基于形状参数的均匀验前分布所得的可靠度评估结果

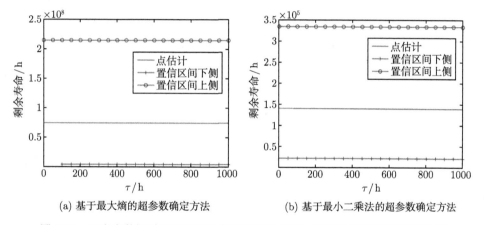

(a) 基于最大熵的超参数确定方法 (b) 基于最小二乘法的超参数确定方法

图 5.13 双专家数据时基于形状参数的均匀验前分布所得的剩余寿命预测结果

2) 式 (5.1.27) 中的离散验前样本

注意到两个专家数据 $\hat{R}_p^1$ 和 $\hat{R}_p^2$ 满足 $(\hat{R}_p^1 - \hat{R}_p^2)(t_p^1 - t_p^2) < 0$, 为此可以将验前信息转化为式 (5.1.27) 中的离散验前样本, 再将图 3.7 中的数据作为现场信息, 运行算法 5.2, 直接生成式 (5.2.9) 中的验后样本, 如图 5.14 所示, 其中设 $D = 5000$. 从图 5.14 中发现, 分布参数 m 的验后样本取值集中在 $m = 1$ 附近. 在此基础上, 利用式 (5.2.9) 中分布参数的验后样本, 基于可靠度函数生成可靠度 $R(t)$ 的验后分布 $\pi(R(t)|D)$ 的样本, 可根据式 (5.3.15) 和式 (5.3.16) 给出可靠度的 Bayes 点估计和在置信水平 0.9 下的置信下限, 如图 5.15 所示. 类似地, 利用式 (5.3.12) 中的验后样本, 分别基于式 (5.3.9) 和式 (5.3.11) 生成平均剩余寿命函数、剩余寿命置信下限和剩余寿命置信上限的样本, 可根据式 (5.3.17) 和式 (5.3.18) 给出剩余寿命 L 的 Bayes 点估计和在置信水平 0.9 下的置信区间, 如图 5.16 所示.

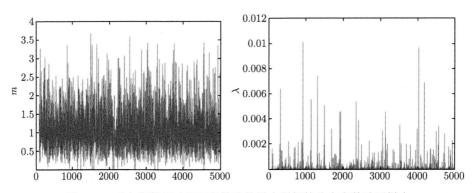

图 5.14　双专家数据时基于离散验前样本所得的分布参数验后样本

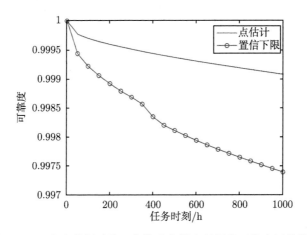

图 5.15　双专家数据时基于离散验前样本所得的可靠度评估结果

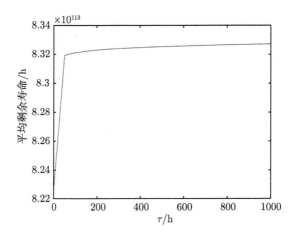

图 5.16　双专家数据时基于离散验前样本所得的剩余寿命预测结果

5.4.2 两类验前信息下的可靠性分析

考虑存在专家数据、历史寿命数据和寿命数据三种信息下的可靠性统计过程. 将专家数据和历史寿命数据视为验前信息, 将寿命数据归为现场信息, 其中专家数据是 5.4.1 节 1. 中给出的蓄电池在 $t_p^1 = 5$ 年处的可靠度预计值 $\hat{R}_p^1 = 0.986$, 历史寿命数据的具体数据如图 5.17 所示, 全部是失效数据, 现场信息如图 3.7 所示. 针对这一问题, 首先各自确定专家数据和历史寿命数据所对应的验前分布, 并各自推导验后分布及可靠性指标的 Bayes 估计, 然后再将两个验前分布加权为综合验前分布, 根据综合验后分布给出可靠性指标的 Bayes 估计.

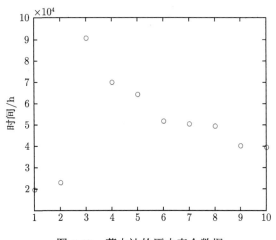

图 5.17 蓄电池的历史寿命数据

首先各自开展两类验前信息下的可靠性分析. 针对专家数据这一类验前信息, 记验前分布为 $\pi_1(m, \lambda)$, 如式 (5.1.2) 所示, 其中 λ 的验前分布 $\pi(\lambda)$ 见式 (5.1.3), 超参数为 α_e 和 β_e, m 的验前分布取为均匀分布 $U(m_l, m_u)$, 其中 $m_l = 1$, $m_u = 10$. 根据 5.4.1 节 1. 中的分析可知, 根据专家数据这一类验前信息, 求得超参数 $\alpha_e = 4.2586 \times 10^{-4}$ 和 $\beta_e = 4.9026 \times 10^{11}$, 并可确定专家数据所对应的验前分布 $\pi_1(m, \lambda)$, 再结合图 3.7 中的现场数据, 确定式 (5.2.3) 中的验后分布 $\pi_1(m, \lambda|D)$, 通过 MCMC 算法最终求得可靠度的 Bayes 点估计 $\hat{R}_b^1(t)$ 和在置信水平 0.9 下的置信下限 $R_L^1(t)$, 如图 5.4(a) 所示: 也可求得剩余寿命 L 的 Bayes 点估计 $\hat{L}_b^1$ 和在置信水平 0.9 下的置信区间 $[L_l^1, L_u^1]$, 如图 5.5(a) 所示.

针对历史寿命数据这一类验前信息, 与专家数据验前信息源的分析相同, 记验前分布为 $\pi_2(m, \lambda)$, 如式 (5.1.2) 所示, 其中 λ 的验前分布 $\pi(\lambda)$ 见式 (5.1.3), 超参数为 α_h 和 β_h, m 的验前分布取为均匀分布 $U(m_l, m_u)$, 其中 $m_l = 1$, $m_u = 10$. 关于超参数的求解, 类似于式 (5.1.28), 定义历史寿命数据 H 的边缘似然函数为

$$L(H) = \prod_{i=1}^{10} f_2\left(t_i^h\right)$$

其中

$$f_2\left(t\right) = \int_m \int_\lambda f\left(t; m, \lambda\right) \pi_2(m, \lambda) d\lambda dm$$

为式 (5.1.29) 中的边缘概率密度函数. 当验前分布 $\pi_2\left(m, \lambda\right)$ 为式 (5.1.2) 的形式且 m 的验前分布为均匀分布时, 根据式 (5.1.32), 历史寿命数据 H 的边缘似然函数具体为

$$L(H) = \prod_{i=1}^{10} \frac{1}{m_u - m_l} \left[\frac{\beta^\alpha}{(\beta + t_i^{m_l})^{\alpha_i}} - \frac{\beta^\alpha}{(\beta_i + t_i^{m_u})^\alpha} \right]$$

利用图 5.17 中的历史寿命数据, 令历史寿命数据 H 的边缘似然函数最大, 求得超参数 $\alpha_h = 1.003$ 和 $\beta_h = 5.9041 \times 10^{12}$, 并可确定历史寿命数据所对应的验前分布 $\pi_2\left(m, \lambda\right)$. 再将图 3.7 中的数据作为现场信息, 从而确定式 (5.2.3) 中的验后分布 $\pi_2\left(m, \lambda | D\right)$, 进一步运行算法 5.3, 从 $\pi_2\left(m, \lambda | D\right)$ 中生成式 (5.3.12) 中的验后样本, 如图 5.18 所示, 其中 $S = 5000$, 并将步骤 1 中分布参数 m 的验后样本序列初值 m_1^b 赋值为 m 的极大似然估计, 此时 $n_b = 0$. 从图 5.18 中发现, 分布参数 m 的验后样本取值集中在 $m = 2.6$ 附近. 类似地, 再与式 (5.2.4) 中 m 的验后分布 $\pi(m | D)$ 进行对比, 如图 5.19 所示, 显然样本的概率密度函数与分布 $\pi(m | D)$ 高度吻合. 在此基础上, 利用式 (5.3.12) 中分布参数的验后样本, 基于可靠度函数生成可靠度 $R(t)$ 的验后分布 $\pi(R(t) | D)$ 的样本, 可根据式 (5.3.15) 和式 (5.3.16) 给出可靠度的 Bayes 点估计 $\hat{R}_b^2(t)$ 和在置信水平 0.9 下的置信下限 $R_L^2(t)$, 如图 5.20 所示. 类似地, 利用式 (5.3.12) 中的验后样本, 分别基于式 (5.3.9) 和式 (5.3.11) 生成平均剩余寿命函数、剩余寿命置信下限和剩余寿命置信上限的样本, 可根据式

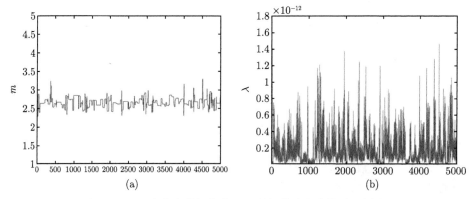

图 5.18　历史寿命数据信息源下所得的分布参数验后样本

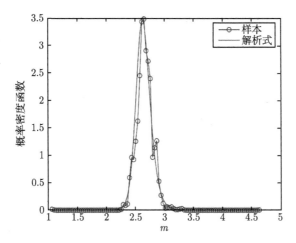

图 5.19　历史寿命数据信息源下形状参数验后样本的概率密度函数

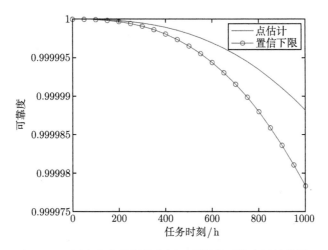

图 5.20　历史寿命数据信息源下所得的可靠度评估结果

(5.3.17) 和式 (5.3.18) 给出 L 的 Bayes 点估计 $\hat{L}_b^2$ 和在置信水平 0.9 下的置信区间 $[L_l^2, L_u^2]$, 如图 5.21 所示.

接下来考虑两类验前信息的综合及综合验后分布和可靠性指标的综合 Bayes 估计. 针对综合验前分布, 需要根据式 (5.1.31) 求解专家数据转化得到的验前分布 $\pi_1(m, \lambda)$ 和历史寿命数据转化得到的验前分布 $\pi_2(m, \lambda)$ 对应的权重 w_1 和 w_2, 其关键是利用式 (5.1.28) 分别求解图 3.7 中现场数据的边缘似然函数 $L_1(D)$ 和 $L_2(D)$. 当验前分布 $\pi_i(m, \lambda)$ 为式 (5.1.2) 的形式且 m 的验前分布为均匀分布时, 可具体地利用式 (5.1.33) 求解边缘似然函数 $L_i(D)$ 和权重 w_i, 其中 $i = 1, 2$. 针对专家数据验前信息源, 求得边缘似然函数 $L_1(D) = 8.7852 \times 10^{-6}$; 针对历史寿命数据验前信息源, 求得边缘似然函数 $L_2(D) = 1.4991 \times 10^{-9}$, 可进一步给出两个验前分布的权重为 $w_1 = 0.99983, w_2 = 0.00017$, 于是求得综合验前分布为

$$\pi(m, \lambda) = w_1 \pi_1(m, \lambda) + w_2 \pi_2(m, \lambda)$$

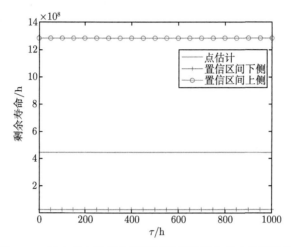

图 5.21　历史寿命数据信息源下所得的剩余寿命预测结果

在求得综合验前分布后, 可根据式 (5.2.11) 确定综合验后分布, 其关键是确定式 (5.2.10) 中的验后分布权重 ρ_i, 其中 $i = 1, 2$, 而权重 ρ_i 与验前分布权重 w_i 和

$$C_i = \int_m \int_\lambda \pi_i(m, \lambda) L(D|m, \lambda) d\lambda dm$$

有关. 对于验前分布权重 w_i, 已在综合验前分布求解中给出了结果. 对于 C_i, 根据式 (5.2.2), 可知其实际上是验前信息源 i 所对应的验后分布 $\pi_i(m, \lambda|D)$ 的归一化系数的倒数. 但在韦布尔分布场合, 很难给出 C_i 的解析式. 为此, 类似于可靠性指标的 Bayes 估计方法, 可采用抽样的思路近似求解 C_i, 即从验前信息源 i 所转化的验前分布 $\pi_i(m, \lambda)$ 中生成大量样本 (m_i, λ_i), 其中 $i = 1, \cdots, 5000$, 再依次代入式 (5.2.1) 中的似然函数 $L(D|m, \lambda)$, 可得

$$C_i \approx \frac{1}{5000} \sum_{i=1}^{5000} L(D|m_i, \lambda_i)$$

根据专家数据源所转化的验前分布 $\pi_1(m, \lambda)$ 和历史寿命数据源所转化的验前分布 $\pi_2(m, \lambda)$, 以及图 3.7 中的现场数据所确定的似然函数 $L(D|m, \lambda)$, 可分别求得 $C_1 = 3.6464 \times 10^{-18}$ 和 $C_2 = 1.7578 \times 10^{-14}$. 根据验前分布权重 w_i 和归一化系数

C_i, 其中 $i = 1, 2$, 利用式 (5.2.10) 分别确定验后权重 $\rho_1 = 0.5487$ 和 $\rho_2 = 0.4513$. 在此基础上, 根据专家数据源和历史寿命数据源各自所求得的可靠度点估计 $\hat{R}_b^i(t)$ 和置信下限 $R_L^i(t)$, 以及平均剩余寿命 $\hat{L}_b^i$ 和剩余寿命的置信区间 $\left[L_l^i, L_u^i\right]$, 其中 $i = 1, 2$, 通过线性加权给出综合后的可靠度点估计 $\hat{R}_b(t)$ 和置信下限 $R_L(t)$, 如图 5.22 所示, 其中

$$\hat{R}_b(t) = \rho_1 \hat{R}_b^1(t) + \rho_2 \hat{R}_b^2(t)$$
$$R_L(t) = \rho_1 R_L^1(t) + \rho_2 R_L^2(t)$$

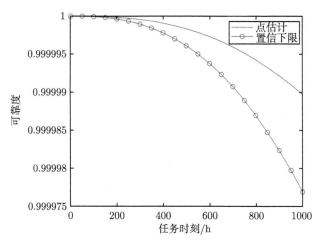

图 5.22　综合专家数据和历史寿命数据所得的可靠性评估结果

类似地给出综合后的平均剩余寿命 $\hat{L}_b^i$ 和剩余寿命的置信区间 $\left[L_l^i, L_u^i\right]$, 如图 5.23 所示, 其中

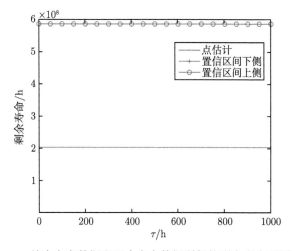

图 5.23　综合专家数据和历史寿命数据所得的剩余寿命预测结果

$$\hat{L}_b = \rho_1 \hat{L}_b^1 + \rho_2 \hat{L}_b^2$$
$$L_l = \rho_1 L_l^1 + \rho_2 L_l^2$$
$$L_u = \rho_1 L_u^1 + \rho_2 L_u^2$$

参 考 文 献

[1]　Zhao Q, Jia X, Cheng Z, Guo B. Bayesian estimation of residual life for Weibull-distributed components of on-orbit satellites based on multi-source information fusion [J]. Applied Sciences, 2019, 9(15): 3017.

[2]　李荣. 复杂系统 Bayes 可靠性评估方法研究 [D]. 长沙: 国防科学技术大学, 1999.

[3]　王旗. 基于相似机床信息的 CXK5463 的可靠性评估 [D]. 秦皇岛: 燕山大学, 2015.

[4]　Xu A, Tang Y. Objective Bayesian analysis of accelerated competing failure models under Type-I censoring [J]. Computational Statistics & Data Analysis, 2011, 55(10): 2830-2839.

[5]　贾祥. 不等定时截尾数据下的卫星平台可靠性评估方法研究 [D]. 长沙: 国防科技大学, 2017.

[6]　Jia X, Guo B. Inference on the reliability of Weibull distribution by fusing expert judgements and multiply Type-I censored data [C]. IEEE International Systems Engineering Symposium, 2018: 1-7.

[7]　Jia X, Wang D, Jiang P, Guo B. Inference on the reliability of Weibull distribution with multiply Type-I censored data [J]. Reliability Engineering & System Safety, 2016, 150: 171-181.

[8]　Musleh R M, Helu A. Estimation of the inverse Weibull distribution based on progressively censored data: Comparative study [J]. Reliability Engineering & System Safety, 2014, 131: 216-227.

[9]　Jia X, Guo B. Analysis of non-repairable cold-standby systems in Bayes theory [J]. Journal of Statistical Computation and Simulation, 2016, 86(11): 2089-2112.

[10]　Jia X, Nadarajah S, Guo B. Bayes estimation of $P(Y < X)$ for the Weibull distribution with arbitrary parameters [J]. Applied Mathematical Modelling, 2017, 47: 249-259.

第6章 双参数韦布尔分布的其他统计方法

第3~5章已分别介绍了基于极大似然法、分布曲线拟合法和 Bayes 理论的可靠性统计方法, 本章介绍其他可靠性统计方法, 包括基于修正的点估计方法以及以分布函数为枢轴量和样本空间排序法等置信区间构建方法.

6.1 基于修正的点估计方法

无论利用何种方法进行可靠性指标的统计分析, 所得的可靠性评估结果总是与真值有偏差的. 为了尽可能地给出精确的可靠性评估结果, 一种思路是通过改进评估方法来提高可靠性评估结果的精度; 另一种思路是通过分析和修正已有的评估结果来提高可靠性评估结果的精度. 本节介绍一个原创性的基于修正的可靠性指标点估计方法[1].

在韦布尔分布场合, 形状参数 m 的取值决定了图 1.1 中产品失效率函数的形态, 对可靠性评估结果的精度影响更为显著, 因此要重点关注形状参数 m 的估计精度. 记所得的 m 的点估计为 $\hat{m}$, 考虑基于修正的估计方法, 引入点估计 $\hat{m}$ 的修正因子 c, 并要求

$$E(c\hat{m}) = m \tag{6.1.1}$$

即修正后的点估计 $c\hat{m}$ 是形状参数 m 的无偏估计.

对于形状参数 m 的点估计, 当采用第 3 章中的极大似然方法给出 m 的极大似然估计 $\hat{m}_m$ 时, 根据式 (3.2.6) 可知, 存在

$$\hat{m}_m = m\hat{m}_m^1$$

其中 $\hat{m}_m^1$ 是针对分布参数为 $m = 1$ 和 $\eta = 1$ 的特定韦布尔分布所得的 $m = 1$ 的极大似然估计. 此时, 可得式 (6.1.1) 中的修正因子具体为

$$c = \frac{1}{E(\hat{m}_m^1)} \tag{6.1.2}$$

即极大似然点估计 $\hat{m}_m^1$ 的期望的倒数. 根据 3.2.1 节的分析内容可知, 由于极大似然点估计 $\hat{m}_m$ 只在样本类型为完全样本和定数类截尾样本时存在枢轴量, 因而式 (6.1.2) 中的修正因子也只在完全样本和定数类截尾样本场合成立, 在工程实践中更为普遍存在的定时类截尾数据场合不成立.

对于形状参数 m 的点估计, 当采用第 4 章中基于分布曲线拟合的方法给出 m 的点估计 $\hat{m}_l$ 时, 根据式 (4.4.5) 可知, 存在

$$\hat{m}_l = m\hat{m}_l^1$$

其中 $\hat{m}_l^1$ 是针对分布参数 $m=1$ 和 $\eta=1$ 的特定韦布尔分布所得的 $m=1$ 的点估计. 此时, 可得式 (6.1.1) 中的修正因子具体为

$$c = \frac{1}{E\left(\hat{m}_l^1\right)} \tag{6.1.3}$$

即点估计 $\hat{m}_l^1$ 的期望的倒数. 根据 4.4.1 节 3. 的分析内容可知, 当采用图 4.9 中所示的基于分布曲线拟合的分布参数估计方法时, 对于完全样本、定数类截尾样本和定时类截尾样本, 都可针对点估计 $\hat{m}_l$ 构建枢轴量, 且对样本类型没有要求. 因此, 与式 (6.1.2) 中基于极大似然方法给出的修正因子相比, 式 (6.1.3) 中基于分布曲线拟合方法给出的修正因子适用性更广泛. 下面针对式 (6.1.3) 中的修正因子, 以完全样本为例, 开展相关分析.

6.1.1 修正因子的求解

采用基于分布曲线拟合的可靠性统计方法开展分析时, 其关键是求解样本数据 t_i 处失效概率 p_i 的点估计 $\hat{p}_i$, 其中 $i=1,\cdots,n$. 在完全样本场合, 主要在根据表 4.1 给定参数 a 和 b 的取值后, 利用式 (4.1.1) 求解 $\hat{p}_i$. 进一步, 基于式 (4.2.1) 中通过分布函数取两次对数变换后构造的线性模型以及式 (4.2.4) 中不加权的纵坐标误差函数, 可根据式 (4.4.3) 给出点估计 $\hat{m}_l^1$. 注意到 $\hat{m}_l^1$ 与式 (4.1.1) 中 $\hat{p}_i$ 的求解方法, 即参数 a 和 b 的取值, 以及样本量 n 有关. 特别地, 考虑到目前式 (4.1.1) 中应用最为广泛的取值有 4 种, 分别是 $a=0$ 和 $b=1$, $a=0.375$ 和 $b=0.25$, $a=0.3$ 和 $b=0.4$, 以及 $a=0.5$ 和 $b=0$, 分别绘制出这 4 种取值以及不同样本量 n 下统计量 $\hat{m}_l^1$ 的概率密度函数, 如图 6.1 所示, 其中图 6.1(a) 是 $\hat{m}_l^1$ 在样本量 $n=10$ 时参数 a 和 b 的不同取值下的概率密度函数, 图 6.1(b) 是 $\hat{m}_l^1$ 在参数 $a=0$ 和 $b=1$ 时不同样本量 n 下的概率密度函数.

进一步, 结合统计量 $\hat{m}_l^1$ 的分布性质, 根据式 (6.1.3) 即可给出修正因子 c. 在具体求解时, 由于很难给出 $E\left(\hat{m}_l^1\right)$ 的解析式, 故很难给出修正因子 c 的解析式. 为此可以利用抽样的思路进行数值求解, 即从分布参数为 $m=1$ 和 $\eta=1$ 的特定韦布尔分布中生成 N 组寿命样本, 从而可根据式 (4.4.3) 给出 N 组点估计 $\hat{m}_{l,i}^1$, 其中 $i=1,\cdots,N$, 可视为从统计量 $\hat{m}_l^1$ 的分布中抽取的样本, 最终给出修正因子 c 的数值解为

$$c = \sum_{i=1}^{N} \frac{N}{\hat{m}_{l,i}^1}$$

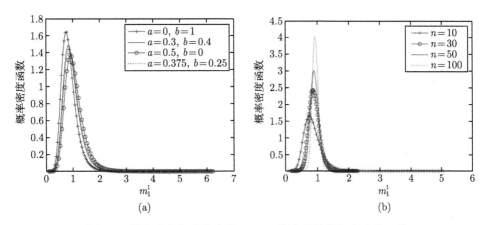

图 6.1 特定韦布尔分布参数 $m = 1$ 的点估计的概率密度函数

按照这一思路, 针对式 (4.1.1) 中应用最为广泛的 4 种取值, 即在 $a = 0$ 和 $b = 1$, $a = 0.375$ 和 $b = 0.25$, $a = 0.3$ 和 $b = 0.4$, 以及 $a = 0.5$ 和 $b = 0$ 这 4 种取值下, 分别求得不同样本量 n 下的修正因子 c, 如图 6.2 所示.

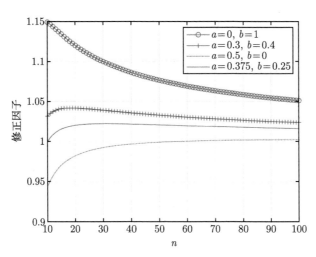

图 6.2 a 和 b 典型取值下的修正因子

6.1.2 修正因子的优化

从以上分析内容可知, 针对一组具体的样本数据, 在求得原始点估计 $\hat{m}_l$ 后, 只要同样利用求解 $\hat{m}_l$ 时式 (4.1.1) 中参数 a 和 b 的取值以及原始样本的数据量 n, 利用式 (6.1.3) 求得相应的修正因子 c, 即可给出修正后的形状参数点估计 $c\hat{m}_l$. 注意到无论是原始点估计 $\hat{m}_l$, 还是修正因子 c, 其求解都与式 (4.1.1) 中参数 a 和 b 的

取值以及样本量 n 有关, 因此当参数 a 和 b 的取值以及样本量 n 不同时, 修正后所得到的不同估计 $c\hat{m}_l$ 即使都是无偏的, 其统计性质也必然是不同的. 接下来从变异系数和众数两个统计指标方面进行考察.

先考察无偏估计 $c\hat{m}_l$ 的变异系数, 其中变异系数是指变量的标准差与均值的比值. 为了消去量纲影响, 考虑 $c\hat{m}_l/m$ 的变异系数. 显然存在

$$E\left(\frac{c\hat{m}_l}{m}\right) = 1$$

记原始估计为 $\hat{m}_l$, 注意到对于统计量 $\hat{m}_l/m$ 和 $c\hat{m}_l/m$, 显然 $c\hat{m}_l/m$ 的均值是 $\hat{m}_l/m$ 的均值的 c 倍, $c\hat{m}_l/m$ 的标准差也是 $\hat{m}_l/m$ 的标准差的 c 倍, 故 $c\hat{m}_l/m$ 的变异系数与 $\hat{m}_l/m$ 的变异系数是相同的. 又因为存在 $\hat{m}_l = m\hat{m}_l^1$, 故 $\hat{m}_l/m$ 的变异系数又等于 $\hat{m}_l^1$ 的变异系数. 于是可知, 考察统计量 $c\hat{m}_l/m$ 的变异系数就等同于考察 $\hat{m}_l^1$ 的变异系数. 接下来考察无偏估计 $c\hat{m}_l$ 的众数, 其中众数是指变量取值概率最高的值. 类似地, 考虑 $c\hat{m}_l/m$ 的众数. 注意到 $c\hat{m}_l/m$ 的众数是统计量 $\hat{m}_l/m$ 的众数的 c 倍, 而统计量 $\hat{m}_l/m$ 的众数就是 $\hat{m}_l^1$ 的众数, 故 $c\hat{m}_l/m$ 的众数是 $\hat{m}_l^1$ 的众数的 c 倍. 以 $a = 0.5$ 和 $b = 0$ 这组取值为例, 在部分样本量 n 下, 给出修正因子 c, 以及 $c\hat{m}_l/m$ 的变异系数和众数, 如表 6.1 所示. 显然, 从表 6.1 中数据发现, 在不同样本量 n 下, 即使 $c\hat{m}_l/m$ 都是无偏估计, 但变异系数和众数显然是不同的, 从而也容易延伸出在不同的 a 和 b 取值下, $c\hat{m}_l/m$ 的变异系数和众数也是不同的. 对于不同的无偏估计 $c\hat{m}_l/m$, 如果其变异系数越小, 众数越接近于 1, 那么这个无偏估计的统计性质更优良. 针对同一组样本量 n, 如果无偏估计 $c\hat{m}_l/m$ 的变异系数越小, 众数越接近于 1, 则称对应的式 (4.1.1) 中参数 a 和 b 的取值为 a 和 b 的最优值. 接下来寻找 a 和 b 的最优值.

表 6.1   无偏估计的变异系数和众数

n	c	变异系数	众数
10	0.9442	0.3307	0.1389
20	0.9824	0.2281	0.2020
30	0.9927	0.1870	0.2513
40	0.9969	0.1630	0.2864
50	0.9993	0.1464	0.3321
60	1.0006	0.1342	0.3481
70	1.0014	0.1246	0.3732
80	1.0020	0.1168	0.3995
90	1.0023	0.1101	0.4101
100	1.0025	0.1048	0.4289

针对式 (4.1.1) 中的参数 a 和 b, 限定参数 a 的取值范围为 $0 \leqslant a < 1$, 参数 b 的取值范围为 $0 \leqslant b \leqslant 1$. 在 a 和 b 的取值范围内, 设取值间隔为 0.05, 则对于参数 b, 可得 $0, 0.05, 0.1, \cdots, 1$ 共 21 个取值. 类似地, 对于参数 a, 可得 20 个取值. 为了参数 a 和 b 取值的匹配性, 补充 $a = 0.999$ 这一取值替代 $a = 1$, 则参数 a 和 b 都可以得到 21 个取值, 于是参数 a 和 b 的取值组合共有 21×21 组. 又因为对于无偏估计 $c\hat{m}_l/m$, 其变异系数等于统计量 $\hat{m}_l^1$ 的变异系数, 其众数等于统计量 $\hat{m}_l^1$ 的众数的 c 倍, 可以设计以下算法寻找参数 a 和 b 的最优值.

算法 6.1

步骤 1: 给定样本量 n, 从分布参数为 $m = 1$ 和 $\eta = 1$ 的特定韦布尔分布中生成 N 组样本量为 n 的寿命样本;

步骤 2: 依次从 21×21 组参数 a 和 b 的取值组合中取出一组 a 和 b, 从而明确式 (4.1.1) 中用以求解失效概率的方法, 并利用 N 组寿命样本, 根据式 (4.4.3) 求得 N 组点估计 $\hat{m}_l^1$;

步骤 3: 利用 N 组点估计 $\hat{m}_l^1$ 求解修正因子 c;

步骤 4: 利用 N 组点估计 $\hat{m}_l^1$ 统计其变异系数, 即可得无偏估计 $c\hat{m}_l/m$ 的变异系数, 利用 N 组点估计 $\hat{m}_l^1$ 统计其众数, 再乘以 c 即可得无偏估计 $c\hat{m}_l/m$ 的众数, 从而可以得到 21×21 组变异系数以及 21×21 组众数, 从中挑选出变异系数最小和众数最大所对应的参数 a 和 b 的取值, 即为 a 和 b 的最优值.

图 6.3 展示了寻找 a 和 b 的最优值过程中所得的变异系数结果, 易知针对 21×21 组参数 a 和 b 的取值组合, 当 $a = 0$ 和 $b = 0$ 时, 无偏估计 $c\hat{m}_l/m$ 的变异系数最大, 而当 $a = 0.999$ 和 $b = 1$ 时, 无偏估计 $c\hat{m}_l/m$ 的变异系数最小. 而对于 $a = 0$ 和 $b = 1$, $a = 0.375$ 和 $b = 0.25$, $a = 0.3$ 和 $b = 0.4$, 以及 $a = 0.5$ 和 $b = 0$ 这目前应用最为广泛的四种取值, $a = 0.5$ 和 $b = 0$ 下的变异系数更小, $a = 0$ 和 $b = 1$ 下的变异系数更大. 图 6.4 展示了寻找 a 和 b 的最优值过程中所得的众数结果, 易知针对 21×21 组参数 a 和 b 的取值组合, 当 $a = 0.999$ 和 $b = 0$ 时, 无偏估计 $c\hat{m}_l/m$ 的众数最接近于 1; 而当 $a = 0$ 和 $b = 1$ 时, 无偏估计 $c\hat{m}_l/m$ 的众数与 1 间隔最远. 而对于 $a = 0$ 和 $b = 1$, $a = 0.375$ 和 $b = 0.25$, $a = 0.3$ 和 $b = 0.4$, 以及 $a = 0.5$ 和 $b = 0$ 这目前应用最为广泛的四种取值, 发现 $a = 0.5$ 和 $b = 0$ 下的众数更接近于 1.

由此可知, 当要求无偏估计 $c\hat{m}_l/m$ 的变异系数最小时, 参数 a 和 b 的最优值为 $a = 0.999$ 和 $b = 1$; 而当要求 $c\hat{m}_l/m$ 的众数最接近于 1 时, 参数 a 和 b 的最优值为 $a = 0.999$ 和 $b = 0$. 因而不存在一组参数 a 和 b 的取值同时令 $c\hat{m}_l/m$ 的变异系数最小且众数最接近于 1. 考虑到 $c\hat{m}_l/m$ 的变异系数更重要, 故优先选择令变异系数最小的参数 a 和 b. 从图 6.3 中发现, 当参数 a 和 b 的取值越大, $c\hat{m}_l/m$ 的变异系数越小. 注意到在图 6.3 中, $a = 0.999$ 这一取值是作为 $a = 1$ 的替代值, 并

不能完全代表 $a = 1$. 为了核实 $a = 0.999$ 是否变异系数最小时 a 的最优值, 限定 $b = 1$, 进一步考虑 $0.95 \leqslant a \leqslant 0.9999$ 这个取值范围, 并设取值间隔为 0.0001, 类似于算法 6.1, 重新寻找不同样本量 n 下参数 a 的最优值, 所得结果如图 6.5 所示, 此时在不同样本量 n 下, 无偏估计 $c\hat{m}_l/m$ 的变异系数如图 6.6 所示, 并与现有文献中[2] 提出的无偏估计的变异系数进行对比, 显然基于图 6.5 中参数 a 的最优值和 $b = 1$ 所对应的变异系数更小. 进一步, 基于图 6.5 中参数 a 的最优值和 $b = 1$, 可得不同样本量 n 下的修正因子, 如图 6.7 所示.

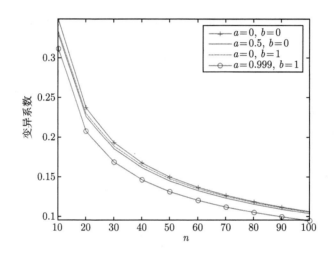

图 6.3　寻找参数 a 和 b 的最优值时所得的变异系数

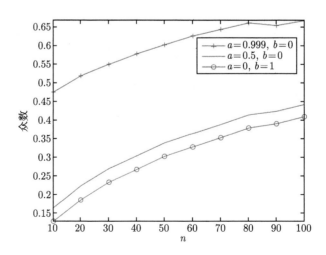

图 6.4　寻找参数 a 和 b 的最优值时所得的众数

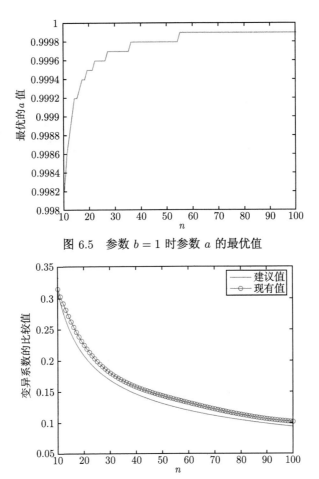

图 6.5 参数 $b=1$ 时参数 a 的最优值

图 6.6 基于参数 a 的最优值和 $b=1$ 所对应的变异系数与现有值的对比

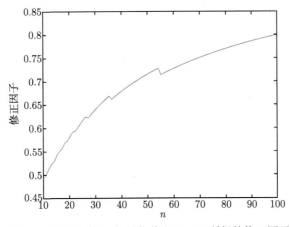

图 6.7 基于参数 a 的最优值和 $b=1$ 所得的修正因子

以上的研究内容虽然是基于完全样本所开展的, 但是相关分析方法可以延伸到截尾样本场合, 在此不再详述.

6.1.3　算例分析

本节提供一个关于某型氧化铝团聚体的抗张强度数据[1], 该氧化铝团聚体的外形是球状的, 直径为 (5.1 ± 0.2)mm, 密度为 $1.382 \mathrm{~g/cm^3}$, 作为催化剂被广泛应用在化工产业中. 在试验中, 利用 500 个样品收集强度数据, 并用韦布尔分布进行建模分析. 对于 $a = 0$ 和 $b = 1$, $a = 0.375$ 和 $b = 0.25$, $a = 0.3$ 和 $b = 0.4$, 以及 $a = 0.5$ 和 $b = 0$ 这四种典型取值, 分别基于式 (4.1.1) 求解样本的失效概率, 并给出形状参数 m 的点估计 $\hat{m}_l$. 再根据式 (6.1.3) 给出相应的修正因子 c, 求得修正后的无偏估计, 结果如表 6.2 所示.

表 6.2　氧化铝团聚体抗张强度所服从韦布尔分布的形状参数的估计

a	b	初始估计	修正因子	修正估计
0	1	4.36	1.0176	4.4367
0.3	0.4	4.39	1.0088	4.4286
0.5	0	4.42	1.0020	4.4288
0.375	0.25	4.40	1.0064	4.4282

6.2　其他置信区间方法

本节在指数分布场合介绍以分布函数为枢轴量和样本空间排序法这两种可靠性指标的置信区间构建方法. 以式 (1.1.8) 中的指数分布为对象, 取平均寿命参数 θ 为分布参数, 此时指数分布的概率密度函数为

$$f(t;\theta) = \frac{1}{\theta} \exp\left(-\frac{t}{\theta}\right)$$

可靠度函数为

$$R(t;\theta) = \exp\left(-\frac{t}{\theta}\right)$$

易知指数分布是韦布尔分布的一种特殊情况. 与式 (1.1.2) 和式 (1.1.3) 中韦布尔分布的概率密度函数 $f(t;m,\eta)$ 和可靠度函数 $R(t;m,\eta)$ 对比可知, 当形状参数 m 的估计比较准确或者可以给定 m 的取值时, 若寿命 X 服从平均寿命参数为 θ 的指数分布, 定义

$$T = X^{\frac{1}{m}}$$

则 T 服从尺度参数为 $\theta^{1/m}$ 的韦布尔分布. 这就是所谓的 "韦布尔转指数"(Weibull-to-exponential transformation) 技巧. 因此, 指数分布下的可靠性评估方法, 可以为

双参数韦布尔分布场合的可靠性评估提供新的思路.

由于指数分布的 "无记忆性", 在指数分布场合, 剩余寿命和寿命是相同的, 其平均寿命就是 θ. 另外, 根据指数分布的可靠度函数可知, 指数分布场合的可靠度是平均寿命参数 θ 的单调函数. 因而, 在指数分布场合, 对可靠性指标进行分析的关键就是对平均寿命参数 θ 进行分析.

6.2.1 以分布函数为枢轴量的置信区间

本节介绍以分布函数为枢轴量的置信区间构建方法. 首先推导平均寿命参数 θ 的极大似然估计 $\hat{\theta}$, 并基于 $\hat{\theta}$ 的分布函数构建枢轴量, 再利用该枢轴量建立 θ 的置信下限.

1. 枢轴量的推导

首先给出平均寿命参数 θ 的极大似然估计 $\hat{\theta}$. 根据样本 (t_i, δ_i), 其中 $i = 1, \cdots,$ n, 可得样本的似然函数为

$$
L(t, \delta) = \prod_{i=1}^{n} [f(t_i; \theta)]^{\delta_i} [R(t_i; \theta)]^{1-\delta_i}
$$

$$
= \frac{1}{\theta^{\sum\limits_{i=1}^{n} \delta_i}} \exp\left(-\frac{\sum\limits_{i=1}^{n} t_i}{\theta}\right)
$$

从而给出平均寿命参数 θ 的极大似然估计 $\hat{\theta}$ 为

$$
\hat{\theta} = \frac{\sum\limits_{i=1}^{n} t_i}{r} \tag{6.2.1}
$$

其中称 $r = \sum_{i=1}^{n} \delta_i$ 为失效数.

接下来分析极大似然估计 $\hat{\theta}$ 的分布. 给定失效数 $r \geqslant 1$, 极大似然估计 $\hat{\theta}$ 的条件概率密度函数是

$$
f_{\hat{\theta}}(x \mid r \geqslant 1) = \sum_{r=1}^{n} \sum_{\left\{\delta, \sum\limits_{i=1}^{n} \delta_i = r\right\}} \sum_{\substack{j_i = 0 \\ i \in S}}^{1} C_{\boldsymbol{J}, S}^{\theta} g\left(x - \frac{T_{\boldsymbol{J}, S}}{r}; r, \frac{\theta}{r}\right) \tag{6.2.2}
$$

其中

$$
S = \{i \mid \delta_i = 1, i = 1, \cdots, n\}
$$

$$
T_{\boldsymbol{J}, S} = \sum_{l \notin S} \tau_l + \sum_{i \in S} j_i \tau_i
$$

$$C_{\boldsymbol{J},S}^{\theta} = \frac{(-1)^{\sum\limits_{i\in S} j_i} \exp\left(-\dfrac{T_{\boldsymbol{J},S}}{\theta}\right)}{1 - \exp\left(-\dfrac{\sum\limits_{i=1}^{n} \tau_i}{\theta}\right)}$$

另外

$$g\left(y; r, \theta\right) = \begin{cases} \dfrac{1}{\theta^r \Gamma\left(r\right)} y^{r-1} \mathrm{e}^{-\frac{y}{\theta}}, & y > 0, \\ 0, & y \leqslant 0 \end{cases} \tag{6.2.3}$$

是伽马分布 $\Gamma\left(y; r, \theta\right)$ 的概率密度函数, 其中 r 和 θ 为分布参数, $\Gamma\left(r\right)$ 是伽马函数. 符号 $\sum_{\{\boldsymbol{\delta}, \sum_{i=1}^{n} \delta_i = r\}}$ 代表在给定 r 的前提下, 对所有满足 $\sum_{i=1}^{n} \delta_i = r$ 的 $\boldsymbol{\delta}$ 下的概率进行求和. 下面说明式 (6.2.2) 中极大似然估计 $\hat{\theta}$ 的概率密度函数 $f_{\hat{\theta}}\left(x \,|\, r \geqslant 1\right)$ 的具体推导过程.

在时间段 $(0, \tau_i]$ 内, 如果 $\delta_i = 1$, 则进一步限定样本 t_i 是一个服从右截尾指数分布 $\exp\left(\theta\right) I\left(t < \tau_i\right)$ 的随机变量, 即 t_i 的概率密度函数是

$$f_i\left(t\right) = \frac{\exp\left(-\dfrac{t}{\theta}\right)}{\theta \left[1 - \exp\left(-\dfrac{\tau_i}{\theta}\right)\right]}, \quad 0 < t < \tau_i$$

其中 $0 < t < \tau_i$. 进一步, 引入 $w \in \mathbf{R}$, 可求得相应的矩量母函数 (moment generating function) 为

$$M_i\left(w\right) = \frac{1}{1 - \theta w} \frac{1 - \exp\left[\tau_i \left(w - \dfrac{1}{\theta}\right)\right]}{1 - \exp\left(-\dfrac{\tau_i}{\theta}\right)}$$

现假定 $t_i \sim \exp\left(\theta\right) I\left(t \leqslant \tau_i\right)$, 其中 $i = 1, \cdots, r$, 且 $t_1, \cdots, t_r$ 相互独立. 根据矩量母函数的性质, 可求得 $U = \sum_{i=1}^{r} t_i$ 的矩量母函数为

$$M_U\left(w\right) = \prod_{i=1}^{r} M_i\left(w\right)$$

引入变量 $j_i \in \{0, 1\}$, 其中 $i = 1, \cdots, r$, 并记 $\boldsymbol{J} = \left(j_1, \cdots, j_r\right)$, 可进一步化简 $M_U(w)$ 为

$$M_U\left(w\right) = \frac{1}{\left(1 - \theta w\right)^r} \frac{\sum\limits_{j_1=0}^{1} \cdots \sum\limits_{j_r=0}^{1} \prod\limits_{i=1}^{r} \left\{-\exp\left[\tau_i \left(w - \dfrac{1}{\theta}\right)\right]\right\}^{j_i}}{\prod\limits_{i=1}^{r} \left[1 - \exp\left(-\dfrac{\tau_i}{\theta}\right)\right]}$$

$$= \sum_{j_1=0}^{1} \cdots \sum_{j_r=0}^{1} \frac{(-1)^{\sum_{i=1}^{r} j_i} \exp\left(-\dfrac{\sum_{i=1}^{r} j_i \tau_i}{\theta}\right)}{\prod_{i=1}^{r}\left[1 - \exp\left(-\dfrac{\tau_i}{\theta}\right)\right]} \frac{\exp\left(w \sum_{i=1}^{r} j_i \tau_i\right)}{(1-\theta w)^r}$$

注意到 $(1-\theta w)^{-r}$ 是式 (6.2.3) 中的伽马分布 $\Gamma(y;r,\theta)$ 的矩量母函数, 故可知 $(1-\theta w)^{-r} \exp\left(w \sum_{i=1}^{r} j_i \tau_i\right)$ 是将 $\Gamma(y;r,\theta)$ 平移后的伽马分布 $\Gamma\left(y - \sum_{i=1}^{r} j_i \tau_i; r, \theta\right)$ 的矩量母函数. 由此可得 U 的概率密度函数为

$$f_U(u) = \sum_{j_1=0}^{1} \cdot \sum_{j_r=0}^{1} \frac{(-1)^{\sum_{i=1}^{r} j_i} \exp\left(-\dfrac{\sum_{i=1}^{r} j_i \tau_i}{\theta}\right)}{\prod_{i=1}^{r}\left[1 - \exp\left(-\dfrac{\tau_i}{\theta}\right)\right]} \Gamma\left(u - \sum_{i=1}^{r} j_i \tau_i; r, \theta\right)$$

为了简便, 将 U 的概率密度函数改写为

$$f_U(u) = \sum_{\substack{j_i=0 \\ i \in \{1,\cdots,r\}}}^{1} \frac{(-1)^{\sum_{i=1}^{r} j_i} \exp\left(-\dfrac{\sum_{i=1}^{r} j_i \tau_i}{\theta}\right)}{\prod_{i=1}^{r}\left[1 - \exp\left(-\dfrac{\tau_i}{\theta}\right)\right]} \Gamma\left(u - \sum_{i=1}^{r} j_i \tau_i; r, \theta\right) \tag{6.2.4}$$

注意到在给定 δ 后, 样本中的失效时间、式 (6.2.2) 中的集合 S 及失效数 r 都是已知的, 因而可将式 (6.2.1) 中样本时间之和 $\sum_{i=1}^{n} t_i$ 拆分为

$$\sum_{i=1}^{n} t_i = \sum_{i \in S} t_i + \sum_{l \notin S} t_l$$
$$= \sum_{i \in S} t_i + \sum_{l \notin S} \tau_l$$

记 $Y = \sum_{i=1}^{n} t_i$, 根据式 (6.2.4), 可得 Y 在 δ 已知时的条件概率密度函数为

$$f_Y(y|\boldsymbol{\delta}) = \sum_{\substack{j_i=0 \\ i \in S}}^{1} \frac{(-1)^{\sum_{i \in S} j_i} \exp\left(-\dfrac{\sum_{i \in S} j_i \tau_i}{\theta}\right)}{\prod_{i \in S}\left[1 - \exp\left(-\dfrac{\tau_i}{\theta}\right)\right]} \Gamma\left(y - \sum_{l \notin S} \tau_l - \sum_{i \in S} j_i \tau_i; r, \theta\right)$$

令

$$X = \frac{Y}{r}$$

根据 X 和 Y 的关系, 可得 X 在 δ 已知时的条件概率密度函数为

$$f_X\left(x\,|\,\boldsymbol{\delta}\right) = \sum_{\substack{j_i=0 \\ i\in S}}^{1} \frac{(-1)^{\sum\limits_{i\in S} j_i}\exp\left(-\dfrac{\sum\limits_{i\in S} j_i\tau_i}{\theta}\right)}{\prod\limits_{i\in S}\left[1-\exp\left(-\dfrac{\tau_i}{\theta}\right)\right]}\Gamma\left(x - \frac{\sum\limits_{l\notin S}\tau_l + \sum\limits_{i\in S} j_i\tau_i}{r};r,\frac{\theta}{r}\right)$$

注意到其中的 $\boldsymbol{\delta}$ 是给定的, 根据全概率公式及

$$P\left(\boldsymbol{\delta}\right) = \prod_{i\in S}\left[1-\exp\left(-\frac{\tau_i}{\theta}\right)\right]\prod_{l\notin S}\exp\left(-\frac{\tau_l}{\theta}\right)$$

可将条件概率密度函数 $f_X\left(x\,|\,\boldsymbol{\delta}\right)$ 转换为 X 和 r 的联合概率密度函数 $f\left(x,r\right)$. 于是在 $r\geqslant 1$ 下可得

$$f\left(x,r\right) = \sum_{r=1}^{n}\sum_{\left\{\boldsymbol{\delta},\sum\limits_{i=1}^{n}\delta_i=r\right\}}\sum_{\substack{j_i=0 \\ i\in S}}^{1}(-1)^{\sum\limits_{i\in S} j_i}\exp\left(-\frac{\sum\limits_{i\in S} j_i\tau_i + \sum\limits_{l\notin S}\tau_l}{\theta}\right)$$

$$\times\Gamma\left(x - \frac{\sum\limits_{l\notin S}\tau_l + \sum\limits_{i\in S} j_i\tau_i}{r};r,\frac{\theta}{r}\right)$$

可进一步改写为

$$f\left(x,r\right) = \sum_{r=1}^{n}\sum_{\left\{\boldsymbol{\delta},\sum\limits_{i=1}^{n}\delta_i=r\right\}}\sum_{\substack{j_i=0 \\ i\in S}}^{1}(-1)^{\sum\limits_{i\in S} j_i}\exp\left(-\frac{T_{\boldsymbol{J},S}}{\theta}\right)\Gamma\left(x - \frac{T_{\boldsymbol{J},S}}{r};r,\frac{\theta}{r}\right) \quad (6.2.5)$$

其中 $T_{\boldsymbol{J},S}$ 见式 (6.2.2).

为求得 $f\left(x\,|\,r\geqslant 1\right)$, 需将式 (6.2.5) 中的 $f\left(x,r\right)$ 除以 $P\left(r\geqslant 1\right)$. 由于

$$P\left(r\geqslant 1\right) = 1 - P\left(r=0\right) = 1 - \exp\left(-\frac{\sum\limits_{i=1}^{n}\tau_i}{\theta}\right) \quad (6.2.6)$$

$f\left(x,r\right)$ 除以 $P\left(r\geqslant 1\right)$ 即可得到式 (6.2.2) 中 $\hat{\theta}$ 的条件概率密度函数 $f_{\hat{\theta}}(x\,|\,r\geqslant 1)$.

在获得 $f_{\hat{\theta}}(x|r \geqslant 1)$ 后, 即可对点估计 $\hat{\theta}$ 的性质进行分析. 可得

$$E(\hat{\theta}|r \geqslant 1) = \int_x x f_{\hat{\theta}}(x|r \geqslant 1)dx = \theta + \sum_{r=1}^{n} \sum_{\left\{\boldsymbol{\delta}, \sum\limits_{i=1}^{n} \delta_i = r\right\}} \sum_{\substack{j_i=0 \\ i \in S}}^{1} \frac{C_{\boldsymbol{J},S}^{\theta} T_{\boldsymbol{J},S}}{r}$$

$$E(\hat{\theta}^2|r \geqslant 1) = \int_x x^2 f_{\hat{\theta}}(x|r \geqslant 1)dx$$

$$= \frac{\theta^2}{r} + \sum_{r=1}^{n} \sum_{\left\{\boldsymbol{\delta}, \sum\limits_{i=1}^{n} \delta_i = r\right\}} \sum_{\substack{j_i=0 \\ i \in S}}^{1} C_{\boldsymbol{J},S}^{\theta} \left(\frac{T_{\boldsymbol{J},S}}{r}\right)^2 + \theta^2$$

$$+ 2\theta \sum_{r=1}^{n} \sum_{\left\{\boldsymbol{\delta}, \sum\limits_{i=1}^{n} \delta_i = r\right\}} \sum_{\substack{j_i=0 \\ i \in S}}^{1} \frac{C_{\boldsymbol{J},S}^{\theta} T_{\boldsymbol{J},S}}{r}$$

由此可得 $\hat{\theta}$ 的偏差为

$$\mathrm{Bias}(\hat{\theta}) = E(\hat{\theta}|r \geqslant 1) - \theta$$

$$= \sum_{r=1}^{n} \sum_{\left\{\boldsymbol{\delta}, \sum\limits_{i=1}^{n} \delta_i = r\right\}} \sum_{\substack{j_i=0 \\ i \in S}}^{1} \frac{C_{\boldsymbol{J},S}^{\theta} T_{\boldsymbol{J},S}}{r}$$

均方误差为

$$\mathrm{MSE}(\hat{\theta}) = E[(\hat{\theta} - \theta)^2]$$

$$= \frac{\theta^2}{r} + \sum_{r=1}^{n} \sum_{\left\{\boldsymbol{\delta}, \sum\limits_{i=1}^{n} \delta_i = r\right\}} \sum_{\substack{j_i=0 \\ i \in S}}^{1} C_{\boldsymbol{J},S}^{\theta} \left(\frac{T_{\boldsymbol{J},S}}{r}\right)^2$$

这两个指标可用于衡量 $\hat{\theta}$ 作为点估计时的优劣.

记 $F_{\hat{\theta}}(x;\theta)$ 为 $\hat{\theta}$ 的分布函数. 基于 $f_{\hat{\theta}}(x|r \geqslant 1)$, 可求得 $\hat{\theta}$ 的分布函数为

$$F_{\hat{\theta}}(x;\theta) = \int_0^x f_{\hat{\theta}}(x|r \geqslant 1)dx$$

$$= \sum_{r=1}^{n} \sum_{\left\{\boldsymbol{\delta}, \sum\limits_{i=1}^{n} \delta_i = r\right\}} \sum_{\substack{j_i=0 \\ i \in S}}^{1} C_{\boldsymbol{J},S}^{\theta} G\left(\frac{rx - T_{\boldsymbol{J},S}}{\theta}; r\right) \tag{6.2.7}$$

其中 $C_{\boldsymbol{J},S}^{\theta}$ 和 $T_{\boldsymbol{J},S}$ 见式 (6.2.2),

$$G\left(x;r\right)=\int_0^x g\left(y;r,1\right)dy \tag{6.2.8}$$

即式 (6.2.3) 中参数为 r 和 1 的伽马分布 $\Gamma\left(y;r,1\right)$ 的分布函数. 下面将证明 $F_{\hat\theta}\left(x;\theta\right)$ 即为建立 θ 的置信下限所需的枢轴量, 并指出如何利用 $F_{\hat\theta}\left(x;\theta\right)$ 来计算 θ 的置信下限.

2. 基于枢轴量的置信下限的求解

对于式 (6.2.7) 中 $\hat\theta$ 的分布函数 $F_{\hat\theta}\left(x;\theta\right)$, 如果对任意的 x, 当 $\theta_1<\theta_2$ 时, 存在 $F_{\hat\theta}\left(x;\theta_1\right)\geqslant F_{\hat\theta}\left(x;\theta_2\right)$, 即函数 $F_{\hat\theta}\left(x;\theta\right)$ 是关于 θ 的单调减函数, 则称 $\hat\theta$ 关于 θ 随机单调增. 在研究 $F_{\hat\theta}\left(x;\theta\right)$ 关于 θ 的单调性前, 先给出两个引理[3].

引理 6.1　定义 $\boldsymbol{M}=(M_1,\cdots,M_n)$, 假定存在

$$F_{\hat\theta}\left(x;\theta\right)=\sum_{\boldsymbol{m}\in\boldsymbol{M}} P\left(\boldsymbol{M}=\boldsymbol{m}\right)P(\hat\theta\leqslant x|\boldsymbol{M}=\boldsymbol{m}),$$

其中 $\boldsymbol{M}\subset\mathbf{R}^n$, $F_{\hat\theta}\left(x;\theta\right)$ 为式 (6.2.7) 中 $\hat\theta$ 的分布函数. 如果下列条件成立:

(1) 对于任意的 $\boldsymbol{m}=(m_1,\cdots,m_n)\in\boldsymbol{M}$, 当 $\boldsymbol{M}=\boldsymbol{m}$ 时, $\hat\theta$ 关于 θ 随机单调增;

(2) 对于任意的 x, 当 $\boldsymbol{M}=\boldsymbol{m}$ 时, $\hat\theta$ 关于 $\boldsymbol{m}$ 随机单调减;

(3) $\boldsymbol{M}$ 关于 θ 随机单调增.

则可称 $\hat\theta$ 关于 θ 随机单调增.

引理 6.2　令 $\boldsymbol{X}=(X_1,\cdots,X_n)$, $\boldsymbol{Y}=(Y_1,\cdots,Y_n)$, 其中 X_i,Y_i 为随机变量, $i=1,\cdots,n$. 另外, 令 $F_{x_i}(t)$ 和 $F_{y_i}(t)$ 分别为随机变量 X_i 和 Y_i 的分布函数, 若对于任意的 t, $F_{y_i}(t)\leqslant F_{x_i}(t)$, 则记为 $X_i\leqslant_{st}Y_i$. 如果 $X_1\leqslant_{st}Y_1$ 成立, 且对于 $i=2,\cdots,n$, 当 $x_j\leqslant y_j$ 时, $[X_i|X_1=x_1,\cdots,X_{i-1}=x_{i-1}]\leqslant_{st}[Y_i|Y_1=y_1,\cdots,Y_{i-1}=y_{i-1}]$ 也成立, 其中 $j=1,\cdots,i-1$, 则有 $\boldsymbol{X}\leqslant_{st}\boldsymbol{Y}$.

关于式 (6.2.1) 中的极大似然估计 $\hat\theta$, 可得 $\hat\theta$ 关于 θ 随机单调增, 即对任意 x, 当 $\theta_1<\theta_2$ 时, $F_{\hat\theta}\left(x;\theta_1\right)\geqslant F_{\hat\theta}\left(x;\theta_2\right)$. 只需一一证明式 (6.2.7) 中的 $F_{\hat\theta}\left(x;\theta\right)$ 满足引理 6.1 中的三个条件即可[3].

令 $M_j=\sum_{i=1}^j\delta_i$, 其中 $j=1,\cdots,n$.

(1) 给定 $\boldsymbol{m}=(m_1,\cdots,m_n)$, 也即给定了 $\boldsymbol{\delta}=(\delta_1,\cdots,\delta_n)$. 要证明此时 $\hat\theta$ 的分布关于 θ 随机单调增, 即证明函数 $\phi(\boldsymbol{m})=P(\hat\theta\leqslant x|\boldsymbol{M}=\boldsymbol{m})$ 关于参数 θ 单调减.

根据式 (6.2.1) 和式 (1.2.1), 此时有

$$\hat{\theta}\,|(\boldsymbol{M}=\boldsymbol{m}) = \frac{\sum_{i=1}^{n}\left[T_i\delta_i + \tau_i\left(1-\delta_i\right)\right]}{\sum_{i=1}^{n}\delta_i} \tag{6.2.9}$$

由于 $T_i \sim \exp\left(\theta\right)I\left(t \leqslant \tau_i\right)$, 其中 $i = 1,\cdots,n$, 根据右截尾指数分布的特点可知 T_i 关于 θ 随机单调增, 也即 $\hat{\theta}\,|(\boldsymbol{M}=\boldsymbol{m})$ 关于 θ 随机单调增, 于是引理 6.1 中的条件 (1) 成立.

(2) 要证明 $\hat{\theta}$ 关于 $\boldsymbol{m}$ 随机单调减, 也即证明当 $\boldsymbol{m}$ 中的任一元素 m_j 增加时 $\hat{\theta}$ 减小, 其中 $j = 1,\cdots,n$. 为了简便, 假定当 $\boldsymbol{m}$ 中的 m_j 增加时, 其余元素保持不变. 给定 $\boldsymbol{M}=\boldsymbol{m}$, 根据式 (6.2.9), 可将 $\hat{\theta}$ 改写为

$$\hat{\theta}\,|(\boldsymbol{M}=\boldsymbol{m}) = \frac{\sum_{i=1}^{n}\tau_i - \sum_{i=1}^{n}\left(\tau_i - T_i\right)\delta_i}{\sum_{i=1}^{n}\delta_i} \tag{6.2.10}$$

当 $\delta_j = 0$ 时, 此时式 (6.2.10) 为

$$\hat{\theta}\,|(\boldsymbol{M}=\boldsymbol{m}) = \frac{\sum_{i=1}^{n}\tau_i - \sum_{i=1}^{j-1}\left(\tau_i - T_i\right)\delta_i - \sum_{i=j+1}^{n}\left(\tau_i - T_i\right)\delta_i}{\sum_{i=1}^{j-1}\delta_i + \sum_{i=j+1}^{n}\delta_i}$$

如果 δ_j 由 0 变为 1, 则此时 $\boldsymbol{M}=\boldsymbol{m}+\boldsymbol{e}_j$, 其中 $\boldsymbol{e}_j = (0,\cdots,0,1,0,\cdots,0)$, 即第 j 个元素为 1, 其余 $n-1$ 个元素都为 0 的 n 元向量. 于是 $\hat{\theta}$ 具体为

$$\hat{\theta}\,|(\boldsymbol{M}=\boldsymbol{m}+\boldsymbol{e}_j) = \frac{\sum_{i=1}^{n}\tau_i - \sum_{i=1}^{j-1}\left(\tau_i - T_i\right)\delta_i - \left(\tau_j - T_j\right) - \sum_{i=j+1}^{n}\left(\tau_i - T_i\right)\delta_i}{\sum_{i=1}^{j-1}\delta_i + \sum_{i=j+1}^{n}\delta_i + 1}$$

显然 $\hat{\theta}\,|(\boldsymbol{M}=\boldsymbol{m}) > \hat{\theta}\,|(\boldsymbol{M}=\boldsymbol{m}+\boldsymbol{e}_j)$, 由此可知 $\hat{\theta}\,|(\boldsymbol{M}=\boldsymbol{m})$ 关于 $\boldsymbol{m}$ 中的任一元素 m_j 递减, 即 $\hat{\theta}\,|(\boldsymbol{M}=\boldsymbol{m})$ 关于 $\boldsymbol{m}$ 随机单调减, 于是引理 6.1 中的条件 (2) 成立.

(3) 若引理 6.1 中的条件 (3) 成立, 只需证明当 $\theta_1 < \theta_2$ 时, $[\boldsymbol{M};\theta_1] \leqslant_{st} [\boldsymbol{M};\theta_2]$. 由于 $M_j = \sum_{i=1}^{j}\delta_i$, 因此序列 $M_1,\cdots,M_n$ 事实上构成了一条马尔可夫链, 可利用

引理 6.2 证明 $[\boldsymbol{M};\theta_1] \leqslant_{st} [\boldsymbol{M};\theta_2]$. 对于任意的 $i = 1, \cdots, n$, 根据式 (1.2.1) 中 δ_i 的定义可知

$$P\left(\delta_i\right) = \left[1 - \exp\left(-\frac{\tau_i}{\theta}\right)\right]^{\delta_i} \left[\exp\left(-\frac{\tau_i}{\theta}\right)\right]^{1-\delta_i} \tag{6.2.11}$$

由于 $M_1 = \delta_1$, 当 $\delta_1 = 1$ 时, 根据式 (6.2.11), 显然有 $P\left(\delta_1;\theta_2\right) \leqslant P\left(\delta_1;\theta_1\right)$, 于是可得 $[M_1;\theta_1] \leqslant_{st} [M_1;\theta_2]$. 针对任意的 $i = 2, \cdots, n$, 当 $m_{i-1}^1 \geqslant m_{i-1}^2 \geqslant 0$ 时, 由于 $\delta_i = m_i - m_{i-1}$, 则有

$$\frac{P\left(M_i = m_i \,\middle|\, M_{i-1} = m_{i-1}^1;\theta_1\right)}{P\left(M_i = m_i \,\middle|\, M_{i-1} = m_{i-1}^2;\theta_2\right)} = \frac{P\left(\delta_i^1 = m_i - m_{i-1}^1;\theta_1\right)}{P\left(\delta_i^2 = m_i - m_{i-1}^2;\theta_2\right)}$$

满足 $\delta_i^1 = m_i - m_{i-1}^1$ 和 $\delta_i^2 = m_i - m_{i-1}^2$ 且 $m_{i-1}^1 \geqslant m_{i-1}^2 \geqslant 0$ 的可能取值为 $\delta_i^1 = \delta_i^2 = 1$. 根据式 (6.2.11), 由于 $\theta_1 < \theta_2$, 则有

$$\frac{P\left(M_j = m_j \,\middle|\, M_{j-1} = m_{j-1}^1;\theta_1\right)}{P\left(M_j = m_j \,\middle|\, M_{j-1} = m_{j-1}^2;\theta_2\right)} = \frac{1 - \exp\left(-\dfrac{\tau_i}{\theta_1}\right)}{1 - \exp\left(-\dfrac{\tau_i}{\theta_2}\right)} > 1$$

因而存在

$$\left[M_i \,\middle|\, M_{i-1} = m_{i-1}^1;\theta_1\right] \leqslant_{st} \left[M_i \,\middle|\, M_{i-1} = m_{i-1}^2;\theta_2\right]$$

其中 $m_{i-1}^1 \geqslant m_{i-1}^2 \geqslant 0$, $\theta_1 < \theta_2$, $i = 2, \cdots, n$. 根据引理 6.2, 可得 $[\boldsymbol{M};\theta_1] \leqslant_{st} [\boldsymbol{M};\theta_2]$, 于是引理 6.1 中的条件 (3) 成立.

$\hat{\theta}$ 关于 θ 的随机单调性表明式 (6.2.7) 中的 $F_{\hat{\theta}}(x;\theta)$ 可以作为枢轴量来构建 θ 的置信下限. 记利用 $F_{\hat{\theta}}(x;\theta)$ 构建的 θ 的置信下限为 θ_L^p, 则在置信水平 $(1-\alpha)$ 下, θ_L^p 满足方程

$$F_{\hat{\theta}}(\hat{\theta}_{\mathrm{obs}};\theta_L^p) = 1 - \alpha \tag{6.2.12}$$

其中 $\hat{\theta}_{\mathrm{obs}}$ 是根据具体样本计算得到的 $\hat{\theta}$ 的观测值, $F_{\hat{\theta}}(\hat{\theta}_{\mathrm{obs}};\theta_L^p)$ 见式 (6.2.7). 由于函数 $F_{\hat{\theta}}(\hat{\theta}_{\mathrm{obs}};\theta)$ 是关于 θ 的单调减函数, 因此可以利用牛顿迭代法或者二分法来求解置信下限 θ_L^p.

3. 置信下限的存在性讨论

至此已严格证明并提出了基于枢轴量 $F_{\hat{\theta}}(x;\theta)$ 的置信下限构建方法, 若利用分布函数作为枢轴量建立参数的置信下限, 除了分布函数关于分布参数的单调性外, 还需要考虑基于任意的 $\hat{\theta}_{\mathrm{obs}}$, 是否都可以求得 θ_L^p, 即式 (6.2.12) 的解的存在性. 由于 $F_{\hat{\theta}}(x;\theta)$ 是关于 θ 的单调减函数. 因此式 (6.2.12) 中解的存在性实际上就是在给定 x 后, 比较 $(1-\alpha)$ 与 $F_{\hat{\theta}}(x;\theta)$ 在 θ 的定义域 $(0,+\infty)$ 中的值域, 且单调性决

定了函数 $F_{\hat{\theta}}(x;\theta)$ 的值域就等同于求解当 $\theta \to 0^+$ 和 $\theta \to +\infty$ 时, 函数 $F_{\hat{\theta}}(x;\theta)$ 的极限[3].

对于式 (6.2.7) 中的 $F_{\hat{\theta}}(x;\theta)$ 和任意的 $x > 0$, 当 $\theta \to 0^+$ 且 $T_{\boldsymbol{J},S} \neq 0$ 时, 显然有

$$
\begin{aligned}
\lim_{\theta \to 0^+} C_{\boldsymbol{J},S}^\theta G\left(\frac{rx - T_{\boldsymbol{J},S}}{\theta};r\right) &= \lim_{\theta \to 0^+} \frac{(-1)^{\sum\limits_{i \in S} j_i} \exp\left(-\dfrac{T_{\boldsymbol{J},S}}{\theta}\right)}{1 - \exp\left(-\dfrac{\sum\limits_{i=1}^{n} \tau_i}{\theta}\right)} G\left(\frac{rx - T_{\boldsymbol{J},S}}{\theta};r\right) \\
&= (-1)^{\sum\limits_{i \in S} j_i} \cdot \lim_{\theta \to 0^+} \exp\left(-\frac{T_{\boldsymbol{J},S}}{\theta}\right) \\
&= 0
\end{aligned}
$$

其中 $G\left(\dfrac{rx - T_{\boldsymbol{J},S}}{\theta};r\right)$ 见式 (6.2.8). 接下来考虑 $T_{\boldsymbol{J},S} = 0$ 时 $\lim\limits_{\theta \to 0^+} F_{\hat{\theta}}(x;\theta)$ 的求解. 当 $T_{\boldsymbol{J},S} = 0$ 时, 根据式 (6.2.2), 说明此时失效数 $r = n, j_i = 0$, 其中 $i = 1,\cdots,n$, 于是有

$$
\begin{aligned}
\lim_{\theta \to 0^+} F_{\hat{\theta}}(x;\theta) &= \lim_{\theta \to 0^+} \sum_{r=1}^{n} \sum_{\left\{\boldsymbol{\delta},\sum\limits_{i=1}^{n}\delta_i=r\right\}} \sum_{\substack{j_i=0 \\ i \in S}}^{1} C_{\boldsymbol{J},S}^\theta G\left(\frac{rx - T_{\boldsymbol{J},S}}{\theta};r\right) \\
&= \lim_{\theta \to 0^+} \frac{G\left(\dfrac{nx}{\theta};n\right)}{1 - \exp\left(-\dfrac{\sum\limits_{i=1}^{n} \tau_i}{\theta}\right)} \\
&= 1
\end{aligned}
$$

从而可知 $\lim\limits_{\theta \to 0^+} F_{\hat{\theta}}(x;\theta) = 1$.

接下来求解 $\lim\limits_{\theta \to +\infty} F_{\hat{\theta}}(x;\theta)$. 先分析其中的 $\lim\limits_{\theta \to +\infty} C_{\boldsymbol{J},S}^\theta G\left(\dfrac{rx - T_{\boldsymbol{J},S}}{\theta};r\right)$, 其中 $C_{\boldsymbol{J},S}^\theta$ 见式 (6.2.2), $G\left(\dfrac{rx - T_{\boldsymbol{J},S}}{\theta};r\right)$ 见式 (6.2.8). 可知

$$
\lim_{\theta \to +\infty} C_{\boldsymbol{J},S}^\theta G\left(\frac{rx - T_{\boldsymbol{J},S}}{\theta};r\right) = \lim_{\theta \to +\infty} \frac{(-1)^{\sum\limits_{i \in S} j_i} \exp\left(-\dfrac{T_{\boldsymbol{J},S}}{\theta}\right)}{1 - \exp\left(-\dfrac{\sum\limits_{i=1}^{n} \tau_i}{\theta}\right)} G\left(\frac{rx - T_{\boldsymbol{J},S}}{\theta};r\right)
$$

$$= (-1)^{\sum\limits_{i \in S} j_i} \lim_{\theta \to +\infty} \frac{G\left(\dfrac{rx - T_{J,S}}{\theta}; r\right)}{1 - \exp\left(-\dfrac{\sum\limits_{i=1}^{n} \tau_i}{\theta}\right)}$$

如果 $rx - T_{J,S} \leqslant 0$, 由于

$$G\left(\frac{rx - T_{J,S}}{\theta}; r\right) = 0$$

因此该极限也为 0. 而当 $rx - T_{J,S} > 0$ 时, 式 (6.2.8) 中的 $G(x; r)$ 满足

$$G(x; r) = \sum_{i=r}^{+\infty} \frac{x^i}{i!} \exp(-x)$$
$$= \frac{x^r}{r!} \exp(-x) + o(x^r)$$

再根据泰勒公式, 可得

$$1 - \exp\left(-\frac{\sum\limits_{i=1}^{n} \tau_i}{\theta}\right) = \frac{\sum\limits_{i=1}^{n} \tau_i}{\theta} + o\left(\theta^{-1}\right)$$

进一步可得

$$\lim_{\theta \to +\infty} C_{J,S}^{\theta} G\left(\frac{rx - T_{J,S}}{\theta}; r\right)$$

$$= (-1)^{\sum\limits_{i \in S} j_i} \lim_{\theta \to +\infty} \frac{\exp\left(-\dfrac{rx - T_{J,S}}{\theta}\right) \cdot \dfrac{(rx - T_{J,S})^r}{\theta^r \cdot r!} + o(\theta^{-r})}{\dfrac{\sum\limits_{i=1}^{n} \tau_i}{\theta} + o\left(\theta^{-1}\right)}$$

由此可知当 $r > 1$ 时, 该极限为 0. 而当 $r = 1$ 时, 该极限可进一步化简为

$$\lim_{\theta \to +\infty} C_{J,S}^{\theta} G\left(\frac{rx - T_{J,S}}{\theta}; r\right) = (-1)^{\sum\limits_{i \in S} j_i} \frac{x - T_{J,S}}{\sum\limits_{i=1}^{n} \tau_i}$$

总结可得

$$\lim_{\theta \to +\infty} C_{J,S}^{\theta} G\left(\frac{rx - T_{J,S}}{\theta}; r\right) = \begin{cases} 0, & r > 1, \\ (-1)^{\sum\limits_{i \in S} j_i} \dfrac{x - T_{J,S}}{\sum\limits_{i=1}^{n} \tau_i}, & r = 1 \end{cases} \tag{6.2.13}$$

由式 (6.2.13) 可知, 当 $r > 1$ 时

$$\lim_{\theta \to +\infty} F_{\hat{\theta}}(x; \theta) = 0$$

而当 $r = 1$ 时,

$$\lim_{\theta \to +\infty} F_{\hat{\theta}}(x; \theta) = \lim_{\theta \to +\infty} \sum_{r=1}^{n} \sum_{\left\{\boldsymbol{\delta}, \sum\limits_{i=1}^{n} \delta_i = r\right\}} \sum_{\substack{j_i = 0 \\ i \in S}}^{1} C_{\boldsymbol{J},S}^{\theta} G\left(\frac{rx - T_{\boldsymbol{J},S}}{\theta}; r\right)$$

$$= \lim_{\theta \to +\infty} \sum_{\left\{\boldsymbol{\delta}, \sum\limits_{i=1}^{n} \delta_i = 1\right\}} \sum_{\substack{j_i = 0 \\ i \in S}}^{1} C_{\boldsymbol{J},S}^{\theta} G\left(\frac{x - T_{\boldsymbol{J},S}}{\theta}; 1\right)$$

$$= \sum_{k=1}^{n} \sum_{j_k=0}^{1} \lim_{\theta \to +\infty} C_{\boldsymbol{J},S}^{\theta} G\left(\frac{x - T_{\boldsymbol{J},S}}{\theta}; 1\right)$$

根据式 (6.2.2) 可知 $T_{\boldsymbol{J},S}$ 的最小值为 $\sum_{i=1}^{n-1} \tau_i$. 因此当 $x \leqslant \sum_{i=1}^{n-1} \tau_i$ 时, 必有 $x - T_{\boldsymbol{J},S} \leqslant 0$, 此时可得

$$\lim_{\theta \to +\infty} F_{\hat{\theta}}(x; \theta) = 0$$

另外, 注意到 x 的最大值为 $\sum_{i=1}^{n} \tau_i$, 因此当 $\sum_{i=1}^{n-1} \tau_i < x < \sum_{i=1}^{n} \tau_i$ 时, 根据式 (6.2.13), 即可得

$$\lim_{\theta \to +\infty} F_{\hat{\theta}}(x; \theta) = \max\left(\sum_{k=1}^{n} \sum_{j_k=0}^{1} (-1)^{j_k} \frac{x - T_{\boldsymbol{J},S}}{\sum\limits_{i=1}^{n} \tau_i}, 0\right) \tag{6.2.14}$$

而当 $\sum_{i=1}^{n-1} \tau_i < x < \sum_{i=1}^{n} \tau_i$ 时, 由于 $r = 1$, 根据式 (6.2.2), 此时有

$$T_{\boldsymbol{J},S} = \sum_{i=1}^{n} \tau_i - (1 - j_k) \tau_k$$

代入式 (6.2.14) 经过化简可得当 $\theta \to +\infty$ 时, $F_{\hat{\theta}}(x; \theta)$ 的极限为

$$\lim_{\theta \to +\infty} F_{\hat{\theta}}(x; \theta)$$

$$= \begin{cases} 0, & 0 < x \leqslant \sum\limits_{i=1}^{n-1} \tau_i, \\ \max\left\{\sum\limits_{k=1}^{n} \sum\limits_{j_k=0}^{1} \left[(-1)^{j_k} \frac{x + (1 - j_k) \tau_k}{\sum\limits_{i=1}^{n} \tau_i} - 1\right], 0\right\}, & \sum\limits_{i=1}^{n-1} \tau_i < x < \sum\limits_{i=1}^{n} \tau_i \end{cases}$$

$$\tag{6.2.15}$$

由于 $\lim\limits_{\theta\to 0^+} F_{\hat\theta}(x;\theta)=1$, 因此当 $\lim\limits_{\theta\to +\infty} F_{\hat\theta}(x;\theta)=0$ 时, 式 (6.2.12) 总是有解的. 但是根据式 (6.2.15) 可知, 极限 $\lim\limits_{\theta\to +\infty} F_{\hat\theta}(x;\theta)$ 不一定恒为 0. 当 $\lim\limits_{\theta\to +\infty} F_{\hat\theta}(x;\theta)\neq 0$ 时, 式 (6.2.12) 的解是否存在, 取决于式 (6.2.15) 中的 $\lim\limits_{\theta\to +\infty} F_{\hat\theta}(x;\theta)$ 与置信水平 $(1-\alpha)$ 的大小关系. 若 $\lim\limits_{\theta\to +\infty} F_{\hat\theta}(x;\theta)<(1-\alpha)$, 式 (6.2.12) 有解, 即可以利用基于枢轴量的方法算得置信下限 θ_L^p; 反之, 式 (6.2.12) 无解, 此时不能利用基于枢轴量的方法算得置信下限.

6.2.2　样本空间排序法

本节介绍基于样本空间排序法构建 θ 的置信下限的方法. 样本空间排序法通过引入序这一概念, 使得整个样本空间中的元素具有可比性, 继而通过在样本空间中搜索满足条件的元素, 从而达到求解参数置信限的目的[4]. 记随机变量 X 的取值空间为非空集合 E, x_1, x_2 和 x_3 为 X 的任意取值, 若存在一个二元关系 "$\geqslant$" 满足以下三个条件:

(1) 针对任意的 x_1 和 x_2, 或者 $x_1\geqslant x_2$, 或者 $x_2\geqslant x_1$;

(2) 对于任意的 x_1, 存在 $x_1\geqslant x_1$;

(3) 针对任意的 x_1, x_2 和 x_3, 如果 $x_1\geqslant x_2$, $x_2\geqslant x_3$, 则有 $x_1\geqslant x_3$.

那么可称 E 是关于该二元关系 "$\geqslant$" 的全序集. 现定义一个关于 X 的统计量 $\varphi(X)$, 并规定当 $x_1\geqslant x_2$ 时, $\varphi(x_1)\geqslant\varphi(x_2)$, 如此就引入了一个针对 E 的序. 设随机变量 X 的分布函数为 $F(x;\vartheta)$, 其中 ϑ 为来自样本空间 Θ 的待估参数, 记

$$H(u,\vartheta)=P(\varphi(X)\geqslant u;\vartheta) \tag{6.2.16}$$

$$\vartheta_L=\inf\{\vartheta:H(u,\vartheta)>\alpha,\vartheta\in\Theta\} \tag{6.2.17}$$

此时有

$$P(\vartheta\geqslant\vartheta_L)\geqslant 1-\alpha$$

则 ϑ_L 为待估参数 ϑ 在置信水平 $(1-\alpha)$ 下的置信下限.

样本空间排序法提供了一个一般化的构建参数置信下限的处理框架, 但针对具体的问题, 还需具体分析. 根据以上内容可知, 利用样本空间排序法处理具体问题时, 首先要选好统计量 $\varphi(X)$, 继而确定式 (6.2.16) 中的函数 $H(u,\vartheta)$, 最后再根据式 (6.2.17) 来求解置信下限. 指数分布场合, 在不等定时截尾有失效数据下, 此处选择式 (6.2.1) 中参数 θ 的极大似然估计 $\hat\theta$ 作为统计量 $\varphi(X)$.

首先根据式 (6.2.16) 推导 $H(u,\theta)$. 根据式 (6.2.1) 中的 $\hat\theta$, 及失效数 $r\geqslant 1$ 的

要求, 可知 $H(u, \theta)$ 为

$$H(u, \theta) = P\left(\sum_{i=1}^{n} t_i \geqslant ru \middle| r \geqslant 1\right) \tag{6.2.18}$$

根据条件概率的定义及全概率公式, 可将式 (6.2.18) 分解为

$$H(u, \theta) = \frac{\displaystyle\sum_{r=1}^{n} \sum_{\left\{\boldsymbol{\delta}, \sum_{i=1}^{n} \delta_i = r\right\}} P\left(\sum_{i=1}^{n} t_i \geqslant ru \middle| \boldsymbol{\delta}\right) P(\boldsymbol{\delta})}{P(r \geqslant 1)} \tag{6.2.19}$$

其中符号 $\sum_{\left\{\boldsymbol{\delta}, \sum_{i=1}^{n} \delta_i = r\right\}}$ 见式 (6.2.2). 其次需分别确定 $P(\boldsymbol{\delta})$ 和 $P\left(\sum_{i=1}^{n} t_i \geqslant ru \middle| \boldsymbol{\delta}\right)$.

当 $\delta_i = 0$ 时, 意味着此时样本数据 t_i 为截尾时间, 则有

$$P(\delta_i = 0) = P(T_i > \tau_i) = \exp\left(-\frac{\tau_i}{\theta}\right)$$

记 $P(\delta_i = 0) = p_i$, 反之 $P(\delta_i = 1) = 1 - p_i$. 于是可确定 $P(\boldsymbol{\delta})$ 为

$$P(\boldsymbol{\delta}) = \prod_{i=1}^{n} (1 - p_i)^{\delta_i} (p_i)^{1 - \delta_i} \tag{6.2.20}$$

关于 $P\left(\sum_{i=1}^{n} t_i \geqslant ru \middle| \boldsymbol{\delta}\right)$, 考虑到试验时间总和为截尾时间与失效时间之和, 故可将试验时间之和 $\sum_{i=1}^{n} t_i$ 改写为

$$\sum_{i=1}^{n} t_i = \sum_{i=1}^{n} \tau_i (1 - \delta_i) + \sum_{i=1}^{n} T_i \delta_i$$

其中 $\sum_{i=1}^{n} \tau_i (1 - \delta_i)$ 为截尾时间之和, $\sum_{i=1}^{n} T_i \delta_i$ 则为失效时间之和. 根据指数分布和伽马分布的关系, 可知若 $T_i \sim \exp(\theta)$, 则 $\sum_{i=1}^{r} T_i$ 服从式 (6.2.3) 中的伽马分布 $\Gamma(y; r, \theta)$, 其中分布参数为 r 和 θ. 由于此时 $\boldsymbol{\delta}$ 已知, 可得

$$\sum_{i=1}^{n} T_i \delta_i \sim \Gamma(y; r, \theta)$$

继而可确定 $P\left(\sum_{i=1}^{n} t_i \geqslant ru \middle| \boldsymbol{\delta}\right)$ 为

$$P\left(\sum_{i=1}^{n} t_i \geqslant ru \middle| \boldsymbol{\delta}\right) = 1 - G\left(\frac{ru - \sum_{i=1}^{n} \tau_i (1 - \delta_i)}{\theta}; r\right) \tag{6.2.21}$$

其中 $G(x; r)$ 见式 (6.2.8).

　　进一步, 根据式 (6.2.6) 中的 $P(r \geqslant 1)$, 结合式 (6.2.19)—式 (6.2.21), 可得 $H(u, \theta)$ 为

$$H(u, \theta) = \frac{\sum_{r=1}^{n} \sum_{\left\{\boldsymbol{\delta}, \sum_{i=1}^{n} \delta_i = r\right\}} \left[1 - G\left(\dfrac{ru - \sum_{i=1}^{n} \tau_i(1 - \delta_i)}{\theta}; r\right)\right] \prod_{i=1}^{n} (1 - p_i)^{\delta_i} (p_i)^{1-\delta_i}}{1 - \exp\left(-\dfrac{\sum_{i=1}^{n} \tau_i}{\theta}\right)}$$

(6.2.22)

　　下面研究函数 $H(u, \theta)$ 的数学性质.

　　(1) 函数 $H(u, \theta)$ 的单调性.

　　根据式 (6.2.1) 及式 (1.2.1), 可将式 (6.2.18) 改写为

$$H(u, \theta) = P\left(\frac{\sum_{i=1}^{n} \min(T_i, \tau_i)}{\sum_{i=1}^{n} I(T_i \leqslant \tau_i)} \geqslant u \,\middle|\, r \geqslant 1\right)$$

其中 $I(\cdot)$ 为示性函数. 随着分布参数 θ 的增加, 分子 $\sum_{i=1}^{n} \min(T_i, \tau_i)$ 随之增加, 但分母 $\sum_{i=1}^{n} I(T_i \leqslant \tau_i)$ 减小, 因此可认为 $H(u, \theta)$ 是关于 θ 的增函数. 事实上可得 $H(u, \theta)$ 是关于 θ 的严格单调增函数[4].

　　(2) 函数 $H(u, \theta)$ 的值域.

　　根据函数 $H(u, \theta)$ 的单调性, 确定函数 $H(u, \theta)$ 的值域就转化为求解当 $\theta \to 0^+$ 和 $\theta \to +\infty$ 时 $H(u, \theta)$ 的极限.

　　当 $\theta \to 0^+$ 时, 由于

$$\lim_{\theta \to 0^+} P\left(\sum_{i=1}^{n} t_i \geqslant ru \,\middle|\, \boldsymbol{\delta}\right) = \lim_{\theta \to 0^+} \left[1 - G\left(\frac{ru - \sum_{i=1}^{n} \tau_i(1 - \delta_i)}{\theta}; r\right)\right] = 0$$

且

$$\lim_{\theta \to 0^+} \left[1 - \exp\left(-\frac{\sum_{i=1}^{n} \tau_i}{\theta}\right)\right] = 1$$

故可得 $\lim_{\theta \to 0^+} H(u, \theta) = 0$. 当 $\theta \to +\infty$ 时, 由于

$$\lim_{\theta \to +\infty} P\left(\sum_{i=1}^n t_i \geqslant ru \,\middle|\, \boldsymbol{\delta}\right) = \lim_{\theta \to +\infty}\left[1 - G\left(\frac{ru - \sum_{i=1}^n \tau_i(1-\delta_i)}{\theta}; r\right)\right] = 1$$

则 $\lim_{\theta \to +\infty} H(u,\theta) = 1$. 于是在 θ 的定义域 $(0,+\infty)$ 内函数 $H(u,\theta)$ 的值域为 $[0,1]$.

在确定 $H(u,\theta)$ 后, 记 $\hat{\theta}_{\mathrm{obs}}$ 为根据具体样本确定的 $\hat{\theta}$ 的观测值, θ_L^s 为根据样本空间排序法构建的参数 θ 的置信下限. 根据式 (6.2.17), 且考虑到函数 $H(\hat{\theta}_{\mathrm{obs}},\theta)$ 是关于 θ 的单调增函数, 于是在置信水平 $(1-\alpha)$ 下, 置信下限 θ_L^s 满足方程

$$H(\hat{\theta}_{\mathrm{obs}}, \theta_L^s) = \alpha \tag{6.2.23}$$

其中 $H(\hat{\theta}_{\mathrm{obs}}, \theta_L^s)$ 见式 (6.2.22). 由于 $H(\hat{\theta}_{\mathrm{obs}},\theta)$ 是关于 θ 的严格单调增函数, 同样可以按照二分法求解式 (6.2.23) 给出 θ_L^s. 又因为函数 $H(\hat{\theta}_{\mathrm{obs}},\theta)$ 的值域为 $[0,1]$, 因此式 (6.2.23) 恒有解.

6.2.3 算例分析

数据管理分系统是卫星平台的重要分系统, 负责星务管理. 数据管理计算机作为数据管理分系统的核心, 其状态的正常与否决定了数据管理分系统能否有效实现自身功能. 由于数据管理计算机作为电子产品, 按照工程实践中的普遍认知, 可以认为其寿命服从指数分布. 针对某型卫星平台中的数据管理计算机[5], 共收集到 10 个在轨运行时间数据, 其中只有 1 台计算机失效. 样本数据的收集过程表明该样本属于不等定时截尾数据, 具体数据如图 6.8 所示. 本节以数据管理计算机为例, 说明指数分布场合的可靠性统计方法应用过程, 重点是估计平均寿命参数 θ.

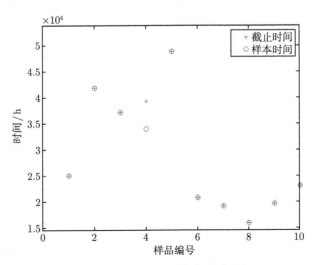

图 6.8 数据管理计算机的样本数据

利用图 6.8 中的具体数据, 根据式 (6.2.1), 可算得平均寿命参数 θ 的极大似然估计为 $\hat{\theta} = 286026.67$h (32.65 年). 下面依次说明在置信水平 0.9 下, 根据以分布函数为枢轴量和样本空间排序法两种方法构建 θ 的置信下限的过程.

1. 基于以分布函数为枢轴量方法的置信下限求解过程

按照基于以分布函数为枢轴量的方法, 首先需要确定式 (6.2.7) 中的极大似然估计 $\hat{\theta}$ 的分布函数 $F_{\hat{\theta}}(x; \theta)$. 特别地, 由于图 6.8 的样本中只有 1 个失效数据, 需要考察分布函数 $F_{\hat{\theta}}(\hat{\theta}; \theta)$ 的值域. 根据式 (6.2.15), 可求得分布函数 $F_{\hat{\theta}}(\hat{\theta}; \theta)$ 在 $\theta \to +\infty$ 时的极限为 0.8178, 因此可知分布函数 $F_{\hat{\theta}}(\hat{\theta}; \theta)$ 的值域为 $[0.8178, 1]$, 如图 6.9 所示. 因此, 采用以分布函数为枢轴量的方法构建置信水平 0.9 下的置信下限 θ_L^p 是有解的. 采用二分法求解式 (6.2.12) 可得 $\theta_L^p = 260062.5$h (29.69 年), 见图 6.9.

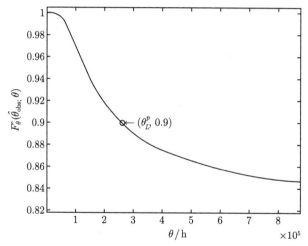

图 6.9　极大似然估计的分布函数的值域及平均寿命参数的置信下限

2. 基于样本空间排序法的置信下限求解过程

按照样本空间排序法的要求, 首先需要确定式 (6.2.22) 中的函数 $H(u, \theta)$. 特别地, 当 $u = \hat{\theta}$ 时, 函数 $H(\hat{\theta}, \theta)$ 的取值范围如图 6.10 所示, 可以清楚地发现 $H(\hat{\theta}, \theta)$ 是关于参数 θ 的单调增函数, 且值域为 $[0, 1]$. 因此, 采用二分法求解式 (6.2.23), 可基于样本空间排序法给出 θ 在置信水平 0.9 下的置信下限为 $\theta_L^s = 78703.13$h (8.98 年), 见图 6.10.

分别将平均寿命参数 θ 的极大似然估计及基于以分布函数为枢轴量方法求得的置信下限 θ_L^p 代入指数分布的可靠度函数, 给出数据管理计算机工作 1 到 8 年的可靠度点估计及置信下限, 见图 6.11.

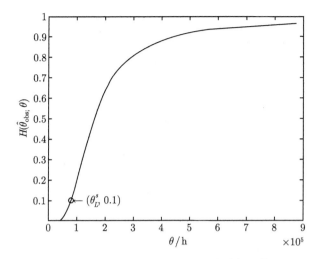

图 6.10 H 函数的值域及平均寿命参数的置信下限

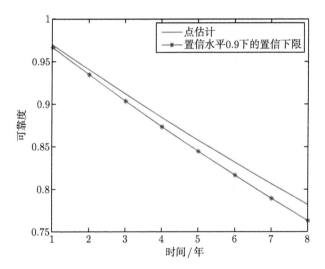

图 6.11 数据管理计算机工作 1 到 8 年的可靠度估计结果

参 考 文 献

[1] Jia X, Xi G, Nadarajah S. Correction factor for unbiased estimation of Weibull modulus by the linear least squares method[J]. Metallurgical and Materials Transactions A, 2019, 50(6): 2991-3001.

[2] Davies I J. Unbiased estimation of Weibull modulus using linear least squares analysis: A systematic approach [J]. Journal of the European Ceramic Society, 2017, 37(1): 369-

380.

[3] Jia X, Guo B. Exact inference for exponential distribution with multiply Type-I censored data [J]. Communications in Statistics-Simulation and Computation, 2017, 46(9): 7210-7220.

[4] 贾祥, 王小林, 郭波. 不等定时截尾试验指数分布情形下的可靠性评定 [J]. 系统工程与电子技术, 2016, 38(6): 1470-1475.

[5] 贾祥. 不等定时截尾数据下的卫星平台可靠性评估方法研究 [D]. 长沙: 国防科技大学, 2017.

第7章 改进韦布尔分布及其可靠性统计方法

本章介绍基于双参数韦布尔分布的改进韦布尔分布及其可靠性统计方法. 改进的韦布尔分布有很多类型[1], 本章以 q 型韦布尔分布和指数化韦布尔分布为例, 说明相关的可靠性统计方法.

7.1　q 型韦布尔分布及其可靠性统计方法

本节以 q 型韦布尔分布为对象, 介绍相关原创性的可靠性统计研究工作[2,3]. q 型韦布尔分布的特点是将双参数韦布尔分布与 q 函数

$$\exp_q(x) = \begin{cases} [1 + (1-q)x]^{\frac{1}{1-q}}, & 1 + (1-q)\,x > 0, \\ 0, & 1 + (1-q)\,x \leqslant 0 \end{cases}$$

结合起来. 当将 q 函数代入式 (1.1.6) 中的概率密度函数后可得

$$f(t) = (2-q)\lambda\beta t^{\beta-1}\exp_q\left(-\lambda t^\beta\right)$$

再经过化简, 可给出 q 型韦布尔分布的概率密度函数为

$$f(t; q, \beta, \lambda) = (2-q)\lambda\beta t^{\beta-1}\left[1 - (1-q)\lambda t^\beta\right]^{\frac{1}{1-q}} \tag{7.1.1}$$

其中 $q < 2$ 和 $\beta > 0$ 为形状参数, $\lambda > 0$ 为尺度参数, 寿命的取值范围为

$$t \in \begin{cases} [0, +\infty), & 1 < q < 2, \\ \left[0, [\lambda(1-q)]^{-\frac{1}{\beta}}\right], & q < 1 \end{cases}$$

当 $q = 1$ 时, 对于式 (7.1.1) 中的概率密度函数, 存在

$$\begin{aligned}
\lim_{q \to 1} f(t) &= \lim_{q \to 1}(2-q)\lambda\beta t^{\beta-1}\left[1 - (1-q)\lambda t^\beta\right]^{\frac{1}{1-q}} \\
&= \lambda\beta t^{\beta-1}\lim_{q \to 1}\left\{\left[1 - (1-q)\lambda t^\beta\right]^{\frac{-1}{(1-q)\lambda t^\beta}}\right\}^{-\lambda t^\beta} \\
&= \lambda\beta t^{\beta-1}\exp\left(-\lambda t^\beta\right)
\end{aligned}$$

即为式 (1.1.6) 中双参数韦布尔分布的概率密度函数. 由此可知, 双参数韦布尔分布是 q 型韦布尔分布的特殊形式. 进一步可知 q 型韦布尔分布的分布函数为

$$F(t; q, \beta, \lambda) = 1 - \left[1 - (1-q)\lambda t^\beta\right]^{\frac{2-q}{1-q}} \tag{7.1.2}$$

可靠度函数为

$$R(t; q, \beta, \lambda) = \left[1 - (1-q)\lambda t^\beta\right]^{\frac{2-q}{1-q}} \tag{7.1.3}$$

失效率函数为

$$H(t; q, \beta, \lambda) = \frac{(2-q)\lambda\beta t^{\beta-1}}{1 - (1-q)\lambda t^\beta} \tag{7.1.4}$$

当形状参数 q 和 β 取不同值时, q 型韦布尔分布的失效率会分别体现出单峰、单调增、单调减和 "浴盆曲线" 的形态, 如图 7.1 所示, 其中尺度参数 $\lambda = 1$. 由此可知, q 型韦布尔分布是双参数韦布尔分布的改进分布.

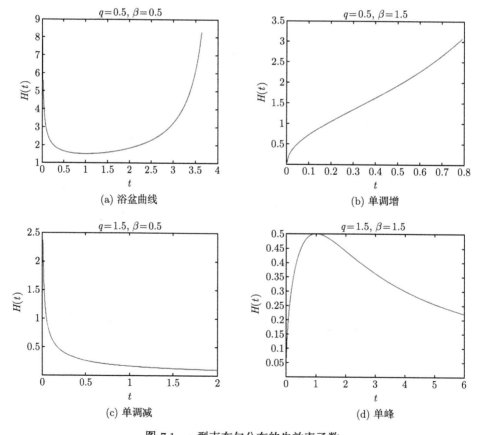

图 7.1　q 型韦布尔分布的失效率函数

在 q 型韦布尔分布场合, 对于 τ 时刻后的剩余寿命 L, 可得剩余寿命 L 的概率密度函数为

$$f_\tau(l;\tau) = \frac{(2-q)\lambda\beta(l+\tau)^{\beta-1}\left[1-(1-q)\lambda(l+\tau)^\beta\right]^{\frac{1}{1-q}}}{\left[1-(1-q)\lambda\tau^\beta\right]^{\frac{2-q}{1-q}}}$$

其中

$$l \in \begin{cases} [0,+\infty), & 1 < q < 2, \\ \left[0, [\lambda(1-q)]^{-\frac{1}{\beta}} - \tau\right], & q < 1 \end{cases}$$

当 $1 < q < 2$ 时, 可得剩余寿命 L 的期望, 即平均剩余寿命为

$$\begin{aligned}
E(L) &= \int_0^{+\infty} l f_\tau(l;\tau) dl \\
&= \int_0^{+\infty} l \cdot \frac{(2-q)\lambda\beta(l+\tau)^{\beta-1}\left[1-(1-q)\lambda(l+\tau)^\beta\right]^{\frac{1}{1-q}}}{\left[1-(1-q)\lambda\tau^\beta\right]^{\frac{2-q}{1-q}}} dl \\
&= \int_\tau^{+\infty} (b-\tau) \frac{(2-q)\lambda\beta b^{\beta-1}\left[1-(1-q)\lambda b^\beta\right]^{\frac{1}{1-q}}}{\left[1-(1-q)\lambda\tau^\beta\right]^{\frac{2-q}{1-q}}} db \\
&= \frac{2-q}{(q-1)^{1+\frac{1}{\beta}}\lambda^{\frac{1}{\beta}}\left[1+(q-1)\lambda\tau^\beta\right]^{\frac{2-q}{1-q}}} \int_{(q-1)\lambda\tau^\beta}^{+\infty} \frac{a^{\frac{1}{\beta}}}{(1+a)^{\frac{1}{q-1}}} da - \tau \\
&= \frac{(2-q)\,\mathrm{B}\left(\dfrac{1}{1+(q-1)\lambda\tau^\beta}; \dfrac{1}{q-1} - \dfrac{1}{\beta} - 1, \dfrac{1}{\beta} + 1\right)}{(q-1)^{1+\frac{1}{\beta}}\lambda^{\frac{1}{\beta}}\left[1+(q-1)\lambda\tau^\beta\right]^{\frac{2-q}{1-q}}} - \tau
\end{aligned}$$

其中

$$\begin{aligned}
\int_u^{+\infty} \frac{a^{x-1}}{(1+a)^{x+y}} da &= \int_0^{\frac{1}{1+u}} \left(\frac{1}{b}-1\right)^{x-1} b^{x+y-2} db \\
&= \int_0^{\frac{1}{1+u}} (1-b)^{x-1} b^{y-1} db \\
&= \mathrm{B}\left(\frac{1}{1+u}; y, x\right)
\end{aligned}$$

为式 (4.4.11) 中的不完全贝塔函数. 而当 $q < 1$ 时, 平均剩余寿命为

$$E(L) = \int_0^{[\lambda(1-q)]^{-\frac{1}{\beta}} - \tau} l f_\tau(l;\tau) dl$$

$$
= \int_0^{[\lambda(1-q)]^{-\frac{1}{\beta}}-\tau} l \cdot \frac{(2-q)\lambda\beta(l+\tau)^{\beta-1}\left[1-(1-q)\lambda(l+\tau)^\beta\right]^{\frac{1}{1-q}}}{\left[1-(1-q)\lambda\tau^\beta\right]^{\frac{2-q}{1-q}}} dl
$$

$$
= \int_\tau^{[\lambda(1-q)]^{-\frac{1}{\beta}}} (b-\tau)\frac{(2-q)\lambda\beta b^{\beta-1}\left[1-(1-q)\lambda b^\beta\right]^{\frac{1}{1-q}}}{\left[1-(1-q)\lambda\tau^\beta\right]^{\frac{2-q}{1-q}}} db
$$

$$
= \frac{2-q}{(1-q)^{1+\frac{1}{\beta}}\lambda^{\frac{1}{\beta}}\left[1-(1-q)\lambda\tau^\beta\right]^{\frac{2-q}{1-q}}} \int_{(1-q)\lambda\tau^\beta}^1 a^{\frac{1}{\beta}}(1-a)^{\frac{1}{1-q}} da - \tau
$$

$$
= \frac{(2-q)\left[B\left(\frac{1}{\beta}+1,\frac{2-q}{1-q}\right) - B\left((1-q)\lambda\tau^\beta;\frac{1}{\beta}+1,\frac{2-q}{1-q}\right)\right]}{(1-q)^{1+\frac{1}{\beta}}\lambda^{\frac{1}{\beta}}\left[1-(1-q)\lambda\tau^\beta\right]^{\frac{2-q}{1-q}}} - \tau
$$

其中 $B(\cdot,\cdot)$ 为式 (4.1.7) 中的贝塔函数, $B(\cdot;\cdot,\cdot)$ 为式 (4.4.11) 中的不完全贝塔函数. 总结可得, 平均剩余寿命为

$$
E(L) = \begin{cases}
\dfrac{(2-q)B\left(\dfrac{1}{1+(q-1)\lambda\tau^\beta};\dfrac{1}{q-1}-\dfrac{1}{\beta}-1,\dfrac{1}{\beta}+1\right)}{(q-1)^{1+\frac{1}{\beta}}\lambda^{\frac{1}{\beta}}\left[1+(q-1)\lambda\tau^\beta\right]^{\frac{2-q}{1-q}}} - \tau, & 1<q<2, \\[4mm]
\dfrac{(2-q)\left[B\left(\dfrac{1}{\beta}+1,\dfrac{2-q}{1-q}\right) - B\left((1-q)\lambda\tau^\beta;\dfrac{1}{\beta}+1,\dfrac{2-q}{1-q}\right)\right]}{(1-q)^{1+\frac{1}{\beta}}\lambda^{\frac{1}{\beta}}\left[1-(1-q)\lambda\tau^\beta\right]^{\frac{2-q}{1-q}}} - \tau, & q<1
\end{cases}
\tag{7.1.5}
$$

利用 L 的概率密度函数, 可给出 L 的分位点, 从而可建立 τ 时刻处剩余寿命 L 在置信水平 $(1-\alpha)$ 下的置信区间为

$$
\left[\left\{\frac{1-\left(1-\frac{\alpha}{2}\right)^{\frac{1-\hat{q}}{2-\hat{q}}}\left[1-(1-\hat{q})\hat{\lambda}h^{\hat{\beta}}\right]}{(1-\hat{q})\hat{\lambda}}\right\}^{\frac{1}{\hat{\beta}}} - h, \right.
$$

$$
\left.\left\{\frac{1-\left(\frac{\alpha}{2}\right)^{\frac{1-\hat{q}}{2-\hat{q}}}\left[1-(1-\hat{q})\hat{\lambda}h^{\hat{\beta}}\right]}{(1-\hat{q})\hat{\lambda}}\right\}^{\frac{1}{\hat{\beta}}} - h\right]
\tag{7.1.6}
$$

下面分别讨论 q 型韦布尔分布场合基于极大似然法和分布曲线拟合的可靠性统计方法.

7.1.1 基于极大似然法的可靠性统计

本节探讨 q 型韦布尔分布场合基于极大似然法的可靠性统计方法.

1. 可靠性指标的点估计

基于寿命试验样本 (t_i, δ_i), 其中 $i = 1, \cdots, n$, 在 q 型韦布尔分布场合, 可得似然函数为

$$L(q, \beta, \lambda) = \prod_{i=1}^{n} [f(t_i; q, \beta, \lambda)]^{\delta_i} [R(t_i; q, \beta, \lambda)]^{(1-\delta_i)}$$

代入式 (7.1.1) 中的 $f(t; q, \beta, \lambda)$ 和式 (7.1.3) 中的 $R(t; q, \beta, \lambda)$, 进一步可得对数似然函数为

$$\ln L(q, \beta, \lambda) = \sum_{i=1}^{n} \delta_i \ln f(t; q, \beta, \lambda) + (1 - \delta_i) \ln R(t; q, \beta, \lambda)$$

$$= [\ln(2 - q) + \ln \lambda + \ln \beta] \sum_{i=1}^{n} \delta_i + (\beta - 1) \sum_{i=1}^{n} \delta_i \ln t_i$$

$$- \sum_{i=1}^{n} \delta_i \ln \left[1 - (1 - q)\lambda t_i^{\beta} \right] + \frac{2 - q}{1 - q} \sum_{i=1}^{n} \ln \left[1 - (1 - q)\lambda t_i^{\beta} \right] \quad (7.1.7)$$

进一步求解 $\ln L(q, \beta, \lambda)$ 关于分布参数 q, β 和 λ 的偏导, 可得

$$\frac{\partial \ln L}{\partial q} = \frac{1}{q - 2} \sum_{i=1}^{n} \delta_i - \sum_{i=1}^{n} \frac{\delta_i \lambda t_i^{\beta}}{1 - (1 - q)\lambda t_i^{\beta}} + \frac{2 - q}{1 - q} \sum_{i=1}^{n} \frac{\lambda t_i^{\beta}}{1 - (1 - q)\lambda t_i^{\beta}}$$

$$+ \frac{1}{(1 - q)^2} \sum_{i=1}^{n} \ln \left[1 - (1 - q)\lambda t_i^{\beta} \right]$$

$$\frac{\partial \ln L}{\partial \beta} = \frac{1}{\beta} \sum_{i=1}^{n} \delta_i + \sum_{i=1}^{n} \delta_i \ln t_i + \sum_{i=1}^{n} \frac{\delta_i (1 - q)\lambda t_i^{\beta} \ln t_i}{1 - (1 - q)\lambda t_i^{\beta}} - \sum_{i=1}^{n} \frac{(2 - q)\lambda t_i^{\beta} \ln t_i}{1 - (1 - q)\lambda t_i^{\beta}}$$

$$\frac{\partial \ln L}{\partial \lambda} = \frac{1}{\lambda} \sum_{i=1}^{n} \delta_i + \sum_{i=1}^{n} \frac{\delta_i (1 - q) t_i^{\beta}}{1 - (1 - q)\lambda t_i^{\beta}} - \sum_{i=1}^{n} \frac{(2 - q) t_i^{\beta}}{1 - (1 - q)\lambda t_i^{\beta}}$$

显然若令 $\ln L(q, \beta, \lambda)$ 关于分布参数 q, β 和 λ 的偏导为 0, 则得到的是关于 q, β 和 λ 的非线性方程, 难以求得 q, β 和 λ 的极大似然估计. 为此, 根据极大似然法的基本原理, 构建优化模型

$$\max \quad \ln L(q, \beta, \lambda)$$
$$\text{s.t.} \quad q < 2, \lambda > 0, \beta > 0$$

以令式 (7.1.7) 中的对数似然函数 $\ln L(q, \beta, \lambda)$ 最大, 从而求解 q, β 和 λ 的极大似然估计. 显然, 这是一个有约束的优化模型, 为了简化优化模型的计算, 引入新的变量

$$q = 2 - \exp(w_1), \quad \beta = \exp(w_2), \quad \lambda = \exp(w_3)$$

其中 $w_i \in \mathbf{R}$, $i = 1, 2, 3$, 从而将有约束优化模型转为无约束优化模型

$$\max \quad \ln L(w_1, w_2, w_3) \tag{7.1.8}$$

从中求得变量 w_i 后 (其中 $i = 1, 2, 3$), 可转化为分布参数 q, β 和 λ 的极大似然估计, 记为 $\hat{q}_m$, $\hat{\beta}_m$ 和 $\hat{\lambda}_m$.

在求得极大似然估计 $\hat{q}_m$, $\hat{\beta}_m$ 和 $\hat{\lambda}_m$ 后, 只需将 $\hat{q}_m$, $\hat{\beta}_m$ 和 $\hat{\lambda}_m$ 代入相应的可靠性指标函数中, 即可得到可靠性指标的点估计. 如可靠度的点估计为

$$\hat{R}_m(t) = \left[1 - (1 - \hat{q}_m)\hat{\lambda}_m t^{\hat{\beta}_m} \right]^{\frac{2 - \hat{q}_m}{1 - \hat{q}_m}} \tag{7.1.9}$$

τ 时刻处平均剩余寿命的点估计为

$$\hat{L}_m = \begin{cases} \dfrac{(2 - \hat{q}_m)\,\mathrm{B}\left(\dfrac{1}{1 + (\hat{q}_m - 1)\hat{\lambda}_m \tau^{\hat{\beta}_m}}; \dfrac{1}{\hat{q}_m - 1} - \dfrac{1}{\hat{\beta}_m} - 1, \dfrac{1}{\hat{\beta}_m} + 1\right)}{(\hat{q}_m - 1)^{1 + \frac{1}{\hat{\beta}_m}} \hat{\lambda}_m^{\frac{1}{\hat{\beta}_m}} \left[1 + (\hat{q}_m - 1)\hat{\lambda}_m \tau^{\hat{\beta}_m}\right]^{\frac{2 - \hat{q}_m}{1 - \hat{q}_m}}} - \tau, \\ \hspace{8cm} 1 < q < 2, \\[2mm] \dfrac{(2 - \hat{q}_m)}{(1 - \hat{q}_m)^{1 + \frac{1}{\hat{\beta}_m}} \hat{\lambda}_m^{\frac{1}{\hat{\beta}_m}} \left[1 - (1 - \hat{q}_m)\hat{\lambda}_m \tau^{\hat{\beta}_m}\right]^{\frac{2 - \hat{q}_m}{1 - \hat{q}_m}}}\,\mathrm{B}\left(\dfrac{1}{\hat{\beta}_m} + 1, \dfrac{2 - \hat{q}_m}{1 - \hat{q}_m}\right) \\[4mm] \quad -\dfrac{(2 - \hat{q}_m)\,\mathrm{B}\left((1 - \hat{q}_m)\hat{\lambda}_m \tau^{\hat{\beta}_m}; \dfrac{1}{\hat{\beta}_m} + 1, \dfrac{2 - \hat{q}_m}{1 - \hat{q}_m}\right)}{(1 - \hat{q}_m)^{1 + \frac{1}{\hat{\beta}_m}} \hat{\lambda}_m^{\frac{1}{\hat{\beta}_m}} \left[1 - (1 - \hat{q}_m)\hat{\lambda}_m \tau^{\hat{\beta}_m}\right]^{\frac{2 - \hat{q}_m}{1 - \hat{q}_m}}} - \tau, \qquad q < 1 \end{cases}$$

$$\tag{7.1.10}$$

2. 可靠性指标的置信区间

在求得极大似然估计 $\hat{q}_m$, $\hat{\beta}_m$ 和 $\hat{\lambda}_m$ 后, 可利用极大似然估计的渐近正态性, 建立可靠性指标的置信区间, 关键是求得极大似然估计的信息矩阵. 根据信息矩阵的定义, 可得

$$I = E \begin{bmatrix} -\dfrac{\partial^2 \ln L}{\partial q^2} & -\dfrac{\partial^2 \ln L}{\partial q \partial \beta} & -\dfrac{\partial^2 \ln L}{\partial q \partial \lambda} \\[4mm] -\dfrac{\partial^2 \ln L}{\partial \beta \partial q} & -\dfrac{\partial^2 \ln L}{\partial \beta^2} & -\dfrac{\partial^2 \ln L}{\partial \beta \partial \lambda} \\[4mm] -\dfrac{\partial^2 \ln L}{\partial \lambda \partial q} & -\dfrac{\partial^2 \ln L}{\partial \lambda \partial \beta} & -\dfrac{\partial^2 \ln L}{\partial \lambda^2} \end{bmatrix}$$

其中 $\ln L$ 是式 (7.1.7) 中的对数似然函数. 为了求得信息矩阵 I, 可利用 Louis 算法, 分别求解完全信息矩阵和缺失信息矩阵, 二者之差即为观测信息矩阵.

对于完全信息矩阵, 根据其定义, 可知

$$I_c = nE \begin{bmatrix} -\dfrac{\partial^2 \ln f(t)}{\partial q^2} & -\dfrac{\partial^2 \ln f(t)}{\partial q \partial \beta} & -\dfrac{\partial^2 \ln f(t)}{\partial q \partial \lambda} \\[4mm] -\dfrac{\partial^2 \ln f(t)}{\partial \beta \partial q} & -\dfrac{\partial^2 \ln f(t)}{\partial \beta^2} & -\dfrac{\partial^2 \ln f(t)}{\partial \beta \partial \lambda} \\[4mm] -\dfrac{\partial^2 \ln f(t)}{\partial \lambda \partial q} & -\dfrac{\partial^2 \ln f(t)}{\partial \lambda \partial \beta} & -\dfrac{\partial^2 \ln f(t)}{\partial \lambda^2} \end{bmatrix}$$

其中 $f(t)$ 是式 (7.1.1) 中 q 型韦布尔分布的概率密度函数. 由于

$$\frac{\partial^2 \ln f(t)}{\partial q^2} = \frac{2\lambda t^\beta}{(1-q)^2 \left[1-(1-q)\lambda t^\beta\right]} - \frac{\lambda^2 t^{2\beta}}{(1-q)\left[1-(1-q)\lambda t^\beta\right]^2}$$

$$+ \frac{2\ln\left[1-(1-q)\lambda t^\beta\right]}{(1-q)^3} - \frac{1}{(q-2)^2}$$

$$\frac{\partial^2 \ln f(t)}{\partial q \partial \beta} = \frac{\lambda^2 t^{2\beta} \ln t}{\left[1-(1-q)\lambda t^\beta\right]^2}$$

$$\frac{\partial^2 \ln f(t)}{\partial q \partial \lambda} = \frac{\lambda t^{2\beta}}{\left[1-(1-q)\lambda t^\beta\right]^2}$$

$$\frac{\partial^2 \ln f(t)}{\partial \beta^2} = -\frac{1}{\beta^2} - \frac{\lambda t^\beta \ln^2 t}{\left[1-(1-q)\lambda t^\beta\right]^2}$$

$$\frac{\partial^2 \ln f(t)}{\partial \beta \partial \lambda} = -\frac{t^\beta \ln t}{\left[1-(1-q)\lambda t^\beta\right]^2}$$

$$\frac{\partial^2 \ln f(t)}{\partial \lambda^2} = -\frac{1}{\lambda^2} - \frac{(1-q)t^{2\beta}}{\left[1-(1-q)\lambda t^\beta\right]^2}$$

并且

$$E\left(\frac{t^{2\beta}}{\left[1-(1-q)\lambda t^\beta\right]^2}\right) = \int_t \frac{t^{2\beta}}{\left[1-(1-q)\lambda t^\beta\right]^2} f(t)dt$$

$$= \begin{cases} \dfrac{2-q}{(q-1)^3\lambda^2} \mathrm{B}\left(3, \dfrac{2-q}{q-1}\right), & 1 < q < 2, \\[4mm] \dfrac{2-q}{(1-q)^3\lambda^2} \mathrm{B}\left(3, \dfrac{q}{1-q}\right), & 0 < q < 1 \end{cases}$$

$$E\left(\frac{t^\beta}{1-(1-q)\lambda t^\beta}\right) = \int_t \frac{t^\beta}{1-(1-q)\lambda t^\beta} f(t)dt$$

$$= \begin{cases} \dfrac{2-q}{(q-1)^2\lambda} \mathrm{B}\left(2, \dfrac{2-q}{q-1}\right), & 1 < q < 2, \\[4mm] \dfrac{2-q}{(1-q)^2\lambda} \mathrm{B}\left(2, \dfrac{1}{1-q}\right), & q < 1 \end{cases}$$

$$E\left(\frac{t^\beta \ln t}{\left[1-(1-q)\lambda t^\beta\right]^2}\right) = \int_t \frac{t^\beta \ln t}{\left[1-(1-q)\lambda t^\beta\right]^2} f(t)dt$$

$$= \frac{2-q}{(q-1)^2\lambda\beta} \begin{cases} \mathrm{B}\left(2, \dfrac{1}{q-1}\right)\left[\varphi^{(1)}(2) - \varphi^{(1)}\left(\dfrac{1}{q-1}\right)\right] \\[3mm] \quad -\mathrm{B}\left(2, \dfrac{1}{q-1}\right)\ln\left[\lambda(q-1)\right], & 1 < q < 2, \\[4mm] \mathrm{B}\left(2, \dfrac{q}{1-q}\right)\left[\varphi^{(1)}(2) - \varphi^{(1)}\left(\dfrac{2-q}{1-q}\right)\right] \\[3mm] \quad -\mathrm{B}\left(2, \dfrac{q}{1-q}\right)\ln\left[\lambda(1-q)\right], & 0 < q < 1 \end{cases}$$

$$E\left(\frac{t^{2\beta} \ln t}{\left[1-(1-q)\lambda t^\beta\right]^2}\right) = \int_t \frac{t^{2\beta} \ln t}{\left[1-(1-q)\lambda t^\beta\right]^2} f(t)dt$$

$$
= \frac{2-q}{\lambda^2\beta} \begin{cases} \dfrac{1}{(q-1)^3}B\left(3,\dfrac{2-q}{q-1}\right)\left[\varphi^{(1)}(3)-\varphi^{(1)}\left(\dfrac{2-q}{q-1}\right)\right] \\[4mm] \qquad -\dfrac{1}{(q-1)^3}B\left(3,\dfrac{2-q}{q-1}\right)\ln\left[\lambda(q-1)\right], \quad 1<q<2, \\[4mm] \dfrac{1}{(1-q)^3}B\left(3,\dfrac{q}{1-q}\right)\left[\varphi^{(1)}(3)-\varphi^{(1)}\left(\dfrac{3-2q}{1-q}\right)\right] \\[4mm] \qquad -\dfrac{1}{(1-q)^3}B\left(3,\dfrac{q}{1-q}\right)\ln\left[\lambda(1-q)\right], 0<q<1 \end{cases}
$$

$$
E\left(\frac{t^\beta\ln^2 t}{[1-(1-q)\lambda t^\beta]^2}\right)=\int_t \frac{t^\beta\ln^2 t}{[1-(1-q)\lambda t^\beta]^2}f(t)dt
$$

$$
= \frac{(2-q)}{(q-1)^2\lambda\beta^2} \begin{cases} B\left(2,\dfrac{1}{q-1}\right)\left\{\varphi^{(1)}(2)-\varphi^{(1)}\left(\dfrac{1}{q-1}\right)-\ln\left[\lambda(q-1)\right]\right\}^2 \\[4mm] \qquad +B\left(2,\dfrac{1}{q-1}\right)\left[\varphi^{(2)}(2)+\varphi^{(2)}\left(\dfrac{1}{q-1}\right)\right], \quad 1<q<2, \\[4mm] B\left(2,\dfrac{q}{1-q}\right)\left\{\varphi^{(1)}(2)-\varphi^{(1)}\left(\dfrac{2-q}{1-q}\right)-\ln[\lambda(1-q)]\right\}^2 \\[4mm] \qquad +B\left(2,\dfrac{q}{1-q}\right)\left[\varphi^{(2)}(2)-\varphi^{(2)}\left(\dfrac{2-q}{1-q}\right)\right], \quad 0<q<1 \end{cases}
$$

$$
E\left(\ln\left[1-(1-q)\lambda t^\beta\right]\right)=\int_0^{+\infty}\ln\left[1-(1-q)\lambda t^\beta\right]f(t)dt
$$

$$
= \frac{q-1}{2-q}
$$

其中 $B(\cdot,\cdot)$ 为式 (4.1.7) 中的贝塔函数, $\varphi^{(k)}(x)$ 见式 (2.2.9), 可得完全信息矩阵的解析式[2] 为

$$
I_c = n \begin{bmatrix} I_c^{11} & I_c^{12} & I_c^{13} \\ I_c^{21} & I_c^{22} & I_c^{23} \\ I_c^{31} & I_c^{32} & I_c^{33} \end{bmatrix} \tag{7.1.11}
$$

其中

$$
I_c^{11} = \frac{1}{(q-2)^2} + \frac{2}{(q-1)^2(2-q)} - \frac{2-q}{(q-1)^4}
$$

$$
\times \begin{cases}
2\mathrm{B}\left(2, \dfrac{2-q}{q-1}\right) + \mathrm{B}\left(3, \dfrac{2-q}{q-1}\right), & 1 < q < 2, \\[3mm]
2\mathrm{B}\left(2, \dfrac{1}{1-q}\right) - \mathrm{B}\left(3, \dfrac{q}{1-q}\right), & 0 < q < 1
\end{cases}
$$

$$
I_c^{12} = I_c^{21}
$$

$$
= \begin{cases}
\dfrac{2-q}{(q-1)^3\beta}\mathrm{B}\left(3, \dfrac{2-q}{q-1}\right)\left[\ln\left[\lambda(q-1)\right] - \varphi^{(1)}(3) + \varphi^{(1)}\left(\dfrac{2-q}{q-1}\right)\right], & 1 < q < 2, \\[4mm]
\dfrac{2-q}{(1-q)^3\beta}\mathrm{B}\left(3, \dfrac{q}{1-q}\right)\left[\ln\left[\lambda(1-q)\right] - \varphi^{(1)}(3) + \varphi^{(1)}\left(\dfrac{3-2q}{1-q}\right)\right], & 0 < q < 1
\end{cases}
$$

$$
I_c^{13} = I_c^{31} = \begin{cases}
\dfrac{q-2}{(q-1)^3\lambda}\mathrm{B}\left(3, \dfrac{2-q}{q-1}\right), & 1 < q < 2, \\[4mm]
\dfrac{q-2}{(1-q)^3\lambda}\mathrm{B}\left(3, \dfrac{q}{1-q}\right), & 0 < q < 1
\end{cases}
$$

$$
I_c^{22} = \dfrac{1}{\beta^2} + \dfrac{(2-q)}{(q-1)^2\beta^2}\begin{cases}
\mathrm{B}\left(2, \dfrac{1}{q-1}\right)\left\{\left[\varphi^{(1)}(2) - \varphi^{(1)}\left(\dfrac{1}{q-1}\right) - \ln\left[\lambda(q-1)\right]\right]^2 \right. \\[4mm]
\left. + \varphi^{(2)}(2) + \varphi^{(2)}\left(\dfrac{1}{q-1}\right)\right\}, \quad 1 < q < 2, \\[5mm]
\mathrm{B}\left(2, \dfrac{q}{1-q}\right)\left\{\left[\varphi^{(1)}(2) - \varphi^{(1)}\left(\dfrac{2-q}{1-q}\right) - \ln\left[\lambda(1-q)\right]\right]^2 \right. \\[4mm]
\left. + \varphi^{(2)}(2) - \varphi^{(2)}\left(\dfrac{2-q}{1-q}\right)\right\}, \quad 0 < q < 1
\end{cases}
$$

$$
I_c^{23} = I_c^{32} = \dfrac{2-q}{(q-1)^2\lambda\beta}
$$

$$
\times \begin{cases}
\mathrm{B}\left(2, \dfrac{1}{q-1}\right)\left\{\varphi^{(1)}(2) - \varphi^{(1)}\left(\dfrac{1}{q-1}\right) - \ln\left[\lambda(q-1)\right]\right\}, & 1 < q < 2, \\[4mm]
\mathrm{B}\left(2, \dfrac{q}{1-q}\right)\left\{\varphi^{(1)}(2) - \varphi^{(1)}\left(\dfrac{2-q}{1-q}\right) - \ln\left[\lambda(1-q)\right]\right\}, & 0 < q < 1
\end{cases}
$$

$$
I_c^{33} = \dfrac{1}{\lambda^2} + \begin{cases}
\dfrac{q-2}{(1-q)^2\lambda^2}\mathrm{B}\left(3, \dfrac{2-q}{q-1}\right), & 1 < q < 2, \\[4mm]
\dfrac{2-q}{(1-q)^2\lambda^2}\mathrm{B}\left(3, \dfrac{q}{1-q}\right), & 0 < q < 1
\end{cases}
$$

对于缺失信息矩阵, 定义 v_i 为 $\delta_i = 0$ 时的截尾数据 t_i 处缺失的失效数据, 则 v_i 的概率密度函数为

$$f_m(v_i; t_i) = \frac{(2-q)\lambda\beta v_i^{\beta-1}\left[1-(1-q)\lambda v_i^\beta\right]^{\frac{1}{1-q}}}{\left[1-(1-q)\lambda t_i^\beta\right]^{\frac{2-q}{1-q}}}$$

其中 $v_i > t_i$, $i = 1, \cdots, n$, 根据信息矩阵的定义, 可知缺失信息矩阵为

$$I_m = \sum_{i=1}^n (1-\delta_i)E\begin{bmatrix} -\dfrac{\partial^2 \ln f_m(v_i; t_i)}{\partial q^2} & -\dfrac{\partial^2 \ln f_m(v_i; t_i)}{\partial q\partial\beta} & -\dfrac{\partial^2 \ln f_m(v_i; t_i)}{\partial q\partial\lambda} \\[3mm] -\dfrac{\partial^2 \ln f_m(v_i; t_i)}{\partial\beta\partial q} & -\dfrac{\partial^2 \ln f_m(v_i; t_i)}{\partial\beta^2} & -\dfrac{\partial^2 \ln f_m(v_i; t_i)}{\partial\beta\partial\lambda} \\[3mm] -\dfrac{\partial^2 \ln f_m(v_i; t_i)}{\partial\lambda\partial q} & -\dfrac{\partial^2 \ln f_m(v_i; t_i)}{\partial\lambda\partial\beta} & -\dfrac{\partial^2 \ln f_m(v_i; t_i)}{\partial\lambda^2} \end{bmatrix}$$

其中

$$\frac{\partial^2 \ln f_m(v_i; t_i)}{\partial q^2} = \frac{2\lambda v_i^\beta}{(1-q)^2\left[1-(1-q)\lambda v_i^\beta\right]} - \frac{\lambda^2 v_i^{2\beta}}{(1-q)\left[1-(1-q)\lambda v_i^\beta\right]^2}$$

$$- \frac{1}{(q-2)^2} + \frac{2\ln\left[1-(1-q)\lambda v_i^\beta\right]}{(1-q)^3} - \frac{2\ln\left[1-(1-q)\lambda t_i^\beta\right]}{(1-q)^3}$$

$$+ \frac{(2-q)\lambda^2 t_i^{2\beta}}{(1-q)\left[1-(1-q)\lambda t_i^\beta\right]^2} - \frac{2\lambda t_i^\beta}{(1-q)^2\left[1-(1-q)\lambda t_i^\beta\right]}$$

$$\frac{\partial^2 \ln f_m(v_i; t_i)}{\partial q\partial\beta} = \frac{\lambda^2 v_i^{2\beta}\ln v_i}{\left[1-(1-q)\lambda v_i^\beta\right]^2} - \frac{\lambda^2 t_i^{2\beta}\ln t_i + \lambda t_i^\beta \ln t_i}{\left[1-(1-q)\lambda t_i^\beta\right]^2}$$

$$\frac{\partial^2 \ln f_m(v_i; t_i)}{\partial q\partial\lambda} = \frac{\lambda v_i^{2\beta}}{\left[1-(1-q)\lambda v_i^\beta\right]^2} - \frac{\lambda t_i^{2\beta} + t_i^\beta}{\left[1-(1-q)\lambda t_i^\beta\right]^2}$$

$$\frac{\partial^2 \ln f_m(v_i; t_i)}{\partial\beta^2} = \frac{(2-q)\lambda t_i^\beta \ln^2 t_i}{\left[1-(1-q)\lambda t_i^\beta\right]^2} - \frac{1}{\beta^2} - \frac{\lambda v_i^\beta \ln^2 v_i}{\left[1-(1-q)\lambda v_i^\beta\right]^2}$$

$$\frac{\partial^2 \ln f_m(v_i; t_i)}{\partial\beta\partial\lambda} = \frac{(2-q)t_i^\beta \ln t_i}{\left[1-(1-q)\lambda t_i^\beta\right]^2} - \frac{v_i^\beta \ln v_i}{\left[1-(1-q)\lambda v_i^\beta\right]^2}$$

$$\frac{\partial^2 \ln f_m(v_i; t_i)}{\partial \lambda^2} = \frac{(2-q)(1-q)t_i^{2\beta}}{\left[1-(1-q)\lambda t_i^\beta\right]^2} - \frac{1}{\lambda^2} - \frac{(1-q)v_i^{2\beta}}{\left[1-(1-q)\lambda v_i^\beta\right]^2}$$

为了求解缺失信息矩阵, 将 $f_m(v_i; t_i)$ 一般化为

$$f_m(v; \tau) = \frac{(2-q)\lambda\beta v^{\beta-1}\left[1-(1-q)\lambda v^\beta\right]^{\frac{1}{1-q}}}{\left[1-(1-q)\lambda \tau^\beta\right]^{\frac{2-q}{1-q}}}$$

其中 $v > \tau$, 则

$$\frac{\partial^2 \ln f_m(v; \tau)}{\partial q^2} = \frac{2\lambda v^\beta}{(1-q)^2\left[1-(1-q)\lambda v^\beta\right]} - \frac{\lambda^2 v^{2\beta}}{(1-q)\left[1-(1-q)\lambda v^\beta\right]^2}$$
$$+ \frac{2\ln\left[1-(1-q)\lambda v^\beta\right]}{(1-q)^3} - \frac{2\lambda \tau^\beta}{(1-q)^2\left[1-(1-q)\lambda \tau^\beta\right]}$$
$$+ \frac{(2-q)\lambda^2 \tau^{2\beta}}{(1-q)\left[1-(1-q)\lambda \tau^\beta\right]^2} - \frac{2\ln\left[1-(1-q)\lambda \tau^\beta\right]}{(1-q)^3} - \frac{1}{(q-2)^2}$$

$$\frac{\partial^2 \ln f_m(v; \tau)}{\partial q \partial \beta} = \frac{\lambda^2 v^{2\beta}\ln v}{\left[1-(1-q)\lambda v^\beta\right]^2} - \frac{\lambda^2 \tau^{2\beta}\ln \tau + \lambda \tau^\beta\ln \tau}{\left[1-(1-q)\lambda \tau^\beta\right]^2}$$

$$\frac{\partial^2 \ln f_m(v; \tau)}{\partial q \partial \lambda} = \frac{\lambda v^{2\beta}}{\left[1-(1-q)\lambda v^\beta\right]^2} - \frac{\lambda \tau^{2\beta} + \tau^\beta}{\left[1-(1-q)\lambda \tau^\beta\right]^2}$$

$$\frac{\partial^2 \ln f_m(v; \tau)}{\partial \beta^2} = \frac{(2-q)\lambda \tau^\beta\ln^2 \tau}{\left[1-(1-q)\lambda \tau^\beta\right]^2} - \frac{1}{\beta^2} - \frac{\lambda v^\beta\ln^2 v}{\left[1-(1-q)\lambda v^\beta\right]^2}$$

$$\frac{\partial^2 \ln f_m(v; \tau)}{\partial \beta \partial \lambda} = \frac{(2-q)\tau^\beta\ln \tau}{\left[1-(1-q)\lambda \tau^\beta\right]^2} - \frac{v^\beta\ln v}{\left[1-(1-q)\lambda v^\beta\right]^2}$$

$$\frac{\partial^2 \ln f_m(v; \tau)}{\partial \lambda^2} = \frac{(2-q)(1-q)\tau^{2\beta}}{\left[1-(1-q)\lambda \tau^\beta\right]^2} - \frac{1}{\lambda^2} - \frac{(1-q)v^{2\beta}}{\left[1-(1-q)\lambda v^\beta\right]^2}$$

当 $0 < q < 1$ 时, 可得

$$E\left(\ln\left[1-(1-q)\lambda v^\beta\right]\right) = \int_\tau^{[\lambda(1-q)]^{-\frac{1}{\beta}}} \ln\left[1-(1-q)\lambda v^\beta\right] f_m(v; \tau)dv$$

$$= \frac{2-q}{(1-q)\left[1-(1-q)\lambda\tau^\beta\right]^{\frac{2-q}{1-q}}} \int_{(1-q)\lambda\tau^\beta}^1 (1-y)^{\frac{1}{1-q}} \ln(1-y)dy$$

$$= \frac{q-1}{2-q} + \ln\left[1-(1-q)\lambda\tau^\beta\right]$$

$$E\left(\frac{v^\beta}{1-(1-q)\lambda v^\beta}\right) = \int_\tau^{[\lambda(1-q)]^{-\frac{1}{\beta}}} \frac{v^\beta}{1-(1-q)\lambda v^\beta} f_m(v;\tau)dv$$

$$= \frac{2-q}{(1-q)^2\lambda\left[1-(1-q)\lambda\tau^\beta\right]^{\frac{2-q}{1-q}}} \int_{(1-q)\lambda\tau^\beta}^1 y(1-y)^{\frac{q}{1-q}}dy$$

$$= \frac{2-q}{(1-q)^2\lambda\left[1-(1-q)\lambda\tau^\beta\right]^{\frac{2-q}{1-q}}} \mathrm{B}\left(2, \frac{1}{1-q}\right)$$

$$- \frac{2-q}{(1-q)^2\lambda\left[1-(1-q)\lambda\tau^\beta\right]^{\frac{2-q}{1-q}}} \mathrm{B}\left((1-q)\lambda\tau^\beta; 2, \frac{1}{1-q}\right)$$

$$E\left(\frac{v^{2\beta}}{\left[1-(1-q)\lambda v^\beta\right]^2}\right) = \int_\tau^{[\lambda(1-q)]^{-\frac{1}{\beta}}} \frac{v^{2\beta}}{\left[1-(1-q)\lambda v^\beta\right]^2} f_m(v;\tau)dv$$

$$= \frac{2-q}{(1-q)^3\lambda^2\left[1-(1-q)\lambda\tau^\beta\right]^{\frac{2-q}{1-q}}} \int_{(1-q)\lambda\tau^\beta}^1 y^2(1-y)^{\frac{2q-1}{1-q}}dy$$

$$= \frac{2-q}{(1-q)^3\lambda^2\left[1-(1-q)\lambda\tau^\beta\right]^{\frac{2-q}{1-q}}} \mathrm{B}\left(3, \frac{q}{1-q}\right)$$

$$- \frac{2-q}{(1-q)^3\lambda^2\left[1-(1-q)\lambda\tau^\beta\right]^{\frac{2-q}{1-q}}} \mathrm{B}\left((1-q)\lambda\tau^\beta; 3, \frac{q}{1-q}\right)$$

$$E\left(\frac{v^{2\beta}\ln v}{\left[1-(1-q)\lambda v^\beta\right]^2}\right)$$

$$= \int_\tau^{[\lambda(1-q)]^{-\frac{1}{\beta}}} \frac{v^{2\beta}\ln v}{\left[1-(1-q)\lambda v^\beta\right]^2} f_m(v;\tau)dv$$

$$= \frac{(2-q)\displaystyle\int_{(1-q)\lambda\tau^\beta}^1 y^2(1-y)^{\frac{2q-1}{1-q}}\{\ln y - \ln\left[\lambda(1-q)\right]\}dy}{(1-q)^3\lambda^2\beta\left[1-(1-q)\lambda\tau^\beta\right]^{\frac{2-q}{1-q}}}$$

$$= \frac{(2-q)\displaystyle\int_0^1 y^2(1-y)^{\frac{2q-1}{1-q}}\{\ln y - \ln[\lambda(1-q)]\}dy}{(1-q)^3\lambda^2\beta\left[1-(1-q)\lambda\tau^\beta\right]^{\frac{2-q}{1-q}}}$$

$$-\frac{(2-q)\displaystyle\int_0^{(1-q)\lambda\tau^\beta} y^2(1-y)^{\frac{2q-1}{1-q}}\{\ln y - \ln[\lambda(1-q)]\}dy}{(1-q)^3\lambda^2\beta\left[1-(1-q)\lambda\tau^\beta\right]^{\frac{2-q}{1-q}}}$$

$$= \frac{(2-q)\mathrm{B}\left(3,\dfrac{q}{1-q}\right)\left\{\varphi^{(1)}(3)-\varphi^{(1)}\left(\dfrac{3-2q}{1-q}\right)-\ln[\lambda(1-q)]\right\}}{(1-q)^3\lambda^2\beta\left[1-(1-q)\lambda\tau^\beta\right]^{\frac{2-q}{1-q}}}$$

$$-\frac{(2-q)D_1\left((1-q)\lambda\tau^\beta;3,\dfrac{q}{1-q}\right)}{(1-q)^3\lambda^2\beta\left[1-(1-q)\lambda\tau^\beta\right]^{\frac{2-q}{1-q}}}$$

$$-\frac{(2-q)\mathrm{B}\left((1-q)\lambda\tau^\beta;3,\dfrac{q}{1-q}\right)\ln[\lambda(1-q)]}{(1-q)^3\lambda^2\beta\left[1-(1-q)\lambda\tau^\beta\right]^{\frac{2-q}{1-q}}}$$

$$E\left(\frac{v^\beta\ln^2 v}{\left[1-(1-q)\lambda v^\beta\right]^2}\right)=\int_\tau^{[\lambda(1-q)]^{-\frac{1}{\beta}}}\frac{v^\beta\ln^2 v}{\left[1-(1-q)\lambda v^\beta\right]^2}f_m(v;\tau)dv$$

$$= \frac{(2-q)\displaystyle\int_{(1-q)\lambda\tau^\beta}^1 y(1-y)^{\frac{2q-1}{1-q}}\{\ln y - \ln[\lambda(1-q)]\}^2 dy}{(1-q)^2\lambda\beta^2\left[1-(1-q)\lambda\tau^\beta\right]^{\frac{2-q}{1-q}}}$$

$$= \frac{(2-q)\displaystyle\int_0^1 y(1-y)^{\frac{2q-1}{1-q}}\{\ln y - \ln[\lambda(1-q)]\}^2 dy}{(1-q)^2\lambda\beta^2\left[1-(1-q)\lambda\tau^\beta\right]^{\frac{2-q}{1-q}}}$$

$$-\frac{(2-q)\displaystyle\int_0^{(1-q)\lambda\tau^\beta} y(1-y)^{\frac{2q-1}{1-q}}\{\ln y - \ln[\lambda(1-q)]\}^2 dy}{(1-q)^2\lambda\beta^2\left[1-(1-q)\lambda\tau^\beta\right]^{\frac{2-q}{1-q}}}$$

$$= \frac{(2-q)\mathrm{B}\left(2,\dfrac{q}{1-q}\right)\left\{\varphi^{(1)}(2)-\varphi^{(1)}\left(\dfrac{2-q}{1-q}\right)-\ln[\lambda(1-q)]\right\}^2}{(1-q)^2\lambda\beta^2\left[1-(1-q)\lambda\tau^\beta\right]^{\frac{2-q}{1-q}}}$$

$$+ \frac{(2-q)\mathrm{B}\left(2, \dfrac{q}{1-q}\right)}{(1-q)^2\lambda\beta^2\left[1-(1-q)\lambda\tau^\beta\right]^{\frac{2-q}{1-q}}}\left[\varphi^{(2)}(2) - \varphi^{(2)}\left(\frac{2-q}{1-q}\right)\right]$$

$$- \frac{(2-q)}{(1-q)^2\lambda\beta^2\left[1-(1-q)\lambda\tau^\beta\right]^{\frac{2-q}{1-q}}}D_3\left((1-q)\lambda\tau^\beta; 2, \frac{q}{1-q}\right)$$

$$- \frac{2(2-q)\ln[\lambda(1-q)]}{(1-q)^2\lambda\beta^2\left[1-(1-q)\lambda\tau^\beta\right]^{\frac{2-q}{1-q}}}D_1\left((1-q)\lambda\tau^\beta; 2, \frac{q}{1-q}\right)$$

$$+ \frac{(2-q)\ln^2[\lambda(1-q)]}{(1-q)^2\lambda\beta^2\left[1-(1-q)\lambda\tau^\beta\right]^{\frac{2-q}{1-q}}}\mathrm{B}\left((1-q)\lambda\tau^\beta; 2, \frac{q}{1-q}\right)$$

$$E\left(\frac{v^\beta\ln v}{\left[1-(1-q)\lambda v^\beta\right]^2}\right) = \int_\tau^{[\lambda(1-q)]^{-\frac{1}{\beta}}}\frac{v^\beta\ln v}{\left[1-(1-q)\lambda v^\beta\right]^2}f_m(v;\tau)dv$$

$$= \frac{(2-q)\displaystyle\int_{(1-q)\lambda\tau^\beta}^1 y(1-y)^{\frac{2q-1}{1-q}}\left\{\ln y - \ln[\lambda(1-q)]\right\}dy}{(1-q)^2\lambda\beta\left[1-(1-q)\lambda\tau^\beta\right]^{\frac{2-q}{1-q}}}$$

$$= \frac{(2-q)\displaystyle\int_0^1 y(1-y)^{\frac{2q-1}{1-q}}\left\{\ln y - \ln[\lambda(1-q)]\right\}dy}{(1-q)^2\lambda\beta\left[1-(1-q)\lambda\tau^\beta\right]^{\frac{2-q}{1-q}}}$$

$$- \frac{(2-q)\displaystyle\int_0^{(1-q)\lambda\tau^\beta} y(1-y)^{\frac{2q-1}{1-q}}\left\{\ln y - \ln[\lambda(1-q)]\right\}dy}{(1-q)^2\lambda\beta\left[1-(1-q)\lambda\tau^\beta\right]^{\frac{2-q}{1-q}}}$$

$$= \frac{(2-q)\mathrm{B}\left(2, \dfrac{q}{1-q}\right)}{(1-q)^2\lambda\beta\left[1-(1-q)\lambda\tau^\beta\right]^{\frac{2-q}{1-q}}}\left[\varphi^{(1)}(2) - \varphi^{(1)}\left(\frac{2-q}{1-q}\right)\right]$$

$$- \frac{2-q}{(1-q)^2\lambda\beta\left[1-(1-q)\lambda\tau^\beta\right]^{\frac{2-q}{1-q}}}\mathrm{B}\left(2, \frac{q}{1-q}\right)\ln\left[\lambda(1-q)\right]$$

$$- \frac{(2-q)}{(1-q)^2\lambda\beta\left[1-(1-q)\lambda\tau^\beta\right]^{\frac{2-q}{1-q}}}D_1\left((1-q)\lambda\tau^\beta; 2, \frac{q}{1-q}\right)$$

$$- \frac{(2-q)}{(1-q)^2\lambda\beta\left[1-(1-q)\lambda\tau^\beta\right]^{\frac{2-q}{1-q}}}\mathrm{B}\left((1-q)\lambda\tau^\beta; 2, \frac{q}{1-q}\right)\ln[\lambda(1-q)]$$

而当 $1 < q < 2$ 时, 可得

$$E\left(\ln\left[1 - (1-q)\lambda v^\beta\right]\right) = \int_\tau^{+\infty} \ln\left[1 - (1-q)\lambda v^\beta\right] f_m(v;\tau)dv$$

$$= \frac{2-q}{(q-1)\left[1-(1-q)\lambda\tau^\beta\right]^{\frac{2-q}{1-q}}} \int_{(q-1)\lambda\tau^\beta}^{+\infty} (1+y)^{\frac{1}{1-q}} \ln(1+y)dy$$

$$= \frac{q-1}{2-q} + \ln\left[1 + (q-1)\lambda\tau^\beta\right]$$

$$E\left(\frac{v^\beta}{1-(1-q)\lambda v^\beta}\right) = \int_\tau^{+\infty} \frac{v^\beta}{1-(1-q)\lambda v^\beta} f_m(v;\tau)dv$$

$$= \frac{2-q}{(q-1)^2\lambda\left[1-(1-q)\lambda\tau^\beta\right]^{\frac{2-q}{1-q}}} \int_{(q-1)\lambda\tau^\beta}^{+\infty} \frac{y}{(1+y)^{\frac{q}{q-1}}} dy$$

$$= \frac{2-q}{(q-1)^2\lambda\left[1-(1-q)\lambda\tau^\beta\right]^{\frac{2-q}{1-q}}} \mathrm{B}\left(\frac{1}{1+(q-1)\lambda\tau^\beta}; \frac{2-q}{1-q}, 2\right)$$

$$E\left(\frac{v^{2\beta}}{\left[1-(1-q)\lambda v^\beta\right]^2}\right) = \int_\tau^{+\infty} \frac{v^{2\beta}}{\left[1-(1-q)\lambda v^\beta\right]^2} f_m(v;\tau)dv$$

$$= \frac{2-q}{(q-1)^3\lambda^2\left[1-(1-q)\lambda\tau^\beta\right]^{\frac{2-q}{1-q}}} \int_{(q-1)\lambda\tau^\beta}^{+\infty} \frac{y^2}{(1+y)^{\frac{1-2q}{1-q}}} dy$$

$$= \frac{2-q}{(q-1)^3\lambda^2\left[1-(1-q)\lambda\tau^\beta\right]^{\frac{2-q}{1-q}}} \mathrm{B}\left(\frac{1}{1+(q-1)\lambda\tau^\beta}; \frac{2-q}{q-1}, 3\right)$$

$$E\left(\frac{v^{2\beta}\ln v}{\left[1-(1-q)\lambda v^\beta\right]^2}\right) = \int_\tau^{+\infty} \frac{v^{2\beta}\ln v}{\left[1-(1-q)\lambda v^\beta\right]^2} f_m(v;\tau)dv$$

$$= \frac{(2-q)\int_{(q-1)\lambda\tau^\beta}^{+\infty} \dfrac{y^2\left\{\ln y - \ln\left[\lambda(q-1)\right]\right\}}{(1+y)^{\frac{2q-1}{q-1}}} dy}{(q-1)^3\lambda^2\beta\left[1-(1-q)\lambda\tau^\beta\right]^{\frac{2-q}{1-q}}}$$

$$= \frac{(2-q)\left\{D_6\left((q-1)\lambda\tau^\beta; 3, \dfrac{2-q}{q-1}\right) - \ln\left[\lambda(q-1)\right]\right\}}{(q-1)^3\lambda^2\beta\left[1-(1-q)\lambda\tau^\beta\right]^{\frac{2-q}{1-q}}}$$

$$-\frac{(2-q)\mathrm{B}\left(\dfrac{1}{1+(q-1)\lambda\tau^\beta};\dfrac{2-q}{q-1},3\right)}{(q-1)^3\lambda^2\beta\left[1-(1-q)\lambda\tau^\beta\right]^{\frac{2-q}{1-q}}}$$

$$E\left(\frac{v^\beta\ln^2 v}{\left[1-(1-q)\lambda v^\beta\right]^2}\right)=\int_\tau^{+\infty}\frac{v^\beta\ln^2 v}{\left[1-(1-q)\lambda v^\beta\right]^2}f_m(v;\tau)dv$$

$$=\frac{(2-q)\displaystyle\int_{(q-1)\lambda\tau^\beta}^{+\infty}\dfrac{y\left\{\ln y-\ln[\lambda(q-1)]\right\}^2}{(1+y)^{\frac{2q-1}{q-1}}}dy}{(q-1)^2\lambda\beta^2\left[1-(1-q)\lambda\tau^\beta\right]^{\frac{2-q}{1-q}}}$$

$$=\frac{(2-q)D_7\left((q-1)\lambda\tau^\beta;2,\dfrac{1}{q-1}\right)}{(q-1)^2\lambda\beta^2\left[1-(1-q)\lambda\tau^\beta\right]^{\frac{2-q}{1-q}}}$$

$$-\frac{2\ln[\lambda(q-1)]D_6\left((q-1)\lambda\tau^\beta;2,\dfrac{1}{q-1}\right)}{(q-1)^2\lambda\beta^2\left[1-(1-q)\lambda\tau^\beta\right]^{\frac{2-q}{1-q}}}$$

$$+\frac{(2-q)\mathrm{B}\left(\dfrac{1}{1+(q-1)\lambda\tau^\beta};\dfrac{1}{q-1},2\right)\ln^2[\lambda(q-1)]}{(q-1)^2\lambda\beta^2\left[1-(1-q)\lambda\tau^\beta\right]^{\frac{2-q}{1-q}}}$$

$$E\left(\frac{v^\beta\ln v}{\left[1-(1-q)\lambda v^\beta\right]^2}\right)=\int_\tau^{+\infty}\frac{v^\beta\ln v}{\left[1-(1-q)\lambda v^\beta\right]^2}f_m(v;\tau)dv$$

$$=\frac{(2-q)\displaystyle\int_{(q-1)\lambda\tau^\beta}^{+\infty}\dfrac{y\left\{\ln y-\ln[\lambda(q-1)]\right\}}{(1+y)^{\frac{2q-1}{q-1}}}dy}{(q-1)^2\lambda\beta\left[1-(1-q)\lambda\tau^\beta\right]^{\frac{2-q}{1-q}}}$$

$$=\frac{(2-q)D_6\left((q-1)\lambda\tau^\beta;2,\dfrac{1}{q-1}\right)}{(q-1)^2\lambda\beta\left[1-(1-q)\lambda\tau^\beta\right]^{\frac{2-q}{1-q}}}$$

$$-\frac{(2-q)\mathrm{B}\left(\dfrac{1}{1+(q-1)\lambda\tau^\beta};\dfrac{1}{q-1},2\right)\ln[\lambda(q-1)]}{(q-1)^2\lambda\beta\left[1-(1-q)\lambda\tau^\beta\right]^{\frac{2-q}{1-q}}}$$

其中 $\mathrm{B}\left(\cdot;\cdot,\cdot\right)$ 为式 (4.4.11) 中的不完全贝塔函数, $\varphi^{(k)}(x)$ 见式 (2.2.9),

$$D_1(z; x, y) = \int_0^z b^{x-1} (1-b)^{y-1} \ln b \, db$$

$$= \frac{\partial}{\partial x} \mathrm{B}(z; x, y)$$

$$= \mathrm{B}(z; x, y) \ln z - z^x \Gamma^2(x) \Gamma^2(x+1)_3F_2\left(x, x, 1-y; x+1, x+1; z\right)$$

$$D_2(z; x, y) = \int_0^z b^{x-1} (1-b)^{y-1} \ln(1-b) db$$

$$= \frac{\partial}{\partial y} \mathrm{B}(z; x, y)$$

$$= (1-z)^y \Gamma^2(y) \Gamma^2(y+1)_3F_2\left(y, y, 1-x; y+1, y+1; 1-z\right)$$

$$- \mathrm{B}(1-z; y, x) \ln(1-z) + \left[\varphi^{(1)}(y) - \varphi^{(1)}(x+y)\right] \mathrm{B}(x, y)$$

$$D_3(z; x, y) = \int_0^z b^{x-1} (1-b)^{y-1} \ln^2 b \, db$$

$$= \frac{\partial^2}{\partial x^2} \mathrm{B}(z; x, y)$$

$$= 2\Gamma^2(x) z^x \Gamma(x) \Gamma^3(x+1)_4F_3\left(x, x, x, 1-y; x+1, x+1, x+1; z\right)$$

$$- 2\Gamma^2(x) z^x \Gamma^2(x+1)_3F_2\left(x, x, 1-y; x+1, x+1; z\right) \ln z + \mathrm{B}(z; x, y) \ln^2 z$$

$$D_4(z; x, y) = \int_0^z b^{x-1} (1-b)^{y-1} (\ln b)[\ln(1-b)] db$$

$$= \frac{\partial^2}{\partial x \partial y} \mathrm{B}(z; x, y)$$

$$D_5(z; x, y) = \int_0^z b^{x-1} (1-b)^{y-1} \ln^2(1-b) db$$

$$= \frac{\partial^2}{\partial y^2} \mathrm{B}(z; x, y)$$

$$= \mathrm{B}(x, y) \left[\varphi^{(1)}(y) - \varphi^{(1)}(x+y)\right]^2 + \mathrm{B}(x, y) \left[\varphi^{(1)}(y) - \varphi^{(1)}(x+y)\right]$$

$$- \mathrm{B}(1-z; y, x) \ln^2(1-z)$$

$$- 2(1-z)^b \Gamma^2(y) \Gamma^2(y+1) \ln(1-z)_3F_2\left(y, y, 1-x; y+1, y+1; 1-z\right)$$

$$- 2(1-z)^b \Gamma^2(y) \Gamma(y) \Gamma^3(y+1)_4F_3\left(y, y, y, 1-x; y+1, y+1, y+1; 1-z\right)$$

$$D_6(u;x,y) = \int_u^{+\infty} \frac{a^{x-1}}{(1+a)^{x+y}} \ln a\, da$$

$$= \int_0^{\frac{1}{1+u}} (1-b)^{x-1} b^{y-1} \left[\ln(1-b) - \ln b\right] db$$

$$= \frac{\partial}{\partial x} \mathrm{B}\left(\frac{1}{1+u}; y, x\right) - \frac{\partial}{\partial y} \mathrm{B}\left(\frac{1}{1+u}; y, x\right)$$

$$= D_2\left(\frac{1}{1+u}; y, x\right) - D_1\left(\frac{1}{1+u}; y, x\right)$$

$$D_7(u;x,y) = \int_u^{+\infty} \frac{a^{x-1}}{(1+a)^{x+y}} \ln^2 a\, da$$

$$= \int_0^{\frac{1}{1+u}} (1-b)^{x-1} b^{y-1} \left[\ln(1-b) - \ln b\right]^2 db$$

$$= \frac{\partial^2}{\partial x^2} \mathrm{B}\left(\frac{1}{1+u}; y, x\right) + \frac{\partial^2}{\partial y^2} \mathrm{B}\left(\frac{1}{1+u}; y, x\right) - 2\frac{\partial^2}{\partial y \partial x} \mathrm{B}\left(\frac{1}{1+u}; y, x\right)$$

$$= D_5\left(\frac{1}{1+u}; y, x\right) + D_3\left(\frac{1}{1+u}; y, x\right) - 2D_4\left(\frac{1}{1+u}; y, x\right)$$

经化简后算得缺失信息矩阵的解析式[3] 为

$$I_m = \sum_{i=1}^{n} (1-\delta_i) \begin{bmatrix} I_{mi}^{11} & I_{mi}^{12} & I_{mi}^{13} \\ I_{mi}^{21} & I_{mi}^{22} & I_{mi}^{23} \\ I_{mi}^{31} & I_{mi}^{32} & I_{mi}^{33} \end{bmatrix} \tag{7.1.12}$$

其中

$$I_{mi}^{11} = \frac{1}{(q-2)^2} + \frac{2}{(q-1)^2(2-q)} + \frac{2u_i}{(1-q)^3(1-u_i)} - \frac{(2-q)u_i^2}{(1-q)^3(1-u_i)^2}$$

$$- \frac{2-q}{(1-q)^4(1-u_i)^{\frac{2-q}{1-q}}}$$

$$\times \begin{cases} 2\mathrm{B}\left(\dfrac{1}{1-u_i}; \dfrac{2-q}{q-1}, 2\right) + \mathrm{B}\left(\dfrac{1}{1-u_i}; \dfrac{2-q}{q-1}, 3\right), & 1 < q < 2, \\[3mm] 2\mathrm{B}\left(2, \dfrac{1}{1-q}\right) - 2\mathrm{B}\left(u_i; 2, \dfrac{1}{1-q}\right) - \mathrm{B}\left(3, \dfrac{q}{1-q}\right) + \mathrm{B}\left(u_i; 3, \dfrac{q}{1-q}\right), & \\[2mm] & 0 < q < 1 \end{cases}$$

$$I_{mi}^{12} = I_{mi}^{21} = \frac{\lambda \tau_i^{\beta} \ln t_i + \lambda^2 t_i^{2\beta} \ln t_i}{(1-u_i)^2}$$

$$- \frac{2-q}{\beta(1-u_i)^{\frac{2-q}{1-q}}} \begin{cases} \frac{1}{(q-1)^3}\left\{ D_6\left(-u_i; 3, \frac{2-q}{q-1}\right) \right. \\ \qquad \left. -\mathrm{B}\left(\frac{1}{1-u_i}; \frac{2-q}{q-1}, 3\right) \ln\left[\lambda(q-1)\right] \right\}, & 1 < q < 2, \\ \frac{1}{(1-q)^3}\mathrm{B}\left(3, \frac{q}{1-q}\right)\left[\varphi^{(1)}(3) - \varphi^{(1)}\left(\frac{3-2q}{1-q}\right) - \ln[\lambda(1-q)]\right] \\ \qquad - \frac{D_1\left(u_i; 3, \frac{q}{1-q}\right) + \mathrm{B}\left(u_i; 3, \frac{q}{1-q}\right)\ln\left[\lambda(1-q)\right]}{(1-q)^3}, & 0 < q < 1 \end{cases}$$

$$I_{mi}^{13} = I_{mi}^{31} = \frac{t_i^{\beta} + \lambda t_i^{2\beta}}{(1-u_i)^2}$$

$$- \frac{2-q}{\lambda(1-u_i)^{\frac{2-q}{1-q}}} \begin{cases} \frac{1}{(q-1)^3}\mathrm{B}\left(\frac{1}{1-u_i}; \frac{2-q}{q-1}, 3\right), & 1 < q < 2, \\ \frac{1}{(1-q)^3}\left[\mathrm{B}\left(3, \frac{q}{1-q}\right) - \mathrm{B}\left(u_i; 3, \frac{q}{1-q}\right)\right], & 0 < q < 1 \end{cases}$$

$$I_{mi}^{22} = \frac{1}{\beta^2} - \frac{(2-q)u_i \ln^2 t_i}{(1-u_i)^2(1-q)}$$

$$+ \frac{2-q}{(q-1)^2\beta^2(1-u_i)^{\frac{2-q}{1-q}}}$$

$$\times \begin{cases} D_7\left(-u_i; 2, \frac{1}{q-1}\right) - 2D_6\left(-u_i; 2, \frac{1}{q-1}\right)\ln\left[\lambda(q-1)\right] \\ \qquad +\mathrm{B}\left(\frac{1}{1-u_i}; \frac{1}{q-1}, 2\right)\ln^2\left[\lambda(q-1)\right], & 1 < q < 2, \\ \mathrm{B}\left(2, \frac{q}{1-q}\right)\left[\varphi^{(1)}(2) - \varphi^{(1)}\left(\frac{2-q}{1-q}\right) - \ln\left[\lambda(1-q)\right]\right]^2 \\ \qquad +\mathrm{B}\left(2, \frac{q}{1-q}\right)\left[\varphi^{(2)}(2) - \varphi^{(2)}\left(\frac{2-q}{1-q}\right)\right] \\ \qquad +2D_1\left(u_i; 2, \frac{q}{1-q}\right)\ln[\lambda(1-q)] \\ \qquad -D_3\left(u_i; 2, \frac{q}{1-q}\right) - \mathrm{B}\left(u_i; 2, \frac{q}{1-q}\right)\ln^2[\lambda(1-q)], & 0 < q < 1 \end{cases}$$

$$I_{mi}^{23} = I_{mi}^{32} = -\frac{(2-q)t_i^\beta \ln u_i}{(1-u_i)^2} + \frac{2-q}{(q-1)^2 \lambda \beta (1-u_i)^{\frac{2-q}{1-q}}}$$

$$\times \left\{ \begin{array}{l} D_1\left(-u_i; 2, \dfrac{1}{q-1}\right) - \mathrm{B}\left(\dfrac{1}{1-u_i}; \dfrac{1}{q-1}, 2\right)\ln[\lambda(q-1)], \quad 1 < q < 2, \\[4mm] \mathrm{B}\left(2, \dfrac{q}{1-q}\right)\left[\varphi^{(1)}(2) - \varphi^{(1)}\left(\dfrac{2-q}{1-q}\right) - \ln[\lambda(1-q)]\right] \\[4mm] -D_1\left(u_i; 2, \dfrac{q}{1-q}\right) + \mathrm{B}\left(u_i; 2, \dfrac{q}{1-q}\right)\ln[\lambda(1-q)], \quad 0 < q < 1 \end{array} \right.$$

$$I_{mi}^{33} = \frac{1}{\lambda^2} - \frac{(2-q)t_i^2}{(1-q)\lambda^2(1-u_i)^2}$$

$$- \frac{2-q}{(1-q)^2 \lambda^2 (1-u_i)^{\frac{2-q}{1-q}}} \left\{ \begin{array}{ll} \mathrm{B}\left(\dfrac{1}{1-u_i}; \dfrac{2-q}{q-1}, 3\right), & 1 < q < 2, \\[4mm] \mathrm{B}\left(u_i; 3, \dfrac{q}{1-q}\right) - \mathrm{B}\left(3, \dfrac{q}{1-q}\right), & 0 < q < 1 \end{array} \right.$$

$$u_i = (1-q)\lambda t_i^\beta$$

$_kF_w(a_1, \cdots, a_k; b_1, \cdots, b_w; z)$ 为超几何函数见式 (5.1.9). 当分别求得式 (7.1.11) 中的完全信息矩阵 I_c 和式 (7.1.12) 中的缺失信息矩阵 I_m 后, 可得观测信息矩阵为

$$I = I_c - I_m \tag{7.1.13}$$

在求得观测信息矩阵后, 对其求逆矩阵, 即可得极大似然估计 $\hat{q}_m$, $\hat{\beta}_m$ 和 $\hat{\lambda}_m$ 的协方差矩阵

$$C = I^{-1} = \begin{bmatrix} \mathrm{var}(\hat{q}_m) & \mathrm{cov}(\hat{q}_m, \hat{\beta}_m) & \mathrm{cov}(\hat{q}_m, \hat{\lambda}_m) \\ \mathrm{cov}(\hat{q}_m, \hat{\beta}_m) & \mathrm{var}(\hat{\beta}_m) & \mathrm{cov}(\hat{\beta}_m, \hat{\lambda}_m) \\ \mathrm{cov}(\hat{q}_m, \hat{\lambda}_m) & \mathrm{cov}(\hat{\beta}_m, \hat{\lambda}_m) & \mathrm{var}(\hat{\lambda}_m) \end{bmatrix} \tag{7.1.14}$$

根据极大似然估计对数的渐近正态性, 可得如下渐近正态分布

$$\frac{\ln(2-\hat{q}_m) - \ln(2-q)}{\sqrt{\mathrm{var}[\ln(2-\hat{q}_m)]}} \sim N(0,1)$$

$$\frac{\ln\hat{\beta}_m - \ln\beta}{\sqrt{\mathrm{var}(\ln\hat{\beta}_m)}} \sim N(0,1)$$

$$\frac{\ln \hat{\lambda}_m - \ln \lambda}{\sqrt{\mathrm{var}(\ln \hat{\lambda}_m)}} \sim N(0,1)$$

其中

$$\mathrm{var}\left[\ln(2 - \hat{q}_m)\right] = \frac{\mathrm{var}\left(\hat{q}_m\right)}{\left(2 - \hat{q}_m\right)^2}$$

$$\mathrm{var}(\ln \hat{\beta}_m) = \frac{\mathrm{var}(\hat{\beta}_m)}{\hat{\beta}_m^2}$$

$$\mathrm{var}(\ln \hat{\lambda}_m) = \frac{\mathrm{var}(\hat{\lambda}_m)}{\hat{\lambda}_m^2}$$

$\mathrm{var}(\hat{q}_m), \mathrm{var}(\hat{\beta}_m), \mathrm{var}(\hat{\lambda}_m)$ 见式 (7.1.14), 可得分布参数在置信水平 $(1 - \alpha)$ 下的置信区间为

$$\left[2 - \frac{2 - \hat{q}_m}{\exp\left(U_{\alpha/2}\dfrac{\mathrm{var}\left(\hat{q}_m\right)}{2 - \hat{q}_m}\right)}, 2 - (2 - \hat{q}_m)\exp\left(U_{\alpha/2}\frac{\mathrm{var}\left(\hat{q}_m\right)}{2 - \hat{q}_m}\right)\right]$$

$$\left[\hat{\beta}_m \exp\left(U_{\alpha/2}\frac{\mathrm{var}(\hat{\beta}_m)}{\hat{\beta}_m}\right), \hat{\beta}_m \exp\left(-U_{\alpha/2}\frac{\mathrm{var}(\hat{\beta}_m)}{\hat{\beta}_m}\right)\right] \qquad (7.1.15)$$

$$\left[\hat{\lambda}_m \exp\left(U_{\alpha/2}\frac{\mathrm{var}(\hat{\lambda}_m)}{\hat{\lambda}_m}\right), \hat{\lambda}_m \exp\left(-U_{\alpha/2}\frac{\mathrm{var}(\hat{\lambda}_m)}{\hat{\lambda}_m}\right)\right]$$

其中 $U_{\alpha/2}$ 是标准正态分布 $N(0,1)$ 的 $\alpha/2$ 分位点.

对于可靠度的置信下限, 类似地, 可得渐近正态分布

$$\frac{\ln \hat{R}_m(t) - \ln R(t)}{\sqrt{\mathrm{var}[\ln \hat{R}_m(t)]}} \sim N(0,1)$$

其中

$$\mathrm{var}[\ln \hat{R}_m(t)] = \frac{\mathrm{var}[\hat{R}_m(t)]}{\hat{R}_m(t)}$$

$$\mathrm{var}[\hat{R}_m(t)] = \left[\frac{\partial R}{\partial q}, \frac{\partial R}{\partial \beta}, \frac{\partial R}{\partial \lambda}\right] C_{3\times 3} \left[\frac{\partial R}{\partial q}, \frac{\partial R}{\partial \beta}, \frac{\partial R}{\partial \lambda}\right]^{\mathrm{T}}$$

$$\frac{\partial R}{\partial q} = \frac{\hat{R}_m(t)\ln\left[1 - (1 - q)\lambda t^{\beta}\right]}{(1 - q)^2} + \frac{(2 - q)\lambda t^{\beta} \hat{R}_m(t)}{(1 - q)\left[1 - (1 - q)\lambda t^{\beta}\right]}$$

$$\frac{\partial R}{\partial \beta} = (q - 2)\lambda t^{\beta} \left[1 - (1 - q)\lambda t^{\beta}\right]^{\frac{1}{1-q}} \ln t$$

$$\frac{\partial R}{\partial \lambda} = (q-2)t^\beta \left[1-(1-q)\lambda t^\beta\right]^{\frac{1}{1-q}}$$

$C_{3\times 3}$ 为式 (7.1.14) 中的协方差矩阵, $\hat{R}_m(t)$ 为可靠度的点估计. 最终可得可靠度在置信水平 $(1-\alpha)$ 下的置信下限为

$$R_L^m(t) = \hat{R}_m(t) \exp\left(U_\alpha \frac{\operatorname{var}[\hat{R}_m(t)]}{\hat{R}_m(t)}\right) \tag{7.1.16}$$

其中 U_α 是标准正态分布 $N(0,1)$ 的 α 分位点.

关于 τ 时刻处剩余寿命 L 的置信区间, 在置信水平 $(1-\alpha)$ 下, 将极大似然估计 $\hat{q}_m, \hat{\beta}_m$ 和 $\hat{\lambda}_m$ 代入式 (7.1.6) 中, 可得 L 的置信区间为

$$\left[\left\{ \frac{1 - \left(1-\frac{\alpha}{2}\right)^{\frac{1-\hat{q}_m}{2-\hat{q}_m}} \left[1-(1-\hat{q}_m)\hat{\lambda}_m \tau^{\hat{\beta}_m}\right]}{(1-\hat{q}_m)\hat{\lambda}_m} \right\}^{\frac{1}{\hat{\beta}_m}} - \tau, \right.$$

$$\left. \left\{ \frac{1 - \left(\frac{\alpha}{2}\right)^{\frac{1-\hat{q}_m}{2-\hat{q}_m}} \left[1-(1-\hat{q}_m)\hat{\lambda}_m \tau^{\hat{\beta}_m}\right]}{(1-\hat{q}_m)\hat{\lambda}_m} \right\}^{\frac{1}{\hat{\beta}_m}} - \tau \right] \tag{7.1.17}$$

7.1.2   基于分布曲线拟合的可靠性统计

本节探讨 q 型韦布尔分布场合基于分布曲线拟合的可靠性统计方法.

1. 可靠性指标的点估计

引入 q 函数的对数函数

$$\ln_q(x) = \frac{x^{1-q}-1}{1-q}$$

针对式 (7.1.2) 中 q 型韦布尔分布的分布函数, 令

$$y = \ln\left[-\ln_{\frac{1}{2-q}}(1-F(t))\right]$$

可将分布函数线性化为

$$y = \beta x + \ln\lambda + \ln(2-q)$$

其中 $x = \ln t$. 基于寿命试验样本 (t_i, δ_i), 其中 $i = 1, \cdots, n$, 当 $\delta_i = 1$ 时, 在给出失效数据 t_i 处失效概率 $F(t_i)$ 的点估计 $\hat{F}_i$ 后, 进一步令

$$\hat{y}_i(q) = \ln\left[-\ln_{\frac{1}{2-q}}(1-\hat{F}_i)\right]$$

和 $x_i = \ln t_i$, 根据图 4.3 中基于分布曲线拟合的可靠性指标估计方法可知, 当拟合误差

$$S\left(q,\beta,\lambda\right) = \sum_{i=1}^{n} \delta_i \left[\hat{y}_i(q) - \beta x_i - \ln(2-q) - \ln \lambda\right]^2 \qquad (7.1.18)$$

最小时, 可给出分布参数的点估计, 即构建优化模型

$$\min \quad \sum_{i=1}^{n} \delta_i \left[\hat{y}_i(q) - \beta x_i - \ln(2-q) - \ln \lambda\right]^2$$

$$\text{s.t.} \quad \beta > 0, q < 2, \lambda > 0$$

令式 (7.1.18) 中的拟合误差函数 $S\left(q,\beta,\lambda\right)$ 关于分布参数 β 和 λ 的偏导数为零, 并经过化简后得

$$\hat{\beta}(\hat{q}) = \frac{\left(\displaystyle\sum_{i=1}^{n} \delta_i\right)\left(\displaystyle\sum_{i=1}^{n} x_i \hat{y}_i(\hat{q})\delta_i\right) - \left(\displaystyle\sum_{i=1}^{n} x_i \delta_i\right)\left(\displaystyle\sum_{i=1}^{n} \hat{y}_i(\hat{q})\delta_i\right)}{\left(\displaystyle\sum_{i=1}^{n} \delta_i\right)\left[\displaystyle\sum_{i=1}^{n} (x_i \delta_i)^2\right] - \left(\displaystyle\sum_{i=1}^{n} x_i \delta_i\right)^2}$$

$$\hat{\lambda}(\hat{q}) = \exp \left[\frac{\displaystyle\sum_{i=1}^{n}\left(\hat{y}_i(\hat{q})\delta_i - \hat{\beta}(\hat{q})x_i\delta_i\right)}{\displaystyle\sum_{i=1}^{n} \delta_i} - \ln(2-\hat{q}) \right] \qquad (7.1.19)$$

由此可知, 分布参数 β 和 λ 的点估计是分布参数 q 的点估计的函数, 将其代入式 (7.1.18) 中的拟合误差函数 $S\left(q,\beta,\lambda\right)$, 可降维为关于参数 q 的轮廓误差函数

$$S_p\left(q\right) = \sum_{i=1}^{n} \delta_i \left[\hat{y}_i(q) - \hat{\beta}(q)x_i - \ln \hat{\lambda}(q) - \ln(2-q)\right]^2 \qquad (7.1.20)$$

通过求解优化模型

$$\min \quad \sum_{i=1}^{n} \delta_i \left[\hat{y}_i(q) - \hat{\beta}(q)x_i - \ln(2-q) - \ln \hat{\lambda}(q)\right]^2$$

$$\text{s.t.} \quad q < 2$$

可在轮廓误差函数 $S_p\left(q\right)$ 最小时给出分布参数 q 的点估计. 注意到这个优化模型属于有约束优化问题, 为了简化优化问题的求解, 引入变量

$$q = 2 - \exp(w) \qquad (7.1.21)$$

其中 $w \in \mathbf{R}$, 通过求解无约束优化问题

$$\min \sum_{i=1}^{n} \delta_i \left[\hat{y}_i(w) - \hat{\beta}(w)x_i - \ln \hat{\lambda}(w) - w \right]^2 \tag{7.1.22}$$

给出变量 w 的解 $\hat{w}$ 后, 即可利用式 (7.1.21) 给出分布参数 q 的点估计 $\hat{q}_l$, 再代入式 (7.1.19) 后可给出分布参数 β 和 λ 的点估计 $\hat{\beta}_l$ 和 $\hat{\lambda}_l$.

在求得点估计 $\hat{q}_l$, $\hat{\beta}_l$ 和 $\hat{\lambda}_l$ 后, 只需将 $\hat{q}_l$, $\hat{\beta}_l$ 和 $\hat{\lambda}_l$ 代入相应的可靠性指标函数中, 即可得到可靠性指标的点估计. 如可靠度的点估计为

$$\hat{R}_l(t) = \left[1 - (1 - \hat{q}_l)\hat{\lambda}_l t^{\hat{\beta}_l} \right]^{\frac{2-\hat{q}_l}{1-\hat{q}_l}} \tag{7.1.23}$$

τ 时刻处平均剩余寿命的点估计为

$$\hat{L}_l = \begin{cases} \dfrac{(2-\hat{q}_l)\,\mathrm{B}\left(\dfrac{1}{1+(\hat{q}_l-1)\hat{\lambda}_l\tau^{\hat{\beta}_l}}; \dfrac{1}{\hat{q}_l-1} - \dfrac{1}{\hat{\beta}_l} - 1, \dfrac{1}{\hat{\beta}_l}+1 \right)}{(\hat{q}_l-1)^{1+\frac{1}{\hat{\beta}_l}}\hat{\lambda}_l^{\frac{1}{\hat{\beta}_l}} \left[1+(\hat{q}_l-1)\hat{\lambda}_l\tau^{\hat{\beta}_l} \right]^{\frac{2-\hat{q}_l}{1-\hat{q}_l}}} - \tau, & 1 < q < 2, \\[4ex] \dfrac{(2-\hat{q}_l)}{(1-\hat{q}_l)^{1+\frac{1}{\hat{\beta}_l}}\hat{\lambda}_l^{\frac{1}{\hat{\beta}_l}} \left[1-(1-\hat{q}_l)\hat{\lambda}_l\tau^{\hat{\beta}_l} \right]^{\frac{2-\hat{q}_l}{1-\hat{q}_l}}} \mathrm{B}\left(\dfrac{1}{\hat{\beta}_l}+1, \dfrac{2-\hat{q}_l}{1-\hat{q}_l} \right) \\[4ex] \quad - \dfrac{(2-\hat{q}_l)\mathrm{B}\left((1-\hat{q}_l)\hat{\lambda}_l\tau^{\hat{\beta}_l}; \dfrac{1}{\hat{\beta}_l}+1, \dfrac{2-\hat{q}_l}{1-\hat{q}_l} \right)}{(1-\hat{q}_l)^{1+\frac{1}{\hat{\beta}_l}}\hat{\lambda}_l^{\frac{1}{\hat{\beta}_l}} \left[1-(1-\hat{q}_l)\hat{\lambda}_l\tau^{\hat{\beta}_l} \right]^{\frac{2-\hat{q}_l}{1-\hat{q}_l}}} - \tau, & q < 1 \end{cases} \tag{7.1.24}$$

2. 可靠性指标的置信区间

根据基于分布曲线拟合所得的可靠性指标点估计, 可进一步利用 bootstrap 方法构建置信区间. 其中, 基于 BCa bootstrap 方法构建置信区间的步骤如下.

算法 7.1 给定原始样本 (t_i, δ_i), 其中 $i = 1, \cdots, n$, 抽样的样本量为 B.

步骤 1: 根据原始样本, 利用式 (7.1.22) 和式 (7.1.21) 给出分布参数 q 的点估计 $\hat{q}_l$, 再代入式 (7.1.19) 后给出分布参数 β 和 λ 的点估计 $\hat{\beta}_l$ 和 $\hat{\lambda}_l$, 进一步利用式 (7.1.23) 计算 $R(t)$ 的点估计 $\hat{R}_l(t)$.

步骤 2: 利用均匀分布 $[0,1]$ 中的随机数 u, 根据

$$T = \left\{ \frac{1}{(1-\hat{q}_l)\hat{\lambda}_l} \left[1 - \frac{2-\hat{q}_l}{1-\hat{q}_l} \ln(1-u) \right] \right\}^{\frac{1}{\hat{\beta}_l}}$$

可从分布参数为 $\hat{q}_l$, $\hat{\beta}_l$ 和 $\hat{\lambda}_l$ 的 q 型韦布尔分布中生成 q 型韦布尔分布的仿真寿命数据 T. 重复 n 次, 生成 n 个仿真寿命, 并升序排列为 $T_1 < \cdots < T_n$. 进一步根据原始样本的寿命试验类型, 生成 bootstrap 样本 $\left(t_i^b, \delta_i^b\right)$, 其中 $i = 1, \cdots, n$.

步骤 3: 根据 bootstrap 样本 $\left(t_i^b, \delta_i^b\right)$, 其中 $i = 1, \cdots, n$, 利用步骤 1 中的方法给出分布参数的 bootstrap 估计值 $\hat{q}_l^b$, $\hat{\beta}_l^b$ 和 $\hat{\lambda}_l^b$, 再利用式 (7.1.23) 算得 $R(t)$ 的 bootstrap 估计值 $\hat{R}_l^b(t)$.

步骤 4: 重复步骤 2—步骤 3 共 B 次.

据此, 可以得到 B 个分布参数 q, β 和 λ 以及可靠度 $R(t)$ 的 bootstrap 估计值, 随后将这些估计值升序排列, 记为 $\hat{q}_{l,1}^b < \cdots < \hat{q}_{l,B}^b$, $\hat{\beta}_{l,1}^b < \cdots < \hat{\beta}_{l,B}^b$ 和 $\hat{\lambda}_{l,1}^b < \cdots < \hat{\lambda}_{l,B}^b$ 以及 $\hat{R}_{l,1}^b(t) < \cdots < \hat{R}_{l,B}^b(t)$. 在置信水平 $(1-\alpha)$ 下可得分布参数的置信区间为

$$\left[\hat{\theta}_{l,\lceil Bp_l \rceil}^b, \hat{\theta}_{l,\lceil Bp_u \rceil}^b\right] \tag{7.1.25}$$

其中 θ 统一代表分布参数 q, β 和 λ,

$$p_l = \Phi\left(Z_0 + \frac{Z_0 - U_{\alpha/2}}{1 - a\left(Z_0 - U_{\alpha/2}\right)}\right)$$

$$p_u = \Phi\left(Z_0 + \frac{Z_0 + U_{\alpha/2}}{1 - a\left(Z_0 + U_{\alpha/2}\right)}\right)$$

$$Z_0 = \Phi^{-1}\left[\frac{\displaystyle\sum_{i=1}^{B} I(\hat{\theta}_{l,i}^b \leqslant \hat{\theta}_l)}{B}\right]$$

$$a = \frac{\dfrac{1}{B}\displaystyle\sum_{i=1}^{B} (\hat{\theta}_{l,i}^b - \bar{\theta})^3}{6\left[\dfrac{1}{B}\displaystyle\sum_{i=1}^{B} (\hat{\theta}_{l,i}^b - \bar{\theta})^2\right]^{3/2}}$$

$$\bar{\theta} = \frac{1}{B}\sum_{i=1}^{B} \hat{\theta}_{l,i}^b$$

而 $R(t)$ 的置信下限为

$$R_L^B(t) = \hat{R}_{l,\lceil Bp_l \rceil}^b(t) \tag{7.1.26}$$

其中

$$p_l = \Phi\left(Z_0 + \frac{Z_0 - U_\alpha}{1 - a\left(Z_0 - U_\alpha\right)}\right)$$

$$Z_0 = \Phi^{-1} \left[\frac{\sum\limits_{i=1}^{B} I\left(\hat{R}_{l,i}^{b}(t) \leqslant \hat{R}_{l}(t)\right)}{B} \right]$$

$$a = \frac{\dfrac{1}{B}\sum\limits_{i=1}^{B}\left(\hat{R}_{l,i}^{b}(t) - \bar{R}(t)\right)^3}{6\left[\dfrac{1}{B}\sum\limits_{i=1}^{B}\left(\hat{R}_{l,i}^{b}(t) - \bar{R}(t)\right)^2\right]^{3/2}}$$

$$\bar{R}(t) = \frac{1}{B}\sum_{i=1}^{B}\hat{R}_{l,i}^{b}(t)$$

关于 τ 时刻处剩余寿命 L 的置信区间, 在置信水平 $(1-\alpha)$ 下, 将点估计 $\hat{q}_l, \hat{\beta}_l$ 和 $\hat{\lambda}_l$ 代入式 (7.1.6), 可得

$$\left[\left\{ \frac{1 - \left(1 - \dfrac{\alpha}{2}\right)^{\frac{1-\hat{q}_l}{2-\hat{q}_l}}\left[1 - (1-\hat{q}_l)\hat{\lambda}_l\tau^{\hat{\beta}_l}\right]}{(1-\hat{q}_l)\hat{\lambda}_l} \right\}^{\frac{1}{\hat{\beta}_l}} - \tau, \right.$$

$$\left. \left\{ \frac{1 - \left(\dfrac{\alpha}{2}\right)^{\frac{1-\hat{q}_l}{2-\hat{q}_l}}\left[1 - (1-\hat{q}_l)\hat{\lambda}_l\tau^{\hat{\beta}_l}\right]}{(1-\hat{q}_l)\hat{\lambda}_l} \right\}^{\frac{1}{\hat{\beta}_l}} - \tau \right] \tag{7.1.27}$$

7.1.3 算例分析

利用表 7.1 中 500MW 发电机的 36 个失效数据, 设定截尾时刻 $\tau_1 < \cdots < \tau_{36}$, 其中 $\tau_1 = 3800\text{h}$, $\tau_{36} = 6285\text{h}$, 两个相邻截尾时刻之间等间隔, 可生成不等定时截尾样本. 经假设检验, 可知该发电机的寿命服从 q 型韦布尔分布[3]. 本节以该发电机为例, 说明 q 型韦布尔分布场合的可靠性统计方法应用过程. 为便于分析, 将所有的样本数据除以 1000 开展分析.

表 7.1 500MW 的发电机失效数据 (单位: h)

58	70	90	105	113	121	153	159	224
421	570	596	618	834	1019	1104	1497	2027
2234	2372	2433	2505	2690	2877	2879	3166	3455
3551	4378	4872	5085	5272	5341	8952	9188	11399

利用极大似然法, 根据式 (7.1.8), 求得分布参数 q, β 和 λ 的极大似然估计为 $\hat{q}_m = 0.01$, $\hat{\beta}_m = 0.6659$ 和 $\hat{\lambda}_m = 0.2124$, 进一步求得式 (7.1.11) 中的完全信息矩阵 I_c 为

$$
I_c = \begin{bmatrix} 7218.02 & -33773.11 & -16754.36 \\ 33773.11 & 158223.72 & 78365.26 \\ 16754.36 & 78365.26 & 38959.71 \end{bmatrix}
$$

式 (7.1.12) 中的缺失信息矩阵 I_m 为

$$
I_m = \begin{bmatrix} 7183.28 & 33529.77 & 10318.54 \\ 33529.77 & 156516.79 & 79789.69 \\ 10318.54 & 79789.69 & 38167.28 \end{bmatrix}
$$

进而可根据式 (7.1.15) 给出分布参数 q, β 和 λ 在置信水平 0.9 下的置信区间分别为 $[0.0088, 0.0112]$, $[0.665887, 0.665943]$ 和 $[0.1763, 0.2558]$.

利用基于分布曲线拟合的可靠性统计方法, 取失效概率的点估计为式 (4.1.2) 中的 $\hat{F}_i$, 根据式 (7.1.22) 和式 (7.1.21) 求得分布参数 q 的点估计为 $\hat{q}_l = -0.0458$, 再代入式 (7.1.19) 给出分布参数 β 和 λ 的点估计为 $\hat{\beta}_l = 0.6216$ 和 $\hat{\lambda}_l = 0.2148$, 此时式 (7.1.20) 中关于分布参数 q 的轮廓误差函数如图 7.2 所示, 经过拟合后所得的分布曲线如图 7.3 所示.

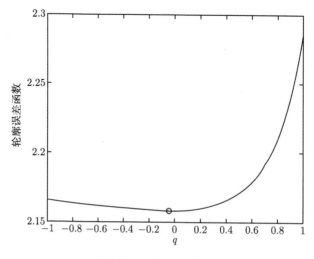

图 7.2　轮廓误差函数

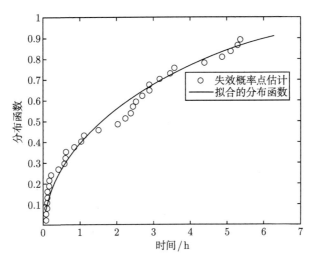

图 7.3 拟合所得的分布曲线

接下来取 $B = 5000$, 运用 BCa bootstrap 算法, 可在置信水平 0.9 下构建分布参数 q, β 和 λ 的置信区间为 $[-13.7512, 1.1449]$, $[0.4996, 1.8400]$ 和 $[0.0302, 0.7429]$.

关于可靠性指标的评估结果, 以分布参数 q, β 和 λ 的极大似然估计为例说明求解过程. 以可靠度 $R(t)$ 为对象, 根据式 (7.1.9) 可得 $R(t)$ 的点估计, 根据式 (7.1.16) 可得 $R(t)$ 在置信水平 0.9 下的置信下限, 所得结果如图 7.4 所示. 以 τ 时刻处剩余寿命 L 为对象, 根据式 (7.1.10) 可得 L 的点估计, 根据式 (7.1.17) 可得 L 在置信水平 0.9 下的置信区间, 所得结果如图 7.5 所示.

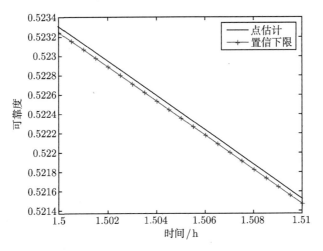

图 7.4 发电机的可靠度估计结果

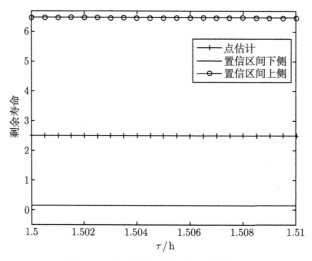

图 7.5　发电机的剩余寿命预测结果

7.2　指数化韦布尔分布及其可靠性统计方法

本节以指数化韦布尔分布为对象, 介绍相关原创性的可靠性统计研究工作[4]. 双参数指数化韦布尔分布的概率密度函数是

$$f(t;\alpha,\theta) = \alpha\theta t^{\alpha-1}\exp(-t^{\alpha})\left[1-\exp(-t^{\alpha})\right]^{\theta-1} \tag{7.2.1}$$

其中 $\alpha > 0$ 和 $\theta > 0$ 为形状参数. 相应地, 其分布函数为

$$F(t;\alpha,\theta) = \left[1-\exp(-t^{\alpha})\right]^{\theta} \tag{7.2.2}$$

可靠度函数为

$$R(t;\alpha,\theta) = 1 - \left[1-\exp(-t^{\alpha})\right]^{\theta} \tag{7.2.3}$$

失效率函数为

$$\lambda(t;\alpha,\theta) = \frac{\alpha\theta t^{\alpha-1}\exp(-t^{\alpha})\left[1-\exp(-t^{\alpha})\right]^{\theta-1}}{1-\left[1-\exp(-t^{\alpha})\right]^{\theta}} \tag{7.2.4}$$

当两个分布参数取不同值时, 指数化韦布尔分布的失效率函数 $\lambda(t;\alpha,\theta)$ 体现出不同的形态, 如图 7.6 所示.

(1) 当 $\alpha = \theta = 1$ 时, 失效率函数为常数.

(2) 当 $\alpha \geqslant 1$, $\alpha\theta \geqslant 1$ 时, 失效率函数为单调增的形态.

(3) 当 $\alpha \leqslant 1$, $\alpha\theta \leqslant 1$ 时, 失效率函数为单调减的形态.

(4) 当 $\alpha > 1$, $\alpha\theta \leqslant 1$ 时, 失效率函数为 "浴盆曲线" 的形态.

(5) 当 $\alpha < 1$, $\alpha\theta > 1$ 时, 失效率函数为 "单峰" 的形态.

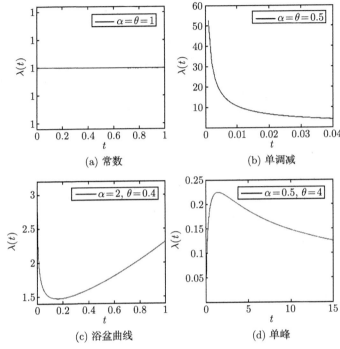

图 7.6 指数化韦布尔分布失效率函数的不同形态

在指数化韦布尔分布场合, 对于 τ 时刻后的剩余寿命 L, 可得剩余寿命 L 的概率密度函数为

$$f_\tau(l;\tau) = \frac{\alpha\theta\,(l+\tau)^{\alpha-1}\exp\left[-(l+\tau)^\alpha\right]\left\{1-\exp\left[-(l+\tau)^\alpha\right]\right\}^{\theta-1}}{1-\left[1-\exp\left(-\tau^\alpha\right)\right]^\theta}$$

其中 $l > 0$. 可得剩余寿命 L 的期望, 即平均剩余寿命为

$$
\begin{aligned}
E(L) &= \frac{\alpha\theta\displaystyle\int_0^{+\infty}(l+\tau)^{\alpha-1}\exp\left[-(l+\tau)^\alpha\right]\left\{1-\exp\left[-(l+\tau)^\alpha\right]\right\}^{\theta-1}dl}{1-\left[1-\exp\left(-\tau^\alpha\right)\right]^\theta} \\
&= \frac{\alpha\theta\displaystyle\int_\tau^{+\infty}b^\alpha\exp\left(-b^\alpha\right)\left[1-\exp\left(-b^\alpha\right)\right]^{\theta-1}db}{1-\left[1-\exp\left(-\tau^\alpha\right)\right]^\theta} - \tau
\end{aligned}
\tag{7.2.5}
$$

当 $\tau = 0$ 时, 平均剩余寿命即为平均寿命.

下面分别讨论指数化韦布尔分布场合基于极大似然和分布曲线拟合的可靠性统计方法.

7.2.1　基于极大似然法的可靠性统计

基于寿命试验样本 (t_i, δ_i), 其中 $i = 1, \cdots, n$, 在指数化韦布尔分布场合, 可得似然函数为

$$L(\alpha, \theta) = \prod_{i=1}^{n} [f(t_i; \alpha, \theta)]^{\delta_i} [R(t_i; \alpha, \theta)]^{(1-\delta_i)}$$

代入式 (7.2.1) 中的 $f(t; \alpha, \theta)$ 和式 (7.2.3) 中的 $R(t; \alpha, \theta)$, 可得对数似然函数为

$$\ln L(\alpha, \theta) = -\sum_{i=1}^{n} \delta_i \{ t_i^\alpha - (\alpha - 1) \ln t_i - (\theta - 1) \ln [1 - \exp(-t_i^\alpha)] \}$$

$$+ \sum_{i=1}^{n} (1 - \delta_i) \ln \left(1 - [1 - \exp(-t_i^\alpha)]^\theta \right) + \sum_{i=1}^{n} \delta_i \ln(\alpha \theta) \quad (7.2.6)$$

进一步给出对数似然函数 $\ln L(\alpha, \theta)$ 关于分布参数 α 和 θ 的偏导数并令其为零

$$
\begin{cases}
\dfrac{1}{\alpha} \displaystyle\sum_{i=1}^{n} \delta_i - \sum_{i=1}^{n} \delta_i (t_i^\alpha - 1) \ln t_i + (\theta - 1) \sum_{i=1}^{n} \dfrac{\delta_i t_i^\alpha y_i \ln t_i}{1 - y_i} - \theta \sum_{i=1}^{n} \dfrac{(1 - \delta_i) t_i^\alpha y_i \ln t_i}{(1 - y_i)^{\theta+1} + y_i - 1} = 0, \\[3mm]
\dfrac{1}{\theta} \displaystyle\sum_{i=1}^{n} \delta_i + \sum_{i=1}^{n} \delta_i \ln(1 - y_i) - \sum_{i=1}^{n} \dfrac{(1 - \delta_i) \ln(1 - y_i)}{(1 - y_i)^\theta - 1} = 0
\end{cases}
$$
$$(7.2.7)$$

其中

$$y_i = 1 - \exp(-t_i^\alpha)$$

可从中求得分布参数 α 和 θ 的极大似然估计 $\hat{\alpha}_m$ 和 $\hat{\theta}_m$. 在求得极大似然估计 $\hat{\alpha}_m$ 和 $\hat{\theta}_m$ 后, 只需将 $\hat{\alpha}_m$ 和 $\hat{\theta}_m$ 代入相应的可靠性指标函数中, 即可得到可靠性指标的点估计. 如可靠度的点估计为

$$\hat{R}_m(t) = 1 - \left[1 - \exp\left(-t^{\hat{\alpha}_m} \right) \right]^{\hat{\theta}_m} \quad (7.2.8)$$

平均剩余寿命的估计为

$$\hat{L}_m = \frac{\hat{\alpha}_m \hat{\theta}_m \displaystyle\int_\tau^{+\infty} b^{\hat{\alpha}_m} \exp\left(-b^{\hat{\alpha}_m} \right) \left[1 - \exp\left(-b^{\hat{\alpha}_m} \right) \right]^{\hat{\theta}_m - 1} db}{1 - \left[1 - \exp\left(-\tau^{\hat{\alpha}_m} \right) \right]^{\hat{\theta}_m}} - \tau \quad (7.2.9)$$

在求得极大似然估计 $\hat{\alpha}_m$ 和 $\hat{\theta}_m$ 后, 可利用极大似然估计的渐近正态性, 建立可靠性指标的置信区间, 关键是求得极大似然估计的信息矩阵. 根据信息矩阵的定义, 可知

$$
I = -E \left[
\begin{array}{cc}
\dfrac{\partial^2 \ln L(\alpha, \theta)}{\partial \theta^2} & \dfrac{\partial^2 \ln L(\alpha, \theta)}{\partial \theta \partial \alpha} \\[4mm]
\dfrac{\partial^2 \ln L(\alpha, \theta)}{\partial \theta \partial \alpha} & \dfrac{\partial^2 \ln L(\alpha, \theta)}{\partial \alpha^2}
\end{array}
\right]
$$

其中

$$\frac{\partial^2 \ln L\left(\alpha,\theta\right)}{\partial \theta^2} = \sum_{i=1}^n \frac{\left(1-\delta_i\right)\left(1-y_i\right)^\theta \ln^2\left(1-y_i\right)}{\left[\left(1-y_i\right)^\theta - 1\right]^2} - \frac{1}{\theta^2}\sum_{i=1}^n \delta_i$$

$$\frac{\partial^2 \ln L\left(\alpha,\theta\right)}{\partial \theta \partial \alpha} = \sum_{i=1}^n \frac{\left(1-\delta_i\right) t_i^\alpha \ln t_i}{\left[\left(1-y_i\right)^\theta - 1\right]} - \sum_{i=1}^n \delta_i t_i^\alpha \ln t_i$$
$$- \sum_{i=1}^n \frac{\left(1-\delta_i\right)\theta t_i^\alpha \left(1-y_i\right)^\theta \left(\ln t_i\right)\ln\left(1-y_i\right)}{\left[\left(1-y_i\right)^\theta - 1\right]^2}$$

$$\frac{\partial^2 \ln L\left(\alpha,\theta\right)}{\partial \alpha^2} = \left(\theta-1\right)\sum_{i=1}^n \frac{\delta_i t_i^\alpha \left(t_i^\alpha + t_i^\alpha y_i - 1\right)\ln^2 t_i}{1-y_i} - \frac{1}{\alpha^2}\sum_{i=1}^n \delta_i - \sum_{i=1}^n \delta_i t_i^\alpha \ln^2 t_i$$
$$+ \left(\theta-1\right)\sum_{i=1}^n \frac{\delta_i t_i^\alpha \ln^2 t_i}{\left(1-y_i\right)^2} - \theta\sum_{i=1}^n \frac{\left(1-\delta_i\right) t_i^{2\alpha}\ln^2 t_i \left(1-y_i\right)^\theta \left(y_i\theta+1\right)}{\left(1-y_i\right)\left[\left(1-y_i\right)^\theta - 1\right]^2}$$
$$+ \theta\sum_{i=1}^n \frac{\left(1-\delta_i\right) t_i^{2\alpha}\ln^2 t_i}{\left(1-y_i\right)\left[\left(1-y_i\right)^\theta - 1\right]^2} - \theta\sum_{i=1}^n \frac{\left(1-\delta_i\right) y_i t_i^\alpha \ln^2 t_i}{\left(1-y_i\right)\left[\left(1-y_i\right)^\theta - 1\right]}$$

可用

$$I = -\left[\begin{array}{cc} \dfrac{\partial^2 \ln L\left(\alpha,\theta\right)}{\partial\theta^2} & \dfrac{\partial^2 \ln L\left(\alpha,\theta\right)}{\partial\theta\partial\alpha} \\ \dfrac{\partial^2 \ln L\left(\alpha,\theta\right)}{\partial\theta\partial\alpha} & \dfrac{\partial^2 \ln L\left(\alpha,\theta\right)}{\partial\alpha^2} \end{array}\right]_{\substack{\alpha=\hat\alpha_m \\ \theta=\hat\theta_m}} \tag{7.2.10}$$

近似信息矩阵, 再对其求逆矩阵, 即可得极大似然估计 $\hat\alpha_m$ 和 $\hat\theta_m$ 的协方差矩阵

$$C = I^{-1} = \left[\begin{array}{cc} \mathrm{var}\left(\hat\alpha_m\right) & \mathrm{cov}\left(\hat\alpha_m,\hat\theta_m\right) \\ \mathrm{cov}\left(\hat\alpha_m,\hat\theta_m\right) & \mathrm{var}\left(\hat\theta_m\right) \end{array}\right] \tag{7.2.11}$$

根据极大似然估计对数的渐近正态性, 可得如下渐近正态分布

$$\frac{\ln\hat\alpha_m - \ln\alpha}{\sqrt{\mathrm{var}\left(\ln\hat\alpha_m\right)}} \sim N(0,1)$$

$$\frac{\ln\hat\theta_m - \ln\theta}{\sqrt{\mathrm{var}\left(\ln\hat\theta_m\right)}} \sim N(0,1)$$

其中

$$\mathrm{var}\left(\ln\hat\alpha_m\right) = \frac{\mathrm{var}\left(\hat\alpha_m\right)}{\hat\alpha_m^2}$$

$$\mathrm{var}(\ln\hat{\theta}_m) = \frac{\mathrm{var}(\hat{\theta}_m)}{\hat{\theta}_m^2}$$

$\mathrm{var}(\hat{\alpha}_m), \mathrm{var}(\hat{\theta}_m)$ 见式 (7.2.11), 可给出分布参数在置信水平 $(1-\gamma)$ 下的置信区间为

$$\left[\hat{\alpha}_m\exp\left(U_{\gamma/2}\frac{\mathrm{var}\left(\hat{\alpha}_m\right)}{\hat{\alpha}_m}\right), \hat{\alpha}_m\exp\left(-U_{\gamma/2}\frac{\mathrm{var}\left(\hat{\alpha}_m\right)}{\hat{\alpha}_m}\right)\right]$$

$$\left[\hat{\theta}_m\exp\left(U_{\gamma/2}\frac{\mathrm{var}\left(\hat{\theta}_m\right)}{\hat{\theta}_m}\right), \hat{\theta}_m\exp\left(-U_{\gamma/2}\frac{\mathrm{var}\left(\hat{\theta}_m\right)}{\hat{\theta}_m}\right)\right] \tag{7.2.12}$$

其中 $U_{\gamma/2}$ 是标准正态分布 $N(0,1)$ 的 $\gamma/2$ 分位点.

对于可靠度的置信下限, 类似地, 可得渐近正态分布

$$\frac{\ln\hat{R}_m(t) - \ln R(t)}{\sqrt{\mathrm{var}\left[\ln\hat{R}_m(t)\right]}} \sim N(0,1)$$

其中

$$\mathrm{var}\left[\ln\hat{R}_m(t)\right] = \frac{\mathrm{var}\left[\hat{R}_m(t)\right]}{\hat{R}_m(t)}$$

$$\mathrm{var}\left[\hat{R}_m(t)\right] = \left[\frac{\partial R}{\partial\alpha}, \frac{\partial R}{\partial\theta}\right]C_{2\times2}\left[\frac{\partial R}{\partial\alpha}, \frac{\partial R}{\partial\theta}\right]^{\mathrm{T}}$$

$$\frac{\partial R}{\partial\alpha} = 1 - \theta t^\alpha\left[1 - \exp\left(-t^\alpha\right)\right]^{\theta-1}\exp\left(-t^\alpha\right)\ln t$$

$$\frac{\partial R}{\partial\theta} = 1 - \left[1 - \exp\left(-t^\alpha\right)\right]^\theta\ln\left[1 - \exp\left(-t^\alpha\right)\right]$$

最终建立可靠度在置信水平 $(1-\gamma)$ 下的置信下限为

$$R_L^m(t) = \hat{R}_m(t)\exp\left(U_\gamma\frac{\mathrm{var}\left[\hat{R}_m(t)\right]}{\hat{R}_m(t)}\right) \tag{7.2.13}$$

其中 U_γ 是标准正态分布 $N(0,1)$ 的 γ 分位点.

关于 τ 时刻处剩余寿命 L 的置信区间, 根据 L 的概率密度函数, 可得 L 的 γ 分位点为

$$L_\gamma = \left[-\ln\left(1 - \left\{\gamma + (1-\gamma)\left[1 - \exp\left(-\tau^\alpha\right)\right]^\theta\right\}^{\frac{1}{\theta}}\right)\right]^{\frac{1}{\alpha}} - \tau$$

基于极大似然估计 $\hat{\alpha}_m$ 和 $\hat{\theta}_m$, 可得 L 在置信水平 $(1-\gamma)$ 下的置信区间为

$$
\left[
\begin{array}{l}
\left[-\ln\left(1 - \left\{ \dfrac{\gamma}{2} + \left(1 - \dfrac{\gamma}{2} \right) \left[1 - \exp\left(-\tau^{\hat{\alpha}_m} \right) \right]^{\hat{\theta}_m} \right\}^{\frac{1}{\hat{\theta}_m}} \right) \right]^{\frac{1}{\hat{\alpha}_m}} - \tau, \\[4mm]
\left[-\ln\left(1 - \left\{ 1 - \dfrac{\gamma}{2} + \dfrac{\gamma}{2} \left[1 - \exp\left(-\tau^{\hat{\alpha}_m} \right) \right]^{\hat{\theta}_m} \right\}^{\frac{1}{\hat{\theta}_m}} \right) \right]^{\frac{1}{\hat{\alpha}_m}} - \tau
\end{array}
\right]
\tag{7.2.14}
$$

7.2.2 基于分布曲线拟合的可靠性统计

基于寿命试验样本 (t_i, δ_i), 其中 $i = 1, \cdots, n$, 当 $\delta_i = 1$ 时, 在给出失效数据 t_i 处失效概率 $F(t_i)$ 的点估计 $\hat{F}_i$ 后, 根据图 4.3 中基于分布曲线拟合的可靠性指标估计方法, 当拟合误差

$$
S(\alpha, \theta) = \left\{ \left[1 - \exp\left(-t^{\alpha} \right) \right]^{\theta} - \hat{F}_i \right\}^2
$$

最小时, 可得分布参数 α 和 θ 的点估计, 即求解优化模型

$$
\min \quad \sum_{i=1}^{n} \left\{ \left[1 - \exp\left(-t^{\alpha} \right) \right]^{\theta} - \hat{F}_i \right\}^2
\tag{7.2.15}
$$

$$
\text{s.t.} \quad \alpha > 0, \theta > 0
$$

可求得分布参数 α 和 θ 的点估计 $\hat{\alpha}_l$ 和 $\hat{\theta}_l$. 在求得点估计 $\hat{\alpha}_l$ 和 $\hat{\theta}_l$ 后, 只需将 $\hat{\alpha}_l$ 和 $\hat{\theta}_l$ 代入相应的可靠性指标函数中, 即可得到可靠性指标的点估计. 如可靠度的点估计为

$$
\hat{R}_l(t) = 1 - \left[1 - \exp\left(-t^{\hat{\alpha}_l} \right) \right]^{\hat{\theta}_l}
\tag{7.2.16}
$$

平均剩余寿命的点估计为

$$
\hat{L}_l = \frac{\hat{\alpha}_l \hat{\theta}_l \displaystyle\int_{\tau}^{+\infty} b^{\hat{\alpha}_l} \exp\left(-b^{\hat{\alpha}_l} \right) \left[1 - \exp\left(-b^{\hat{\alpha}_l} \right) \right]^{\hat{\theta}_l - 1} db}{1 - \left[1 - \exp\left(-\tau^{\hat{\alpha}_l} \right) \right]^{\hat{\theta}_l}} - \tau
\tag{7.2.17}
$$

根据基于分布曲线拟合所得的可靠性指标点估计, 可进一步利用 bootstrap 方法构建置信区间. 其中, 基于 BCa bootstrap 方法构建置信区间的步骤如下.

算法 7.2 给定原始样本 (t_i, δ_i), 其中 $i = 1, \cdots, n$, 抽样的样本量为 B.

步骤 1: 根据原始样本, 利用式 (7.2.15) 给出分布参数 α 和 θ 的点估计 $\hat{\alpha}_l$ 和 $\hat{\theta}_l$, 进一步利用式 (7.2.16) 计算 $R(t)$ 的点估计 $\hat{R}_l(t)$.

步骤 2: 利用均匀分布 $[0,1]$ 中的随机数 u, 根据

$$
T = \left[-\ln\left(1 - u^{\frac{1}{\hat{\theta}_l}} \right) \right]^{\frac{1}{\hat{\alpha}_l}}
$$

可从分布参数为 $\hat{\alpha}_l$ 和 $\hat{\theta}_l$ 的指数化韦布尔分布中生成指数化韦布尔分布的仿真寿命数据 T. 重复 n 次, 生成 n 个仿真寿命, 并升序排列为 $T_1 < \cdots < T_n$. 进一步根据原始样本的寿命试验类型, 生成 bootstrap 样本 (t_i^b, δ_i^b), 其中 $i = 1, \cdots, n$.

步骤 3: 根据 bootstrap 样本 (t_i^b, δ_i^b), 其中 $i = 1, \cdots, n$, 利用步骤 1 中的方法给出分布参数的 bootstrap 估计值 $\hat{\alpha}_l^b$ 和 $\hat{\theta}_l^b$, 再利用式 (7.2.16) 算得 $R(t)$ 的 bootstrap 估计值 $\hat{R}_l^b(t)$.

步骤 4: 重复步骤 2、步骤 3 共 B 次.

据此, 可以得到分布参数 α 和 θ 以及可靠度 $R(t)$ 的 B 个 bootstrap 估计值, 再升序排列为 $\hat{\alpha}_{l,1}^b < \cdots < \hat{\alpha}_{l,B}^b$ 和 $\hat{\theta}_{l,1}^b < \cdots < \hat{\theta}_{l,B}^b$ 以及 $\hat{R}_{l,1}^b(t) < \cdots < \hat{R}_{l,B}^b(t)$. 在置信水平 $(1 - \gamma)$ 下可得分布参数的置信区间为

$$\left[\hat{\theta}_{l,\lceil Bp_l \rceil}^b, \hat{\theta}_{l,\lceil Bp_u \rceil}^b \right] \tag{7.2.18}$$

其中 θ 统一代表分布参数 α 和 θ,

$$p_l = \Phi \left(Z_0 + \frac{Z_0 - U_{\gamma/2}}{1 - a\left(Z_0 - U_{\gamma/2}\right)} \right)$$

$$p_u = \Phi \left(Z_0 + \frac{Z_0 + U_{\gamma/2}}{1 - a\left(Z_0 + U_{\gamma/2}\right)} \right)$$

$$Z_0 = \Phi^{-1} \left[\frac{\sum_{i=1}^{B} I\left(\hat{\theta}_{l,i}^b \leqslant \hat{\theta}_l\right)}{B} \right]$$

$$a = \frac{\frac{1}{B} \sum_{i=1}^{B} \left(\hat{\theta}_{l,i}^b - \bar{\theta}\right)^3}{6 \left[\frac{1}{B} \sum_{i=1}^{B} \left(\hat{\theta}_{l,i}^b - \bar{\theta}\right)^2 \right]^{3/2}}$$

$$\bar{\theta} = \frac{1}{B} \sum_{i=1}^{B} \hat{\theta}_{l,i}^b$$

而 $R(t)$ 的置信下限为

$$R_L^B(t) = \hat{R}_{l,\lceil Bp_l \rceil}^b(t) \tag{7.2.19}$$

其中

$$p_l = \Phi \left(Z_0 + \frac{Z_0 - U_{\gamma}}{1 - a\left(Z_0 - U_{\gamma}\right)} \right)$$

$$Z_0 = \Phi^{-1} \left[\frac{\sum_{i=1}^{B} I\left(\hat{R}_{l,i}^b(t) \leqslant \hat{R}_l(t) \right)}{B} \right]$$

$$a = \frac{\frac{1}{B} \sum_{i=1}^{B} \left[\hat{R}_{l,i}^b(t) - \bar{R}(t) \right]^3}{6 \left\{ \frac{1}{B} \sum_{i=1}^{B} \left[\hat{R}_{l,i}^b(t) - \bar{R}(t) \right]^2 \right\}^{3/2}}$$

$$\bar{R}(t) = \frac{1}{B} \sum_{i=1}^{B} \hat{R}_{l,i}^b(t)$$

关于 τ 时刻处的剩余寿命 L 的置信区间, 在置信水平 $(1-\gamma)$ 下, 类似于式 (7.2.14), 利用点估计 $\hat{\alpha}_l$ 和 $\hat{\theta}_l$ 可得

$$\left[\begin{array}{l} \left[-\ln\left(1 - \left\{ \frac{\gamma}{2} + \left(1 - \frac{\gamma}{2} \right) \left[1 - \exp\left(-\tau^{\hat{\alpha}_l} \right) \right]^{\hat{\theta}_l} \right\}^{\frac{1}{\hat{\theta}_l}} \right) \right]^{\frac{1}{\hat{\alpha}_l}} - \tau, \\[4mm] \left[-\ln\left(1 - \left\{ 1 - \frac{\gamma}{2} + \frac{\gamma}{2} \left[1 - \exp\left(-\tau^{\hat{\alpha}_l} \right) \right]^{\hat{\theta}_l} \right\}^{\frac{1}{\hat{\theta}_l}} \right) \right]^{\frac{1}{\hat{\alpha}_l}} - \tau \end{array} \right] \tag{7.2.20}$$

7.2.3 算例分析

利用表 7.2 中所给的某设备的 50 个失效数据, 设定截尾时刻 $\tau_1 < \cdots < \tau_{50}$, 其中 $\tau_1 = 60\text{h}$, $\tau_{50} = 80\text{h}$, 两个相邻截尾时刻之间等间隔, 可生成不等定时截尾样本. 经假设检验, 可知该设备的寿命服从指数化韦布尔分布[4]. 本节以该设备为例, 说明指数化韦布尔分布场合的可靠性统计方法应用过程.

表 7.2 某设备的失效数据 (单位: h)

0.1	0.2	1	1	1	1	1	2	3	6
7	11	12	18	18	18	18	18	21	32
36	40	45	46	47	50	55	60	63	63
67	67	67	67	72	75	79	82	82	83
84	84	84	85	85	85	85	85	86	86

利用极大似然法, 根据式 (7.2.7) 可得分布参数 α 和 θ 的点估计为 $\hat{\alpha}_m = 0.22$ 和 $\hat{\theta}_m = 5.96$, 再根据式 (7.2.12) 可得分布参数 α 和 θ 在置信水平 0.9 下的置信区间为 $[0.18, 0.26]$ 和 $[4.12, 7.81]$.

利用基于分布曲线拟合的可靠性统计方法, 取失效概率的点估计为式 (4.1.2) 中的 $\hat{F}_i$, 根据式 (7.2.15) 可得分布参数 α 和 θ 的点估计为 $\hat{\alpha}_l = 0.20$ 和 $\hat{\theta}_l = 5.87$.

接下来取 $B = 5000$, 运用 BCa bootstrap 算法, 根据式 (7.2.18) 可得分布参数 α 和 θ 在置信水平 0.9 下的置信区间为 $[0.15, 0.25]$ 和 $[4.18, 8.72]$.

参 考 文 献

[1] Almalki S J, Nadarajah S. Modifications of the Weibull distribution: A review [J]. Reliability Engineering & System Safety, 2014, 124: 32-55.

[2] Jia X, Nadarajah S, Guo B. Inference on q-Weibull parameters [J]. Statistical Papers, 2020, 61(2): 575-593.

[3] Jia X. Reliability analysis for q-Weibull distribution with multiply Type-I censored data [J]. Quality & Reliability Engineering International, 2020, revisions under review.

[4] Zhao Q, Jia X, Guo B. Parameter estimation for the two-parameter exponentiated weibull distribution based on multiply type-I censored data [J]. IEEE Access, 2019, 7: 45485-45493.